职业教育"互联网+"精品系列教材

中国特色高水平专业群建设成果

养牛与牛病防治

主　编　张华琦　高俊波

北京理工大学出版社

BEIJING INSTITUTE OF TECHNOLOGY PRESS

图书在版编目（CIP）数据

养牛与牛病防治 / 张华琦, 高俊波主编. —北京：
北京理工大学出版社, 2020.12（2025.4重印）
ISBN 978 – 7 – 5682 – 9280 – 1

Ⅰ.①养… Ⅱ.①张… ②高… Ⅲ.①养牛学 – 教材
②牛病 – 防治 – 教材 Ⅳ.① S823 ② S858.23

中国版本图书馆 CIP 数据核字（2020）第 232448 号

责任编辑：张荣君　　　文案编辑：张荣君
责任校对：周瑞红　　　责任印制：边心超

出版发行 / 北京理工大学出版社有限责任公司
社　　址 / 北京市丰台区四合庄路 6 号
邮　　编 / 100070
电　　话 /（010）68914026（教材售后服务热线）
　　　　　（010）63726648（课件资源服务热线）
网　　址 / http：// www.bitpress.com.cn

版 印 次 / 2025 年 4 月第 1 版第 2 次印刷
印　　刷 / 定州启航印刷有限公司
开　　本 / 787mm×1092mm　1 / 16
印　　张 / 14.25
字　　数 / 349千字
定　　价 / 46.00元

编 写 人 员

主　编：张华琦（铜仁职业技术学院）

　　　　高俊波（铜仁职业技术学院）

副主编：廖小连（上海康藤安饲料有限公司）

编　委：（按姓氏拼音顺序）

　　　　段俊红（铜仁职业技术学院）

　　　　桂干北（铜仁职业技术学院）

　　　　李秀富（铜仁职业技术学院）

　　　　毛同辉（铜仁市农业农村局）

　　　　朱锋钊（铜仁职业技术学院）

主　审：张贻传（华农恒青科技股份有限公司）

前　言
PREFACE

党的二十大指出："坚持农业农村优先发展，坚持城乡融合发展，畅通城乡要素流动。加快建设农业强国，扎实推动乡村产业、人才、文化、生态、组织振兴。"养牛与牛病防治是高等职业院校畜牧兽医专业的核心课程之一，是一门应用性、操作性强，以培养学生养牛技能为目的的课程。教材依据高职教育人才培养目标和人才培养模式的基本要求，围绕牛生产岗位群的知识和技能需求，坚持"知识讲授"和"技能培养"并重的原则，按牛生产的基本环节构建教学内容。

教材在内容选取上，体现了实用性、先进性和科学性的原则，涵盖了牛生产各岗位的知识和技能需要。编写中，编者参考了许多优秀的牛生产教材、专著，查阅了大量国内外资料，介绍了一些现代先进养牛技术，有助于学生毕业后迅速适应企业生产。

本教材分为14个教学项目，每个项目之前均有项目"知识目标"和"技能目标"，每个项目最后有"思考题"，便于学生自学，有助于学生更准确地把握各项目的内容重点和学习目标。

本教材的编写提纲由张华琦提出，经所有编写人员讨论通过后分工编写。项目一、项目三、项目四、项目七和项目九由张华琦编写；项目二、项目五由张华琦、段俊红和桂干北共同编写；项目六由毛同辉和廖小连共同编写；项目八、项目十四由张华琦和廖小连共同编写；项目十由廖小连和刘榜兵共同编写；项目十一由高俊波编写；项目十二由李秀富和高俊波共同编写；项目十三由朱峰钊和高俊波共同编写。

本教材承蒙华农恒青科技股份有限公司张贻传兽医师的指导与审定，对本书提出了宝贵意见，在此深表感谢。编写过程中参阅了国内外大量教材、著作和网络资料，对涉及的专家学者致以诚挚的谢意。

由于编者的水平有限，加之时间较紧，书中难免存在缺点，恳请读者批评指正。

编　者

目录 CONTENTS

项目一 养牛业概述

 学习目标

知识目标：

1. 了解养牛业在国民经济中的重要意义。
2. 了解国内外养牛业的现状及其存在的问题。
3. 了解养牛业的发展趋势。

技能目标：

培养学生获取、整理和归纳信息的能力。

任务一 养牛业在国民经济中的重要意义

牛是具有多种经济用途的家畜，是目前世界上分布最广、存栏量最多的家畜。改革开放以前，牛主要是作为役用家畜饲养。现在牛的用途发生了很大变化，主要朝肉用和乳用方向发展。近年来，我国许多地方积极调整畜牧业产业结构，把养牛业作为畜牧业的支柱产业，充分利用秸秆等农副产品，促进农业增效和农民增收。随着肉牛业和奶业的发展，牛的经济价值日益突出，养牛业在国民经济中的地位越来越重要。

一 发展养牛业是改善人们生活水平的需要

牛肉、牛奶是人们食品的重要组成部分，是食品中动物性蛋白质的重要来源。牛肉蛋白质含量高，脂肪、胆固醇含量低。人食用牛肉有助于减少高血压、动脉硬化等疾病的发生。每千克牛肉所含的蛋白质比猪肉约多22.2g，而所含的脂肪约少87.7g；牛肉中的维生素A、维生素D比猪肉高80%，含铁量约为猪肉的2倍。

在各种家畜中，牛的产奶量最高，高产奶牛年产奶量8 000～10 000kg，绝大多数供人类食用。牛奶营养丰富、养分均衡且容易被消化吸收，是人类的优质食品。牛乳含有人类所必需的全部营养成分，含20种氨基酸，20多种矿物质元素，多种维生素，数十种酶和酸，以及乳糖等成分。经常饮用牛乳有助于人体健康，特别有利于婴儿的肌肉、骨骼和大脑发育。

人均牛肉、牛奶消费量是评价一个国家人民生活水平的重要指标，因此，发展养牛业是改善人们生活水平的需要。

 发展养牛业是调整农业产业结构的需要

畜牧业产值在农业中的比重大小是衡量一个国家农业产业结构是否合理和经济是否发达的重要指标。世界上经济发达的国家，畜牧业产值在农业总产值中所占的比重都较高，其中养牛业占较大比重。例如，美国的畜牧业产值占农业总产值的60%，而养牛业居首位，其中奶牛业就占20%；德国养牛业产值占农业总产值的60%；新西兰、瑞士、丹麦的畜牧业产值占农业总产值的90%以上。

我国也非常重视畜牧业的发展，畜牧业在农业中的比重逐年上升，2019年全国畜牧总产值达到3.3亿元，占农业总产值的50.04%。但与发达国家相比，我国的养牛业差距较大，人均牛肉、奶类占有量均低于世界平均水平，更远远低于发达国家（见表1-1）。

表1-1 世界主要国家肉、奶、蛋人均占有量

国家	人口/亿人	牛肉/kg	猪肉/kg	禽肉/kg	奶类/kg	蛋类/kg
全世界	75.79	8.09	16.47	13.08	101.08	8.99
美国	3.3	37.24	32.3	54.71	270.55	17.66
丹麦	0.06	28.77	350.62	37.37	859.65	15.24
加拿大	0.37	35.95	62.6	34.89	259.03	12.59
澳大利亚	0.25	92	21.48	35.82	519.34	7.06
中国*	13.9	4.63	38.88	14.34	22.85	22.51

*2018年农业农村部统计数据。

我国农业产业结构调整的核心问题是发展畜牧业，重点发展养牛业。从产值结构来看，农业现代化国家的农业产值处于第一位的是牛奶，占总产值的20%左右，第二位的是牛肉，也占20%左右。而我国牛奶在农业中所占比例约为3%，养牛业所占农业总产值比例不足20%。由此可见，我国养牛业与发达国家相比还存在较大差距，发展潜力巨大，发展养牛业是调整农业产业结构的需要。

 养牛业是农民脱贫致富的重要途径

牛的饲料以青粗饲料和农副产品为主，奶牛的饲料转化率高（饲料中能量和蛋白质的转化效率分别达17%和25%），饲养成本较低，收益大，可以大大增加农民的经济收入。经测算，在良好饲养条件下，饲养一头奶牛，平均每年可获纯利3 000~5 000元；外购一头架子牛，经过3~6个月的短期育肥，可平均获纯利500~1 000元。牛属于单胎动物，繁殖速度慢，市场波动小，效益相对稳定。

在良好的饲养管理条件下，肉牛育肥到1.5岁左右，体重可达到400~600kg。牛不仅产肉多，而且肉质好，是备受人们喜爱的高蛋白质低脂肪食物来源，全世界牛肉产量仅次于猪肉。牛全身是宝，除了肉、奶外，还有皮、毛、骨、血和内脏等，是轻工业和医药业的重要原料。

目前，养牛业正朝规模化、集约化方向发展，全国养牛企业、规模化养牛场、养殖小区的数量不断增加，可就近接纳大量农村剩余劳动力，为农民就业提供途径，助力农民脱贫致

富创造条件。

 四 发展养牛业有利于实现畜牧业可持续发展

人畜争粮是我国发展畜牧业面临的一大难题，解决这一问题的有效途径就是发挥草食性动物的生产潜力，大力发展"秸秆畜牧业"，充分利用农区的农副产品，变废为宝。牛是反刍动物，与其他畜禽相比能更有效地利用秸秆等粗饲料，当饲料中粗纤维含量达30%~35%时，牛对饲料有机营养成分的总消化率可达61%，而马为56%，猪为37%，禽类则更低。

退耕还林、林间种草、荒山荒坡可为养牛业提供良好的饲料来源。养牛给农户带来丰厚收入的同时，也提供了大量的有机肥料，改良土壤结构，提高土壤肥力，进而推动了种植业的发展，形成良好的"草——牛——种植业"现代循环农业模式，从而实现畜牧业可持续发展。

任务二 养牛业发展现状

一 我国肉牛业发展现状

新中国成立后，我国养牛业得到了迅速的恢复和发展。在国民经济恢复时期，党中央制定了"保护牲畜"的方针政策，颁布了《关于耕牛问题的指示》等文件，禁止宰杀耕牛。改革开放以后，农村实行联产承包责任制，废除了禁止宰杀耕牛的法令，激发了群众养牛的热情，使养牛业得到迅速发展。我国牛的总数稳步增长，牛的生产性能逐步提高，养牛业已成为畜牧业发展的生力军，并逐步成为农村经济发展的支柱产业。但是，近几年随着农业机械化程度的不断提高，农村耕牛的数量急剧下降，导致我国的牛存栏数下降，目前全国的牛存栏数约为1亿头，见表1-2。2016年，我国牛存栏量1.07亿头，是1980年的1.51倍，占世界养牛总数的10.72%，其中肉牛7 300万头，奶牛1 400万头，水牛2 000万头。2019年，肉牛出栏约3 000万头，牛肉总产量约660万吨，约占世界牛肉总量的11%，位居世界第3位；出栏牛头均胴体重249kg，其中杂交牛约为330kg，中大体型本地黄牛约为258kg，南方本地小黄牛约为160kg，牛肉产值约为5 300亿元。人均牛肉占有量4.75kg，约为世界平均水平的一半。为了满足市场需求，2019年进口牛肉165.97万吨。

表1-2 我国牛肉生产水平及变化

年度	牛存栏数/千头	出栏率/%	牛肉产量/kt	胴体重/kg	人均占有量/kg
1980	70 681	3.1	229	77.5	0.3
1990	98 391	8.3	1 259	109	1.1
1995	112 058	27.2	4 154	129	2.7
2000	128 663	33.4	5 357	140.3	4
2005	138 000	32.1	7 160	134.6	5.2

续表

年度	牛存栏数/千头	出栏率/%	牛肉产量/kt	胴体重/kg	人均占有量/kg
2010	106 000	—	6 480	—	—
2015	108 000	27.3	5 850	246.5	4.3

随着商品牛基地建设及秸秆氨化、青贮饲料等技术的推广，国内牛肉的主产区已由牧区向农区转移，农区的肉牛存栏量、出栏量和牛肉产量在全国占主要地位。全国形成了 3 个新的肉牛养殖区，即中原区、东北区和西南区，加上传统的西北牧区，4 个产区总产量占全国牛肉总产量的 90% 左右。

目前，我国肉牛业的发展仍处于以传统养牛业向现代养牛业过渡和转变的历史时期，肉牛生产水平及牛肉档次仍然是制约我国肉牛生产的主要因素。我国肉牛饲养大部分是分散式小规模经营，良种覆盖率低，饲养管理水平较低，约 80% 牛肉是由分散的个体或小规模屠宰场生产，主要供应批发市场和集贸市场；只有 20% 是由规模肉牛养殖企业生产，主要供应大型超市和高级酒店，小部分出口。在供屠宰的肉牛中，80% 是未育肥的小公牛和老弱淘汰牛，只有 20% 是经过育肥的肉牛，这是我国牛肉质量低的主要原因。国外肉牛业发达的国家大多是规模化饲养，其中小部分饲养规模在 50~200 头/批，大部分饲养规模在 2 000~5 000 头/批，而且肉牛都采取规范化饲养管理，采用科学饲料配方，屠宰加工标准化，产出牛肉质量优良，安全卫生。

 我国奶牛业发展现状

我国有比较悠久的牛奶生产历史，但作为一项产业，是新中国成立后才逐步形成的。

1949 年，全国仅有奶牛 12 万头，鲜牛奶产量仅 20 万吨。20 世纪 80 年代初，全国奶牛饲养量和鲜奶产量比解放初期增加了 5 倍多，但此时的奶牛生产主要集中在部分大中城市，乳品加工主要以鲜奶加工为主，城市居民是主要的牛奶消费者，牛奶生产和消费受国家计划控制。

改革开放后，我国奶业进入快速发展期，良种和改良奶牛数量大幅度增加，奶牛数量、牛奶和乳制品产量快速增加，规模生产以城市为中心并向城郊辐射，农民养殖奶牛得到发展。1992 年，全国奶牛头数、奶产量和乳制品产量分别达到 313 万头、503 万吨和 41.3 万吨，分别比 1980 年增加了 5 倍多。这一时期，现代生物技术在奶牛育种和繁殖上也已得到应用，95% 以上的奶牛实行人工授精，胚胎移植、体外授精也获得成功，北京、天津、上海等城市的奶牛平均单产达到 5 000kg。奶牛品种逐步单一化，形成了中国自己的奶牛品种，1992 年农业部（今为农业农村部）命名为"中国荷斯坦牛"。

近几年，我国的大型乳业公司发展迅速，奶牛规模化养殖进程逐渐加快。小而散的奶牛养殖户退出加快，养殖场户数量持续减少，户均奶牛存栏量稳步提升。奶牛单产逐步提高，大型奶牛场的头均年产奶量达 8 000kg。2018 年中国奶牛数量为 1 269.4 万头，牛奶产量 3 075 万吨。

我国奶业的经营模式也发生巨大变化，形成了生产、加工、销售一体化的经营模式，一批新型乳品企业脱颖而出，并创出自己的品牌，如伊利、蒙牛、光明等。

与奶业发达国家相比，我国奶牛数量和奶类产量明显不足，国外奶制品约占据我国 40% 的市场份额。各地生产技术水平不平衡，奶牛产奶量差距较大，广大农村奶牛专业户的饲养管理水平和机械化水平较低，产奶性能依然不高。

 世界养牛业的发展现状

发达国家的牛群主要以奶牛和肉牛为主，而水牛和役用牛主要分布在亚洲、非洲等国家。约97%的水牛分布在亚洲，非洲仅占3%左右。95%的牦牛分布在中国，主要分布在我国青藏高原海拔3 000 米以上的高寒地区。

2019年，全世界牛肉总产量约为6 130.6 万吨，较2018年减产117.1 万吨。产量超百万吨的国家有：美国1 229万吨、巴西1 021万吨、欧盟（27 国）791 万吨、中国660 万吨、印度429 万吨、阿根廷304 万吨、澳大利亚230 万吨、墨西哥203 万吨、巴基斯坦182 万吨、土耳其137 万吨、俄罗斯137 万吨、加拿大133 万吨。

2019年，全世界牛肉消费量5 957.1 万吨，较2018年减少107.1 万吨。牛肉消费量超百万吨的国家有：美国1 224万吨、中国923 万吨、巴西800 万吨、欧盟（27 国）791 万吨、印度269 万吨、阿根廷236 万吨、墨西哥188 万吨、俄罗斯179 万吨、巴基斯坦175 万吨、日本135 万吨、南非100 万吨。

任务三　养牛业的发展趋势

发达国家的畜牧业占农业的比重很大，牛肉、牛奶是这些国家食品中动物性蛋白质的最主要来源。今后，全世界养牛业的比重还会继续增大，其生产水平将不断提高。目前，世界养牛业呈现以下发展趋势。

 奶牛品种单一化

世界奶牛品种主要有荷斯坦牛、娟姗牛、更赛牛和瑞士褐牛等。在这些品种中，荷斯坦牛的产奶量遥遥领先，饲料报酬高，生长发育快，同时又具有广泛的适应性和风土驯化能力，所以在奶牛饲养中的比例不断增加，其他奶牛品种则日渐减少。大多数国家，如美国、加拿大、荷兰、丹麦、澳大利亚、新西兰、日本等国的荷斯坦牛饲养比例均占奶牛饲养总量的90%以上。我国近几年新增的奶牛群中95%以上是荷斯坦牛及其杂交改良品种。

 肉牛品种大型化

随着人们生活水平的提高，现代人在食品观念上发生了很大变化，普遍追求瘦肉多、脂肪少的肉类食品，而大型肉牛品种符合这种消费需求。大型品种牛具有生长快，饲料报酬高，瘦肉多、脂肪少的特点，引起了饲养者的兴趣，原来饲养海福特、安格斯、短角牛等中、小型肉牛品种的国家，也相继引进大型肉牛品种，如夏洛来牛、皮埃蒙特牛、西门塔尔牛等。我国引进了夏洛来牛、西门塔尔牛等与本地黄牛杂交取得了良好的效果，培育了中国西门塔尔牛、夏南牛等优良品种。

 乳肉兼用牛品种发展迅速

近年来，各国都非常注重"向奶牛要肉"，即把乳用品种牛的淘汰牛、公牛用来肥育，生产牛肉。欧洲国家所产牛肉的 45%，日本所产牛肉的 55% 都来自乳用牛品种。乳肉兼用品种，如西门塔尔牛、丹麦红牛等在欧洲国家得到了大力发展，我国的西门塔尔牛及其改良牛的饲养量近年来不断增加。

四 牛场数量减少，经营规模扩大

随着市场的逐步成熟，一些经营欠佳的牛场在竞争中被兼并或转产，使得养牛场的数量大幅度减少，而养牛场的规模则不断扩大，并日益趋向工厂化，机械化水平、饲养管理水平越来越高。如加拿大奶牛场的数量比以前下降了 31%，奶牛存栏数却增加了 34%。在美国，户养 2 000～5 000 头肉牛为中等规模，大型公司则养几万头，甚至几十万头，提供美国市场 70% 以上的牛肉。饲养规模的扩大，增强了企业的抗风险能力，提高了牛场的生产效益。

五 饲养管理科学化

通过科学的饲养管理，保障牛的健康，降低生产成本，提高生产效益，是今后养牛业的发展趋势。在奶牛饲养方式上，目前北美和欧洲普遍选择散放式饲养，集中挤奶的饲养模式，这种模式分工专业化，机械化程度高，劳动强度低，生产效率高。国内新建的奶牛场大多也采用这种方式。在美国、加拿大、以色列等国家普遍采用全混合日粮（TMR）技术，既便于机械化饲养，又能让牛采食营养平衡的日粮，对提高牛的身体健康和生产性能效果明显。关于牛的营养研究日益完善，瘤胃营养代谢和调控技术的研究与应用，减少了高产奶牛因营养失衡和代谢失调等问题导致的疾病发生，从而促进了高产奶牛生产性能的发挥。人工授精、超数排卵、胚胎移植等先进繁殖技术的广泛应用使得牛群的遗传素质得到改善，生产性能得以迅速提高。计算机与信息技术的广泛应用大大减少了劳动力的数量，使得牛场的饲养管理更为有序、高效。

六 高档牛肉生产快速发展

随着人们生活水平的提高，牛肉消费量不断增加，特别是高档牛肉的消费量增加迅速。高档牛肉在大理石花纹等级、成熟度上有较高的标准和要求，部分国家如中国、美国、日本制定了牛肉分级标准，不同国家标准各异。各国都在按照各自的需求，积极开展优良品种的选育工作，以生产适销对路的高档牛肉。

思 考 题

1. 简述养牛业对改善人民生活的重要意义。
2. 目前我国肉牛业发展现状如何？存在哪些问题？
3. 简述世界养牛业今后发展的趋势。

项目二　牛种及其品种

 学习目标

知识目标：

　　1. 了解牛的品种及其分类。

　　2. 熟悉主要牛品种的特征。

技能目标：

　　培养学生识别主要牛品种的能力。

任务一　牛的分类

一　牛的生物学分类

　　根据现代动物分类学，牛属于脊椎动物门，哺乳纲，偶蹄目，反刍亚目，洞角科，牛亚科。牛亚科主要分为家牛属、水牛属、牦牛属和野牛属。其中家牛属包括普通牛和瘤牛，在我国一般统称为黄牛。水牛属包括亚洲水牛和非洲水牛，亚洲水牛是驯化的家水牛，分为乳用为主的江河型水牛和役用为主的沼泽型水牛，我国的水牛属于沼泽型水牛。牦牛属只有牦牛一种，全世界90%以上的牦牛分布于我国的青藏高原。

　　1. 普通牛

　　在世界上分布最广，是现代养牛生产的主要利用对象，而且在人类的长期精心选育下，分化成乳用、肉用、役用和兼用等专门化品种。

　　2. 瘤牛

　　瘤牛是原产于亚洲与非洲的一种家牛，因其鬐甲部有一肌肉组织隆起似瘤而得名。其主要特点是耳大，颈垂、脐垂特别发达，耐热性强；皮肤质地紧密而厚，并分泌有臭气的皮脂，能驱虱；具有抗焦虫病的能力，特别适合热带国家与地区饲养，并形成了乳用、肉用、役用等多种类型品种，但生产性能不如普通牛的专门化品种高。其代表品种为美国南部育成的肉用品种婆罗门牛和原产于巴基斯坦辛地省的乳役兼用品种辛地红牛。由于瘤牛与普通牛杂交后代能够正常繁殖，一些国家和地区多利用它与普通牛杂交来培育适合热带地区饲养的专门化品种。

3. 牦牛

牦牛是生活在海拔 3 000m 以上高寒草原地区的特有牛种，全世界仅有 1 400 多万头，主要分布于青藏高原及毗邻地区，其中大部分在我国。牦牛的外貌近似野牛，体躯强壮，心肺发达，全身被毛粗长，毛丛中生绒毛。鬐甲高，背腰略陷，十字部又隆起，因此背线呈波浪形线条。尾短，尾毛密而长，形似马尾。腹侧及躯干下部丛生密而长的被毛，形似围裙，因此卧于雪地而不受寒。蹄底部有坚硬似蹄铁状的突起边缘，能在崎岖的山路行走自如，故有高原之舟之美称。上唇薄而灵活，能采食矮草。毛色较杂，以黑色居多，其次为深褐色、黑白花、灰色及白色。它分有角和无角两种。牦牛与普通牛杂交的后代称犏牛，雄性犏牛不育。成年公牦牛体重 300～450kg，成年母牦牛体重 200～300kg，年产奶量 450～600kg，屠宰率 50%～65%，年产毛量 1～5kg，负重 65～80kg，可日行山路 25～30km。公、母牦牛均在 3.5 岁初次配种，1～10 月份季节性发情。牦牛对高山草原地区具有独特的适应性，耐寒能力极强，具有驮、乘、役、产奶、产肉、产毛多种用途，是高寒草原地区农牧民的重要生产、生活资料。其缺点是体格小，晚熟，生产性能低，生产方向非专门化等，需要进一步选育与改良。牦牛的代表性品种为产于四川省阿坝藏族自治州的麦洼牦牛和产于甘肃省天祝藏族自治州的天祝白牦牛。

4. 水牛

水牛喜水而耐热，在产奶、产肉、使役等经济用途方面均有独到之处，是重要的牛种资源。水牛分亚洲水牛和非洲水牛两个种。亚洲水牛中又分沼泽型水牛和江河型水牛两个亚种。水牛体格大，生长慢，成熟晚，我国公、母水牛一般 2.5～3 岁才开始配种。水牛利用年限长，一般可达 15 岁以上，适应热带和亚热带自然环境条件。

沼泽型水牛皮毛稀疏，呈深浅不同的瓦灰色或土灰色，角发达，向后向内或向后向外卷曲，体型结构紧凑，骨骼粗大，肌肉发达，身躯稍短而低矮，前驱发达而尻部发育较差，四肢粗短，整个体型呈役用或役肉兼用型特征。沼泽型水牛以役用为主，挽力大，适于水田耕作，年产奶量 500～700kg，乳脂率 10% 左右，乳中干物质含量 22% 左右，产肉性能较差，屠宰率通常为 46%～50%，净肉率为 35% 左右，肉质较粗。

江河型水牛体格高大，皮肤与被毛黝黑。角短，呈螺旋形，通常黑色。尾帚白色或黑色。皮薄而软，富有光泽，被毛稀疏。头较小，四肢粗壮，短而直。母牛乳房发育良好。江河型水牛以产奶为主，年产奶量可达 1 500～2 000kg，乳脂率 6.3% 左右；产肉性能高于沼泽型水牛。印度的摩拉水牛和巴基斯坦的尼里-瑞菲水牛为其优秀代表。

我国水牛全部为沼泽型，现有数量约 2 000 万头，主要分布在淮河以南的水稻产区。由于水牛耐热耐湿，在产奶、产肉、使役等经济用途方面又具有很大的潜力，应进一步发展，尤其是南方热带地区。对我国水牛应逐步进行适当的选育与改良，提高其产肉、产奶性能。

牛的经济学分类

全世界的牛品种众多，且分布范围极广。畜牧学上常根据其主产品的种类、数量或用途，将牛分为乳用品种、肉用品种、役用品种和兼用品种。

1. 乳用型牛

乳用型牛是主要用来生产牛奶的牛品种，其最主要的特点是产奶量高。乳用型牛品种相对较少，主要有荷斯坦牛、娟姗牛、更赛牛、爱尔夏牛和瑞士褐牛等，其中饲养量最多的是荷斯坦牛。

2. 肉用型牛

肉用型牛是主要用来生产牛肉的牛品种，其最主要特点是生长速度快，产肉率高，肉质好。按其体型大小和产肉性能，又可分为中、小型早熟品种和大型欧洲品种，前者如海福特、安格斯和短角牛等；后者如夏洛来、利木赞和皮埃蒙特等。

3. 役用型牛

役用型牛是专门用来使役的牛，如拉车、耕地等，其主要特点是挽力大，持久力好。

4. 兼用型牛

兼用型牛是指兼具两种或两种以上主要经济用途的牛，其主要特点是生产性能在两个或两个以上方面都较突出。如西门塔尔牛的产肉、产奶性能都较突出，属于肉乳兼用品种。

任务二 牛的品种识别

一 乳用型牛品种

（一）乳用型牛的体型外貌特点

1. 从整体观察

皮薄骨细，血管显露，被毛短细而有光泽，肌肉不甚发达，皮下脂肪沉积不多，胸腹宽深，后躯和乳房十分发达，细致而紧凑。从侧望、前望、上望均呈"楔形"，如图2-1所示。

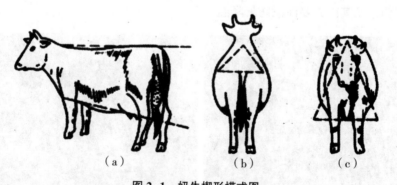

（a） （b） （c）

图2-1 奶牛楔形模式图
（a）侧望；（b）俯望；（c）前望

2. 从具体部位观察

头清秀，颈长而薄，颈侧多纵行皱纹，颈垂较小，鬐甲长平，胸部发育良好，肋骨开张，背腰平直，腹大而深，尻长、平、宽、方，腰角显露，四肢端正结实。两后腿间距宽，乳房发达，前后附着良好，四个乳区发育匀称；乳头分布均匀，长短、粗细适中；乳静脉粗大、旁曲多，乳井大而深。

（二）乳用型牛的主要品种

1. 荷斯坦牛

（1）**原产地及分布**：荷斯坦牛是当今世界上最著名的乳用品种牛，原产于荷兰北部的北荷兰省和西弗里生省，其后代分布到荷兰全国乃至法国北部以及德国的荷斯坦省。荷斯坦牛引入美国后，最初成立了两个奶牛协会，即美国荷斯坦育种协会和美国荷兰弗里生牛登记协会。1885年，两协会合并成美国荷斯坦-弗里生协会，从而有荷斯坦-弗里生牛之名。该牛因被毛为黑白相间的斑块，因此又称之为黑白花牛。

荷斯坦牛风土驯化能力强，世界大多数国家均能饲养。经各国长期的驯化及系统选育，育成了各具特征的荷斯坦牛，并冠以该国的国名，如美国荷斯坦牛、加拿大荷斯坦牛、日本荷斯坦牛、中国荷斯坦牛等。目前荷斯坦牛是世界上分布最广、数量最多的乳用品种牛。

（2）**外貌特征**：荷斯坦牛体格高大，结构匀称，皮薄骨细，皮下脂肪少，乳房特别发达，乳静脉明显，后躯较前躯发达，侧望呈楔形，具有典型的乳用型外貌。被毛细短，毛色呈黑白斑块，界线分明，额部有白星，腹下、四肢下部（腕、跗关节以下）及尾帚为白色。

（3）**生产性能**：乳用型荷斯坦牛（以美国、加拿大、日本为典型代表）体型高大，成年公牛体重900~1 300kg，成年母牛体重650~750kg，具有典型的乳用型牛体型外貌。一般饲养管理条件下年平均产奶量5 500~7 500kg，高者达10 000kg以上，乳脂率在3.6%~3.8%。犊牛初生重为40~50kg。

乳肉兼用型荷斯坦牛以荷兰、德国、法国、丹麦荷斯坦牛为典型代表，与乳用型荷斯坦牛相比，体格略小，乳用特征也不太明显，成年公牛体重900~1 100kg，成年母牛体重550~700kg，年平均产奶量4 500~6 000kg，乳脂率为3.8%~4%。产肉性能颇佳，经肥育的公牛，500日龄体重可达550kg，屠宰率达60%。

（4）**特点**：荷斯坦牛（见图2-2）适应性强，性情温顺，耐寒能力强，耐热能力稍差。因此，夏季饲养，尤其南方要注意防暑降温。

（a）　　　　　　　　　　　　　　（b）

图2-2　荷斯坦牛

2. 中国荷斯坦牛

（1）**原产地及分布**：中国荷斯坦牛（见图2-3）原名中国黑白花牛，1992年更名为"中国荷斯坦牛"，是纯种荷斯坦牛与我国本地黄牛的高代杂种经长期选育而成，目前是我国奶牛的主要品种，也是我国唯一的乳用牛品种，目前中国荷斯坦牛大约有500万头，分布于全国各地。

（2）**外貌特征**：中国荷斯坦牛毛色为黑白相间，花片分明，在额部、肩、腰部多有白斑，腹下部、四肢膝关节以下及尾部呈白色。中国荷斯坦牛体质细致结实，结构匀称，头清秀狭长，眼大突出，颈瘦长，颈侧多皱纹，垂皮不发达。前躯较浅、较窄，肋骨弯曲，肋间隙宽大。背线平直，腰角宽广，尻长而平，尾细长。四肢结实，蹄质坚实。角型向前向内弯曲，角尖黑色。乳房附着良好，质地柔软，乳静脉明显，乳头大小、分布适中。皮肤薄而细致，被毛细致有光泽，皮薄，弹性好。

（3）**生产性能**：成年公牛体重达 900 ~ 1 200kg，成年母牛体重 500 ~ 700kg。犊牛初生重一般在 35 ~ 45kg。年平均产奶量 4 000 ~ 6 000kg，优秀牛群泌乳可达 7 000 ~ 8 000kg，少数优秀者泌乳量在 10 000kg 以上。

（a）　　　　　　　　　　　　　　　　（b）

图 2-3　中国荷斯坦牛

3. 娟姗牛

（1）**原产地及分布**：娟姗牛（见图 2-4）原产于英吉利海峡的娟姗岛，是英国的古老乳用型品种，早在 18 世纪即已闻名于世，从 19 世纪开始被欧美各国引进利用。

（2）**外貌特征**：娟姗牛属小型早熟乳用品种，具有典型的乳用型牛的外貌。娟姗牛体格小，头小而清秀，额部凹陷，两眼突出，乳房发育良好，毛色为不同深浅的褐色。该牛的典型特点是面部中间凹陷。

（a）　　　　　　　　　　　　　　　　（b）

图 2-4　娟姗牛

（3）**生产性能**：成年公牛体重 650 ~ 750kg，成年母牛体重 340 ~ 450kg。年平均产奶量一般为 3 500 ~ 4 000kg，平均乳脂率为 5.5% ~ 6%。

（4）**特点**：娟姗牛的最大特点是耐热性好，适于热带饲养；乳脂率高，乳脂肪球大，色黄而风味好，常用来制作黄油。在育种方面可用于杂交改良当地品种，提高乳脂率和抗热性能。

二 肉用型牛品种

(一) 肉用型牛的体型外貌特点

1. 从整体看

体躯低垂，全身肌肉丰满，疏松而匀称（见图 2-5）。从侧望、俯望，均呈矩形，躯体宽深。

图 2-5　肉牛侧望体型模式图

2. 从局部看

头短宽，颈短粗；鬐甲宽平；胸宽深，肋骨开张，肌肉丰满；背腰宽、平、直；腹部圆筒形；尻宽、平、长，腰角不明显；四肢上部深厚多肉，下部短而结实，肢间距离大，肢势端正，蹄质良好。

(二) 肉用型牛的主要品种

1. 夏洛来牛

（1）**原产地及分布**：夏洛来牛原产于法国中西部到东南部的夏洛来省和涅夫勒地区，是举世闻名的大型肉牛品种，自育成以来就以其生长快、肉量多、体型大、耐粗放而受到国际市场的广泛欢迎，已被世界许多国家引进，参与新型肉牛育成、杂交繁育或纯种繁殖。

（2）**外貌特征**：该牛最显著的特点是被毛为白色或乳白色，少数呈枯草黄色，皮肤常有色斑；全身肌肉特别发达；骨骼结实，四肢强壮。夏洛来牛头小而宽，角圆而较长，并向前方伸展，角质蜡黄、颈粗短，胸宽深，背宽肉厚，体躯呈圆筒状，肌肉丰满，后臀肌肉很发达，并向后面和侧面突出。成年公牛为 1 100~1 200kg，母牛 700~800kg。

（3）**生产性能**：夏洛来牛在生产性能方面表现出的最显著特点是：生长速度快，瘦肉产量高。在良好的饲养条件下，6 月龄公犊可达 250kg，母犊 210kg。日增重可达 1 400g，在良好饲养条件下公牛周岁可达 511kg。该牛作为专门化大型肉用牛，产肉性能好，屠宰率一般为 60%~70%，胴体瘦肉率为 80%~85%。16 月龄的育肥母牛胴体重达 418kg，屠宰率66.3%。夏洛来母牛泌乳量较高，一个泌乳期可产奶 2 000kg，乳脂率为 4%~4.7%，但该牛纯种繁殖时难产率较高。

（4）**杂交效果**：我国在 1964 年和 1974 年，先后两次直接由法国引进夏洛来牛，分布在东北、西北和南方部分地区，用该品种与我国本地牛杂交来改良黄牛，取得了明显效果，表现为夏杂后代体格明显加大，增长速度加快，杂种优势明显。我国自行培育的专门化肉牛品种夏南牛、辽育白牛皆是以夏洛来牛为父本培育而成的。

（a） （b）

图2-6 夏洛来牛

2. 利木赞牛

（1）**原产地及分布**：利木赞牛原产于法国中部的利木赞高原，并因此得名。在法国，其主要分布在中部和南部的广大地区，数量仅次于夏洛来牛，育成后于20世纪70年代初输入欧美各国，现在世界上许多国家都有该牛分布，属于专门化的大型肉牛品种。

（2）**外貌特征**：利木赞牛毛色为红色或黄色，其口、鼻、眼周围、四肢内侧及尾帚毛色较浅，角为白色，蹄为红褐色。头较短小，额宽，胸部宽深，体躯较长，后躯肌肉丰满，四肢粗短。成年公牛体重950~1 200kg，成年母牛体重600~800kg；在良好饲养条件下，公牛活重可达1 200~1 500kg。

（3）**生产性能**：利木赞牛产肉性能高，眼肌面积大，前后肢肌肉丰满，出肉率高，在肉牛市场上很有竞争力。集约化饲养条件下，犊牛断奶后生长很快，10月龄体重可达400kg，周岁时体重可达480kg左右，良好饲养条件下体重可达500kg；哺乳期平均日增重为0.86~1kg；因该牛在幼龄期（8月龄小牛）就可生产出具有大理石纹的牛肉，且屠宰率为60%~70%，胴体产肉率为80%~85%，因此，是法国等一些欧洲国家生产"小牛肉"的主要品种。

（4）**杂交效果**：1974年和1993年，我国数次从法国引入利木赞牛，在河南省、山东省、内蒙古自治区等地改良当地黄牛。利杂牛体型得到改善，肉用特征明显，生长强度增大，杂种优势明显。目前，山东省、黑龙江省、安徽省为主要供种区，现有改良牛约45万头。

（a） （b）

图2-7 利木赞牛

3. 海福特牛

（1）**原产地及分布**：海福特牛原产于英格兰西部的海福特县，是世界上最古老的中小型早熟肉牛品种，现分布于世界上许多国家。

（2）**外貌特征**：具有典型的肉用牛体型，分为有角和无角两种。颈粗短，体躯肌肉丰满，呈圆筒状，背腰宽平，臀部宽厚，肌肉发达，四肢短粗，侧望体躯呈矩形。全身被毛除头、颈垂、腹下、四肢下部以及尾尖为白色外，其余均为红色，皮肤为橙黄色，角为蜡黄色或白色。

（3）**生产性能**：成年母牛平均体重 520~620kg，公牛体重 900~1 100kg；犊牛初生重 28~34kg。该牛 7~18 月龄的平均日增重为 0.8~1.3kg；良好饲养条件下，7~12 月龄平均日增重可达 1.4kg 以上；屠宰率一般为 60%~65%，18 月龄公牛活重可达 500kg 以上。

（4）**适应性及杂交效果**：该品种牛适应性好，在干旱高原牧场冬季严寒（-50℃~-48℃）的条件下，或夏季酷暑（38℃~40℃）条件下，都可以放牧饲养和正常生活繁殖，表现出良好的适应性和生产性能。我国在 1913 年、1965 年曾陆续从美国引进该牛，现已分布于我国东北、西北广大地区。各地用该牛与本地黄牛杂交，海杂牛一般表现体格加大，体型改善，宽度提高明显；犊牛生长快，抗病耐寒，适应性好，体躯被毛为红色，但头、腹下和四肢部位多有白毛。

（a）　　　　　　　　　　　　　　（b）

图 2-8　海福特牛

4. 安格斯牛

（1）**原产地及分布**：安格斯牛（见图 2-9）属于古老的小型肉牛品种，原产于英国的阿伯丁、安格斯和金卡丁等郡，并因地得名。目前世界上多数国家都有该品种牛。

（2）**外貌特征**：安格斯牛被毛为黑色或红色，其中黑色居多，无角为其重要特征，因此也称其为无角黑牛。该牛体躯低矮、结实、头小而方，额宽，体躯宽深，呈圆筒形，四肢短而直，全身肌肉丰满，具有肉牛的典型体型。成年公牛平均体重 700~900kg，母牛体重 500~600kg，犊牛平均初生重 25~32kg，公母牛成年体高平均分别为 130.8cm 和 118.9cm。

（3）**生产性能**：安格斯牛具有良好的肉用性能，被认为是世界上专门化肉牛品种中的典型品种之一。早熟，胴体品质好，出肉率高；屠宰率一般为 60%~65%；哺乳期日增重 900~1 000g，育肥期日增重（1.5 岁以内）平均 1~1.3kg。肌肉大理石纹很好。

（4）**特点**：该牛适应性强，耐寒抗病。

（a）　　　　　　　　　　　　　　（b）

图 2-9　安格斯牛

5. 契安尼娜牛

（1）**原产地及分布**：契安尼娜牛（见图2-10）原产于意大利中西部的广阔地区，而最大型牛则繁衍在该地区的阿雷佐和西耶娜平原区。该牛是由当地古老役用品种培育而来的。以往一直选育使役能力强的类型，农业机械化后，选育逐渐转向肉用，开始选择体格高大、体型优良、肢长、肌肉量多的类型。从1927年起，强调肉质，同时维持较大的体格和快速生长能力。该牛是世界上最大型的牛种之一。

（2）**外貌特征**：契安尼娜牛被毛白色，鼻镜、蹄和尾帚为黑色，除腹部外，皮肤均有黑色素；四肢长，体格高大，结构良好。犊牛刚出生时，被毛为深褐色；到60日龄时，逐渐变为白色。契安尼娜牛体重较大，公牛12月龄达600kg，18月龄达800kg，24月龄可达1 000kg。成年公牛重达1 500kg，最重者为1 775kg，体高184cm；母牛重达800~1 100kg，体高150~170cm。

（3）**生产性能**：契安尼娜牛生长强度大，2岁内日增重可达2kg。该牛产肉量多且品质好，大理石纹明显，适应性好，繁殖力强且很少难产。

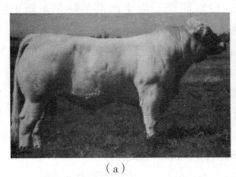 

（a） （b）

图2-10 契安尼娜牛

6. 皮埃蒙特牛

（1）**原产地及分布**：皮埃蒙特牛（见图2-11）原产于意大利。原为役用牛，经长期选育，现已成为生产性能优良的专门化品种。皮埃蒙特牛因其具有双肌肉基因，是目前国际公认的终端父本，已被世界20多个国家引进，用于杂交改良。我国现在有10余个省推广应用。

（2）**外貌特征**：皮埃蒙特牛被毛白晕色。公牛在性成熟时颈部、眼圈和四肢下部为黑色；母牛为全白，有的个别眼圈、耳廓四周为黑色。角型为平出微前弯，角尖黑色。体型大，体躯呈圆筒状，肌肉高度发达。皮埃蒙特牛成年公、母体高分别为143cm、130cm，成年公牛体重1 100kg以上，母牛体重500~600kg。犊牛出生公牛犊重约41.3kg，母牛犊重约38.7kg。

（a） （b）

图2-11 皮埃蒙特牛

（3）**生产性能**：皮埃蒙特牛肉用性能十分突出，其育肥平均日增重 1 500g（1 360~1 657g）。公牛屠宰适期为体重 550~600kg，一般在 15~18 月龄即可达到此值；母牛 14~15 月龄体重可达 400~450kg。肉质细嫩，屠宰率平均为 66%，肉内脂肪含量低。泌乳期平均产奶量为 3 500kg，乳脂率 4.17%。

 三　兼用型牛品种

（一）兼用型牛的体型外貌特点

兼用型牛的体型外貌一般介于两种主要经济类型之间，如乳肉兼用型牛的体型外貌介于乳用型牛的体型外貌与肉用型牛的体型外貌之间，但一般公牛的体型外貌偏于肉用型牛的体型外貌，母牛的体型外貌偏于乳用型牛的体型外貌。

（二）兼用型牛品种介绍

1. 西门塔尔牛

（1）**原产地及分布**：西门塔尔牛（见图 2-12）原产于瑞士西部的阿尔卑斯山区，主要产地为西门塔尔平原和萨能平原，在法国、德国、奥地利等国的边邻地区也有分布。西门塔尔牛占瑞士全国牛只的 50%，占奥地利全国牛只的 63%，现已分布到很多国家，成为世界上分布最广，数量最多的乳、肉、役兼用品种。

（2）**外貌特征**：该牛毛色为黄白花或淡红白花，头、胸、腹下、四肢及尾帚多为白色，皮肤为粉红色，头较长，面宽；角较细而向外上方弯曲，尖端稍向上。颈长中等；体躯长，呈圆筒状，肌肉丰满；前躯较后躯发育好，胸深，尻宽平，四肢结实，大腿肌肉发达；乳房发育好，成年公牛体重平均为 800~1 200kg，母牛体重 600~800kg。

（3）**生产性能**：西门塔尔牛乳、肉用性能均较好，平均产奶量为 4 070kg，乳脂率为 3.9%。在欧洲良种登记牛中，年产奶 4 540kg 者约占 20%。该牛生长速度较快，日均增重可达 1kg 以上，生长速度与其他大型肉用品种相近。胴体肉多，脂肪少而分布均匀，公牛育肥后屠宰率可达 65% 左右。总之，该牛是兼具奶牛和肉牛特点的典型品种。

（4）**特点**：成年母牛难产率低，适应性强，耐粗放管理。

（5）**杂交效果**：我国自 20 世纪初就开始引入西门塔尔牛，到 1981 年我国已有纯种牛3 000 余头，杂交种 50 余万头。西门塔尔牛改良各地的黄牛，都取得了比较理想的效果。实验证明，西杂一代牛的初生重约为 33kg，本地牛仅为 23kg；平均日增重，杂种牛 6 月龄为608.09g，18 月龄为 519.9g，本地牛相应为 368.85g 和 343.24g；6 月龄和 18 月龄体重，杂种牛分别为 144.28kg 和 317.38kg，而本地牛相应为 90.13kg 和 210.75kg。

（a）　　　　　　　　　　　　　　　　（b）

图 2-12　西门塔尔牛

经过十几年的努力，我国以西门塔尔牛为父本，通过杂交改良培育了乳肉兼用品种中国西门塔尔牛。在产奶性能上，从全国商品牛基地县的统计资料来看，207 天的泌乳量，西杂一代为 1 818kg，西杂二代为 2 121.5kg，西杂三代为 2 230.5kg。

2. 三河牛

（1）**原产地及分布**：三河牛（见图 2–13）是中国培育的乳肉兼用牛种，原产于内蒙古自治区的呼伦贝尔草原，因集中分布在额尔古纳旗的三河地区而得名。

（2）**外貌特征**：三河牛体质结实、肌肉发达。头清秀，眼大，角粗细适中，稍向前上方弯曲，胸深，腰背平直，腹圆大，体躯较长，肢势端正，乳房发育良好。毛色以红（黄）白花为主，花片分明，头部全白或额部有白斑，四肢在膝关节以下、腹下及尾梢为白色。

（3）**生产性能**：三河牛平均年产奶量 2 000kg 左右，在较好的条件下达 4 000kg，乳脂率为 4.1% ~ 4.47%。该牛产肉性能良好，2 ~ 3 岁公牛屠宰率达 55% ~ 65%，净肉率达 44% ~48%。

（4）**特点**：耐粗放，抗寒能力强。

（a）　　　　　　　　　　　　　　（b）

图 2–13　三河牛

3. 新疆褐牛

（1）**原产地及分布**：新疆褐牛属于乳肉兼用品种，主产于新疆伊犁和塔城地区，分布于全疆的天山南北，主要有伊犁、塔城、阿勒泰、石河子、昌吉、乌鲁木齐等地区。早在1935—1936 年，伊犁和塔城地区就曾引用瑞士褐牛与当地哈萨克牛杂交。1951—1956 年，又先后从苏联引进几批含有瑞士褐牛血统的阿拉塔乌牛和少量的科斯特罗姆牛继续进行改良。1977 年和 1980 年又先后从原西德和奥地利引入三批瑞士褐牛，这对进一步提高和巩固新疆褐牛的质量起到了重要的作用。历经半个世纪的选育，1983 年通过鉴定，批准为乳肉兼用新品种。截至 2018 年年底，该品种牛约有 150 万头，占全疆中存栏总数的 38%。

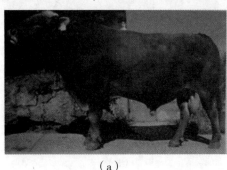 

（a）　　　　　　　　　　　　　　（b）

图 2–14　新疆褐牛

（2）**外貌特征**：新疆褐牛体躯健壮，头清秀，角中等大小、向侧前上方弯曲，呈半椭圆形。被毛为深浅不一的褐色，额顶、角基、口周围及背线为灰白色或黄白色，眼睑、鼻镜、尾帚、蹄呈深褐色。成年公牛体重约为950kg，母牛约为430kg；犊牛初生重28~30kg。

（3）**生产性能**：新疆褐牛平均产乳量2 100~3 500kg，乳脂率4.03%~4.08%，乳干物质含量为13.45%。在放牧条件下，9~11月份测定，1.5岁、2.5岁和阉牛的屠宰率分别为47.4%、50.5%和53.1%，净肉率分别为36.3%、38.4%和39.3%。在放牧条件下，泌乳期约100天，产奶量1 000kg左右，乳脂率4.43%。新疆褐牛也是牧区的主要役畜。

（4）**特点**：该牛适应性好，抗病力强，在草场放牧可耐受严寒和酷暑环境。

四 我国地方优良黄牛品种

中国黄牛有55个地方品种、8个育成品种，共63个，是世界上牛品种最多的国家。其主要分布在黄河中下游、淮河流域以北的河南省、陕西省、山西省、山东省、吉林省和辽宁省等地。《中国牛品种志编写组》通过现场考察和讨论，根据地理分布区域和生态条件，将我国黄牛品种划分为三大类：中原黄牛、北方黄牛和南方黄牛。西藏牛混有牦牛的血统，属于另一类型。中原黄牛主要有秦川牛、南阳牛、鲁西牛、晋南牛、渤海黑牛等10个品种；北方黄牛主要有延边牛、蒙古牛、复州牛以及哈萨克牛等7个品种；南方牛主要有温岭高峰牛、皖南牛、大别山牛、巫陵牛等38个品种。由于中国黄牛分布地域广泛，产区地理条件和生态特征不同，各品种具有明显的地域差异和地域适应能力。

中国黄牛具有肉品质优良，肉用潜力较大，对秸秆类农副产品的利用能力较强，抗病力强，遗传有害性状频率相对较低等特点。

（一）秦川牛

（1）**原产地及分布**：秦川牛（见图2-15）是中国著名的大型役肉兼用品种牛，原产于陕西省渭河流域的关中平原地区，从东部的渭南、蒲城到西部的扶风、岐山等15个县市为主产区，河南的西部及甘肃的庆阳地区也有分布。

（2）**外貌特征**：秦川牛体格高大，骨骼粗壮，肌肉丰满，体质强健，头部方正。肩长而斜，胸宽深，肋骨开张，背腰宽广，长短适中，结合良好，荐骨隆起，后躯发育稍差，多斜尻；四肢粗壮结实，两前肢相距较宽，有外弧现象，蹄叉紧。公牛头较大，颈粗短，垂皮发达，鬐甲高而宽；母牛头清秀，颈厚薄适中，鬐甲较低而薄，角短而钝，多向外下方或向后稍微弯曲。毛色有紫红色、红色、黄色三种，以紫红和红色居多。成年公牛平均体高141cm，体长160cm，体重595kg；成年母牛平均体高125cm，体长140cm，体重381kg。

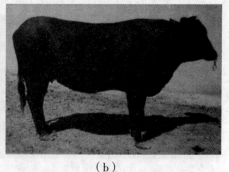

（a）　　　　　　　　　　　　　　　（b）

图2-15　秦川牛

（3）**生产性能**：在中等饲养水平下肥育 325 天，18 月龄体重为 484kg，屠宰率为 58.3%，净肉率为 50.5%。秦川牛肉质细嫩，大理石纹明显，肉味鲜美。

（二）南阳牛

（1）**原产地及分布**：南阳黄牛是我国著名的优良地方黄牛品种，主要分布于河南省南阳市唐河、白河流域的广大平原地区，以南阳市郊区、唐河、邓州、新野、镇平、社旗、方城等 8 个县、市为主要产区。周口、许昌、驻马店、漯河等地区分布也较多。目前，全省约有南阳黄牛 200 万头。

（2）**外貌特征**：南阳黄牛属大型役肉兼用品种。体格高大，肌肉发达，结构紧凑，皮薄毛细，行动迅速，鼻镜宽，口大方正，肩部宽厚，胸骨突出，肋间紧密，背腰平直，荐骨略高，尾巴较细。四肢端正，筋腱明显，蹄质坚实。牛头部雄壮方正，额微凹，颈短厚稍呈方形，颈侧多有皱襞，肩峰隆起 8~9cm，肩胛斜长，前躯比较发达。母牛头清秀，较窄长，颈脖呈水平状，长短适中，一般中后躯发育较好。但部分牛存在胸部深度不够，尻部较斜和乳房发育较差的缺点。

南阳黄牛的毛色有黄色、红色、草色白三种，以深浅不等的黄色为最多，占 80%；红色、草白色较少。一般牛的面部、腹下和四肢下部毛色较浅，鼻镜多为肉红色，其中部分带有黑点，鼻黏膜多数为浅红色。蹄壳以黄蜡色、琥珀色带血筋者为多。公牛角基较粗，以萝卜头角和扁担角为主；母牛角较细、短，多为细角、扒角、疙瘩角。

（3）**生产性能**：在以粗饲料为主进行一般肥育下，18 月龄体重可达 412kg，成年公牛体重在 650kg 左右，成年母牛体重在 410kg 左右。屠宰率为 55.6%，净肉率为 46.6%。肉质细嫩，肉味鲜美，大理石纹明显。

（a）　　　　　　　　　　　　（b）

图 2-16　南阳牛

（三）鲁西牛

（1）**原产地及分布**：鲁西牛（见图 2-17）主要产于山东省西南部的菏泽、济宁地区，即北至黄河，南至黄河故道，东至运河两岸的三角地带。聊城、泰安以及山东的东北部也有分布。

（2）**外貌特征**：鲁西牛体躯结构匀称，细致紧凑，具有较好的役肉兼用体型。公牛多平角或龙门角，角色蜡黄或琥珀色；母牛角型多样，以龙门角较多。垂皮较发达。公牛肩峰高而宽厚，而后躯发育较差，尻部肌肉不够丰满，体躯呈明显前高后低的前胜体型。母牛鬐甲较低平，后躯发育较好，背腰较短而平直，尻部稍倾斜，关节筋腱明显。前肢端正，后肢弯曲度小，飞节间距离小；蹄质致密但硬度较差。尾细而长，尾毛常扭成纺锤状。被毛从浅黄到棕红色，以黄色为最多，一般前躯毛色较后躯深，公牛毛色较母牛的深。多数牛的眼圈、口轮、腹下和四肢内侧毛色浅淡。鼻镜多为淡肉色，部分牛鼻镜有黑斑或黑点。

（3）**生产性能**：成年公牛体重 645kg 左右，成年母牛体重 365kg 左右，肉用性能良好，一般屠宰率为 55%～58%，净肉率为 35%～45%，皮薄骨细，肉质细致，大理石纹明显。18 月龄的阉牛平均屠宰率为 57.2%，净肉率为 45%，骨肉比 1：6，脂肉比 1：4.23，眼肌面积 89.1cm^2。

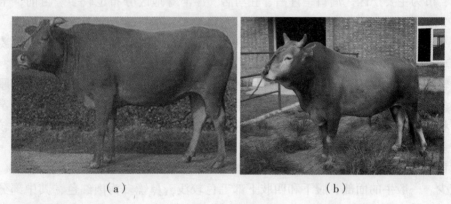

（a）　　　　　　　　　　　　　（b）

图 2-17　鲁西牛

（四）晋南牛

（1）**原产地及分布**：晋南牛（见图 2-18）产于山西省西南部汾河下游的晋南盆地，包括运城地区的万荣、河津、临猗、永济、运城、夏县、闻喜、芮城、新绛，以及临汾地区的侯马、曲沃、襄汾等县、市。其中河津、万荣为晋南牛种源保护区。

（2）**外貌特征**：晋南牛属大型役肉兼用品种。体躯高大结实，具有役用牛体型外貌特征。公牛头中等长，额宽，顺风角，颈较粗而短，垂皮比较发达，前胸宽阔，肩峰不明显，臀端较窄，蹄大而圆，质地致密；母牛头部清秀，乳房发育较差，乳头较细小。毛色以枣红为主，鼻镜粉红色，蹄也多呈粉红色。晋南牛体格大，胸围较大，体较长，胸部及背腰宽阔，成年牛前躯较后躯发达，具有较好的役用体型。晋南牛成年公牛体高约 138.6cm，体重约 607.4kg；成年母牛体高约 117.4cm，体重约 339.4kg。

（3）**生产性能**：断奶后肥育 6 个月平均日增重 961g；成年公牛体重在 607kg 左右，成年母牛体重在 339kg 左右，屠宰率约 60.95%，净肉率约 51.37%。

（a）　　　　　　　　　　　　　（b）

图 2-18　晋南牛

（五）延边牛

（1）**原产地及分布**：延边牛（见图 2-19）分布于吉林省延边朝鲜族自治州的延吉、和龙、汪清、珲春及毗邻各县，黑龙江省的宁安、海林、东宁、林口、汤原、桦南、桦川、依兰、勃利、五常、尚志、延寿、通河，辽宁省宽甸县及鸭绿江一带。

（2）**外貌特征**：延边牛属役肉兼用品种。胸部深宽，骨骼坚实，被毛长而密，皮厚而有弹力。公牛额宽，头方正，角基粗大，多向后方伸展，成一字形或倒八字角，颈厚而隆起，肌肉发达。母牛头大小适中，角细而长，多为龙门角。毛色多呈浓淡不同的黄色，其中浓黄色占 16.3%，黄色占 74.8%，淡黄色占 6.7%，其他占 2.2%。鼻镜一般呈淡褐色，带有黑点。

（3）**生产性能**：12 月龄公牛肥育 180 天，平均日增重为 813g，成年公牛约为 465kg，成年母牛约为 365kg，屠宰率约为 57.7%，净肉率约为 47.2%，肉质柔嫩多汁，鲜美适口，大理石纹明显。延边牛耐寒，耐粗饲，抗病力强。

（a） （b）

图 2-19 延边牛

五 贵州省的黄牛品种

（一）思南黄牛

（1）**原产地及分布**：思南黄牛（见图 2-20）是贵州省优良的黄牛品种之一，主产于贵州省的思南、石阡、松桃、沿河、务川、德江、道真、正安等地。

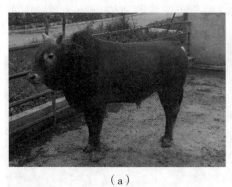

（a） （b）

图 2-20 思南黄牛

（2）**外貌特征**：思南黄牛头长中等。角型主要为"倒八字角"，角色有黑、灰黑、乳黄、乳白等十余种。公牛肩峰肥厚，高出背线 6~8cm。体躯粗短，胸较宽，结构紧凑。尻斜，后肢飞节间距离较狭。蹄形端正，黑色蹄为多，蹄质坚韧，蹄壳结实，耐磨、耐湿、再生力强，适于在岩石裸露及水土流失的山地放牧和耕作，为外来牛种所不及。毛色较杂，黄色毛占70%以上，黑色占13%，其余为棕色、黑褐色、草白色等颜色。

（3）**生产性能**：思南黄牛成年公牛平均体高113.34cm，体重290.50kg；成年母牛平均体高104.81cm，体重233.65kg。体质结实，肢蹄强健，善于爬山，适于山区耕作和放牧，有较好的挽力和肉用性能，商品率高。

（二）威宁黄牛

（1）**原产地及分布**：威宁黄牛（见图2-21）主产于贵州省威宁县。

（2）**外貌特征**：威宁黄牛被毛以黄色居多，黄褐色、黑色次之，间有少量黄白花。头稍长而清秀，额平直，鼻镜宽，口方正。角短，角形不一，多为"萝卜角"。颈短，垂皮不甚发达。公牛肩峰较高，母牛平直；胸深但宽度略显不足，背腰平直，腰部饱满，尻稍倾斜而略高。四肢较细但结实，前肢端正，后肢多狭蹄和前踏，蹄质坚硬。尾着生较高，长过飞节。成年公牛体高约为113.8cm，母牛体重约为108.6cm，公牛体重约为255.1kg，母牛约为221.4kg。

（3）**生产性能**：性成熟较晚，母牛3岁开始配种，一般3年产2犊，成活率为90%以上。在农村饲养条件下，平均屠宰率为52.8%，净肉率为44.6%。

（a）   （b）

图2-21　威宁黄牛

（三）关岭黄牛

（1）**原产地及分布**：关岭黄牛（见图2-22）分布于贵州省安顺地区和黔南布依族苗族自治州的19个县，而以关岭县所产最为闻名。

（a）   （b）

图2-22　关岭黄牛

（2）**外貌特征**：关岭黄牛额平或有微凹，角形多种多样，有上生、侧生、前生者，一般角均较短。公牛肩峰明显，峰高于背线为 8~15cm 不等，母牛肩峰一般仅略高出于背线2~3cm。垂皮较长，自下颌延至前胸部，宽度有达 15cm 者。胸较深而略窄，尻部倾斜。尾根较高，尾细长，尾帚过飞节。前肢正直，后肢飞节多内靠，四肢关节筋腱明显，蹄质致密坚固。乳房较小，乳头细短，皮薄而致密，毛细软，黄色居多，其次为褐色和黑色，也有极少数有花斑。鼻镜多数呈黑色，少数肉色。从整体看，体型有偏细致和偏粗壮的两种类型。

（3）**生产性能**：关岭黄牛成年公牛体高约为 120.4cm，体重约为 375kg；成年母牛体高约为 112.9cm，体重约为 310kg。关岭黄牛具有较好的挽力和持久力，能水旱兼作，适应陡坡梯田的耕作和劳役。

（四）黎平黄牛

（1）**原产地及分布**：黎平黄牛（见图 2-23）是主产于贵州省东南部地区的一种黄牛品种。

（2）**外貌特征**：黎平黄牛被毛多为黑色和黄色，褐色次之，也有少量黑白花和黄白花。头中等大小，公牛略显宽短；额宽平、嘴圆大、口角深。母牛角短细，向前两侧弯曲，多为黑褐色；公牛角粗大，多为"竹笋角"。母牛颈长薄；公牛颈短，垂肉发达，肩峰高大突出。胸宽深，背腰平直；母牛后躯略高于前躯。腹圆大而充实，尻部较宽而丰满，略有倾斜。四肢短小结实，蹄质坚实。成年公牛体高约为 112cm，体重约为 304kg；母牛体高约为 104cm，体重约为 233kg。

（3）**生产性能**：公牛 1.5 岁开始配种，母牛 2 岁开始配种。母牛一般 3 年产 2 犊。屠宰率约为 54.2%，净肉率约为 44.7%。

（a） （b）

图 2-23 黎平黄牛

思 考 题

1. 根据经济用途，牛可以分为哪几类？
2. 简述乳用型牛的体型特征。
3. 简述从国外引进大型肉用牛品种改良我国的地方黄牛品种的利弊。
4. 我国主要地方良种牛有哪些，与国外肉用牛品种相比，有哪些优势和不足？

项目三 牛的生物学特性

 学习目标

知识目标：

　　1. 了解牛的毛色、形态特征，熟悉牛的主要生理指标。

　　2. 熟悉牛的采食、饮水等行为特征。

　　3. 了解牛的反刍、嗳气等消化生理现象，熟悉牛的瘤胃功能。

技能目标：

　　培养学生根据牛的生物学特征表现判断牛的健康状况的能力。

任务一 牛的生理特征

一 毛色特征

　　牛的毛色变化多端，主要具有黑、黄、白、红、灰及各种相间的毛色。毛色一般无直接的经济意义，但在热带与亚热带地区，毛色与调节体温及抵抗蚊蝇袭击的能力有关，浅色牛比深色牛更能适应炎热的环境条件。毛色的主要意义是作为重要的品种特征，也常是育种工作中的性状之一。

二 一般形态特征

　　一般形态特征是在当地的自然和社会经济条件下，经过人们长期选择而形成的。它或是直接的经济性状，或是品种特征，具有间接的经济价值。

　　1. 角

　　角是牛的防御器官，角的有无和形状是牛品种特征的表现。我国的大部分黄牛品种有角，常见的无角品种有海福特牛和安格斯牛等。

　　2. 肩峰与胸垂

　　肩峰指牛鬐甲部的肌肉状隆起，胸垂指胸部发达的皮肤皱褶。热带地区牛的肩峰与胸垂比温带和寒带地区牛的发达。瘤牛和我国的南方牛具有明显的肩峰与胸垂。雄性激素有助于肩峰与胸垂的发育，因此，一般公牛肩峰与胸垂比母牛发达。

3. 体型

牛的体型与其经济性状一致，肉用牛通常呈矩形，乳用牛一般呈楔形。

三 牛的主要生理指标

1. 脉搏

牛的脉搏随年龄而变化。初生犊牛最高，70~80次/min，随年龄增加而减少，二岁时40~60次/min。母牛怀孕后期和泌乳期脉搏比空怀时高。

2. 呼吸

牛正常的呼吸次数是20~28次/min，其变化规律与脉搏的变化基本相同。

3. 体温

牛的正常体温范围是37.5℃~39.1℃。

四 牛的适应性

1. 牛对环境温度的适应性

环境温度对牛的影响很大，牛能在相当宽的气温范围内生存，借助其调节机能维持体温恒定。牛对低温环境的耐受能力较强，但不能耐受高温，最适环境温度是10℃~20℃。

不同品种牛对高温的适应性不同，原产热带的牛较耐热，而原产温带、寒带的牛则不耐热。欧洲品种在气温为21℃~23℃时，体温受到影响；而瘤牛在外界气温达到32℃时，体温才开始上升。环境温度高，会使牛的采食量大幅度下降而导致牛的生长发育和泌乳量下降，进而影响其生产力；高温会降低公牛的精液品质和母牛的受胎率。因此，防暑降温是保证奶牛、肉牛高效生产的关键性环节。

牛对低温环境的调节能力较强，当气温从10℃降到−15℃时，对牛的体温并无明显影响。但是低温对牛仍存在两方面的影响：一是牛为了维持体温恒定，必须增加采食提高产热，二是寒冷的环境条件，会抑制母牛的发情和排卵。

2. 牛对空气湿度的适应性

在高温条件下，空气湿度升高，会抑制蒸发散热，对牛的热调节不利，使热应激加剧；而在低温条件下，空气湿度升高，会加快非蒸发散热，牛体的散热量增大，会促使产热量相应提高。牛对湿度的适应性常取决于环境温度，但湿度过高对牛生产极不利，而凉爽干燥的环境适宜于牛发挥其生产潜力，相对湿度以50%~70%为宜。

3. 牛对高海拔的适应性

随着海拔的升高，气温逐渐下降，空气含氧量减少，海拔每升高100m，空气温度约降低0.6℃。牛对高海拔的适应性具有品种特异性，如瑞士褐牛、西门塔尔牛对高海拔的适应性较强。

牛的行为特征

熟悉牛的行为特征，有助于在牛生长发育的各个阶段进行科学的饲养管理。

一 牛的采食行为

牛的上颌无门齿，其作用由坚硬的齿板所代替，采食时依靠长而灵活有力的舌卷入口中，以下颌门齿与上颌齿板将饲草咬住，依靠舌和头的转摆动作将牧草扯断。牛在采食时不经过仔细咀嚼即将饲料咽下，容易将混入饲料中的异物误食入，尤其是铁丝、钉子等尖锐异物停留在网胃内，容易引起创伤性网胃炎或心包炎。由于牛嘴唇厚，没有门齿，不能啃食过矮的草，当牧草高度低于5cm时，放牧的牛不易吃饱。

自由采食情况下，牛全天的采食时间为6~9h，放牧牛的采食时间受牧草的状况影响，一般比舍饲牛的采食时间长。当气温低于20℃时，自由采食时间有68%分布在白天；当气温超过27℃时，白天采食时间相对减少。天气过冷时，采食时间延长。

牛的采食量与其体重密切相关，一般情况下，成年泌乳牛的干物质进食量为体重的3%~3.5%，干乳牛约为体重的2%，生长肥育牛为体重的2.4%~2.8%，肥育后期牛为体重的2%~2.3%。牛的采食量受许多因素的影响。饲料品质好时，采食量高；牛在生长期、妊娠初期、泌乳高峰期采食量高；当环境温度较低时，牛的食量增加；环境温度高于27℃时，采食量下降。

牛喜食青绿饲料和块根，通常会避免采食被排泄物污染了的或者外表粗糙的牧草，喜好带甜、咸味的饲料。

二 饮水

牛饮水时把嘴浸入水中吸水。饮水量因环境温度和采食饲料的种类不同而有较大差异，一般每天需饮水15~30L。

三 牛的反刍行为

牛是反刍动物，反刍是反刍动物特有的消化行为。牛采食时非常粗糙，饲料未经仔细咀嚼就匆匆吞咽入瘤胃。当其休息时，在瘤胃内经过一段时间的浸泡与软化的饲料刺激瘤胃前庭和食管沟的感受器，兴奋传至神经中枢，引起瘤胃逆呕，食团返送到口腔，仔细咀嚼并混入唾液，重新咽下，这一过程叫反刍。牛反刍行为的建立，与瘤胃发育有关，一般在2~4周龄时开始出现反刍，3~4月龄趋于正常，6月龄基本建立完善的复胃消化功能。健康的成年牛，一般在采食30~60min后开始反刍，一昼夜反刍9~16次，每次反刍持续时间15~45min。

牛反刍频率及时间受年龄和牧草质量的影响，幼牛的反刍次数高于成年牛，采食粗劣牧草的反刍次数和时间均高于采食优质牧草。疾病、发情、饥饿、分娩等都会影响反刍。

四 牛的排泄行为

牛的排泄次数和排泄量与其采食饲料的性质和数量、环境温度及自身因素等有关。牛一天一般排尿 8~10 次，排粪 12~18 次。荷斯坦牛一天可排粪 40kg。

牛不会固定在某一区域排泄，但在夜晚和坏天气情况下，散放的牛倾向于聚集于一处，所排粪便淤积一处。牛经常行走和躺卧在排泄物上。

五 牛的其他行为

1. 运动

牛在开始放牧或舍饲刚进入运动场时，常表现嬉耍性的行为，如腾跃、蹴踢、喷鼻、鸣叫、摇头等，且幼牛更为活跃。

2. 群体行为

牛群在长期共处过程中形成群体等级制度和群体优胜序列。在一个新群体中，各头牛可能相互争斗，根据各自的体重和强弱确定等级地位。

3. 休息

牛一天休息 9~12h，有时游走，有时躺卧，姿势表现出个体的喜好。卧下有利于增加腹部压力，促进反刍。牛不能持续长时间以站立姿势得到很好的休息，为了保持健康，牛一昼夜至少躺卧休息 3h。

任务三 牛的消化特征

牛是反刍动物，其消化道结构及消化生理与猪、鸡等单胃动物有明显的差别。

一 牛的消化道特征

1. 口腔

牛的唇、齿和舌是主要的摄食器官。牛舌长而灵活，可将草料送入口中；唇厚而不灵活，但当采食鲜嫩的青草和小颗粒饲料时，唇是重要的采食器官。牛有发达的唾液腺，唾液分泌量大，每头牛每天的唾液分泌量为 100~200L，唾液中含有的碳酸盐、磷酸盐等缓冲物质和尿素等，对维持瘤胃内环境和内源性氮的再利用起着重要的作用。

2. 复胃

牛是复胃动物，胃由 4 个胃室构成，即瘤胃、网胃、瓣胃和皱胃，如图 3-1 所示。其中前 3 个胃称为前胃，只有第四个胃有胃腺，能分泌消化液，因此又称为真胃。牛刚出生时，皱胃最大，随着犊牛对植物饲料的采食增加，瘤胃和网胃迅速发育，而皱胃增长缓慢，容积相对变小，6 月龄幼牛的复胃结构和功能与成年牛接近。

成年牛的胃容积较大，一般成年奶牛的胃容积可达 200L，成年肉牛和役牛为 100L 左右。瘤胃容积最大，约占胃总容量的 80%，占据腹部的左半侧和右侧下半部，是微生物消化的主要场所。网胃位于瘤胃前侧，靠近胸隔膜，与心包仅距 5cm，上方与瘤胃相连，下方与瓣胃相通，约占胃总容量的 5%，其功能与瘤胃类似。瓣胃位于腹腔的右侧，占胃总容量的 7%～8%，瓣胃黏膜形成百余片大小、宽窄不等的叶片，因此又称"牛百叶"，前接网瓣胃口，后接瓣皱胃口与皱胃相通。皱胃位于腹腔右侧，前边与瓣胃相连，后与小肠相通，占胃总容量的 7%～8%，其黏膜光滑柔软，有胃腺，能分泌盐酸和胃蛋白酶，可对食物进行化学性消化。

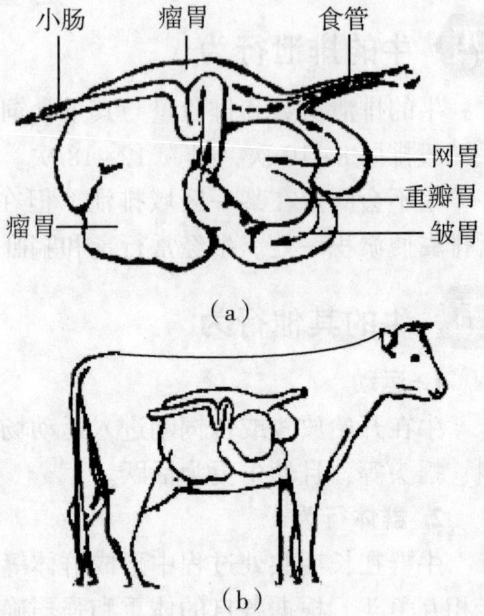

3. 肠道

牛的肠道包括小肠、大肠、盲肠和直肠。小肠发达，成年牛的小肠展开长为 35～40m，盲肠约为 0.75m，结肠为 10～11m。小肠是牛对营养物质进行化学性消化和吸收的主要器官。

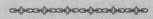

图 3-1　牛的复胃示意图

二　牛特殊的消化生理现象

1. 反刍

见"牛的行为特征"。

2. 嗳气

由于瘤胃中寄居的大量细菌和原虫发酵产生多种气体，主要是二氧化碳、甲烷和氨等，导致胃壁张力增加，刺激瘤胃壁的压力感受器，引起瘤胃由后向前收缩，压迫气体经食管由口腔排出，这一过程称为嗳气。在嗳气过程中，部分气体会通过喉头转入肺，其中某些气体可被吸收入血，可能影响奶的气味，牛平均每小时嗳气 17～20 次。通过嗳气排出的甲烷带走大量的饲料能量。当牛采食大量带有露水的豆科牧草和富含淀粉的根茎类饲料时，胃发酵作用急剧上升，产生的气体不能及时排出，则出现"臌气"。

3. 食管沟反射

食管沟始于贲门，延伸至网瓣胃口，是食管的延续，为肌肉皱褶，犊牛的食管沟发达，可闭合成管，成年牛食管沟闭合不严。在犊牛期，当牛受到与吃奶有关的刺激时，食管沟闭合，形成一中空闭合的管道，将奶绕过瘤胃和网胃，直接进入瓣胃和真胃进行消化，此过程称为食管沟反射。食管沟反射避免了奶进入瘤胃和在瘤胃中发酵产生消化障碍。因此，在人工哺乳时应注意不要让犊牛吃奶过快而超过食管沟的容纳能力，导致奶进入瘤胃，引起消化不良。一般情况下，哺乳期结束后的育成牛和成年牛的食管沟反射逐渐消失。

思 考 题

1. 简述牛的行为特征。
2. 简述牛的复胃结构与功能。
3. 与单胃动物相比，牛有哪些特殊消化生理现象？
4. 学习了牛的生物学特征，你认为对生产实践有什么指导意义？

项目四 牛的体型外貌与鉴别

学习目标

知识目标：

1. 了解牛的体型外貌特征，掌握牛的主要身体部位名称。
2. 掌握牛的外貌鉴定、测量鉴定和评分鉴定方法，掌握牛的齿龄鉴定方法。
3. 熟悉牛的体尺测量方法，掌握体重估计方法。

技能目标：

培养学生鉴别牛年龄的能力，会根据体尺估计牛的体重。

任务一 牛的体型外貌特征

一 牛的体表部位名称

牛的整个躯体可划分为头颈部、前躯、中躯和后躯四大部分，体表各部位名称如图 4-1 所示。

1. 头颈

在躯体的最前端，以鬐甲和肩端的垂直连线与躯干分界，包括头和颈两部分。

头有轻重、长短、宽窄、粗细之分。轻重是指头的大小与体躯大小相适应的程度；长短是指头的长度与体长的比。公牛头比较粗重、宽短，皮厚毛粗，多卷毛，具有雄性特征；母牛头较狭长，清秀细致，具有母牛的形象。肉牛的头多宽短、粗重；奶牛的头多细长清秀。

颈有长短、粗细、平直与有无皱纹之分。肉牛的颈多为粗短；奶牛的颈一般较为细长。

2. 前躯

颈部之后至肩胛骨后缘垂直切线之前，以前肢骨骼为基础的部分，包括鬐甲、前肢、胸等。

3. 中躯

中躯指肩胛骨后缘垂直切线之后至腰角前缘垂线之前，以背椎、腰椎和肋骨为支架的中间躯段，包括背、腰、腹等部位。

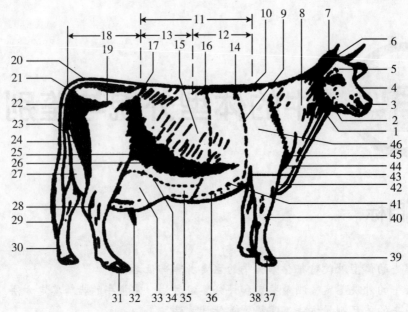

图 4-1 牛体体表各部位名称

1—喉；2—下颌；3—口笼；4—鼻梁；5—额；6—头顶；7—角；8—颈；9—胸围；10—鬐甲；11—背部；
12—前背；13—腰；14—肩后；15—肋部；16—躯干；17—腰角；18—臀部；19—腰部；20—尾根；
21—臀角；22—尾；23—后乳房附着；24—大腿；25—后膝；26—肋；27—后乳房；28—飞节；29—尾梢；
30—悬蹄；31—蹄；32—乳头；33—前乳房；34—前乳房附着；35—乳静脉；36—乳井；37—蹄底；
38—踵；39—系部；40—膝；41—胸基；42—前胸；43—肘端；44—垂皮；45—肩端；46—肩胛骨

4. 后躯

腰角前缘垂线之后为后躯，包括尻部、臀部、后肢、尾、乳房、生殖器官等。

任务二　牛的外貌鉴定

牛的外貌鉴定主要有观察鉴定、测量鉴定和评分鉴定三种方法。在鉴定种牛时，三者常结合进行，以弥补各自的不足。

一　观察鉴定

观察鉴定是用肉眼观察牛的外形及品种特征的方法，同时以手触摸作为辅助手段判断牛的品种或生产性能。进行肉眼鉴定时，应使被鉴定牛自然地站在宽广而平坦的场地上。鉴定人员站在距离被鉴定牛 5~8m 的地方。首先对整个牛体环视一周，以便对牛体形成总体印象；然后分别站在牛的前面、侧面和后面进行观察。从前面可观察牛头部的结构、胸和背腰的宽度、肋骨的扩张程度和前肢的肢势等；从侧面观察胸部的深度，肩及尻的倾斜度，颈、背、腰、尻等部位的长度，乳房的发育情况以及各部位是否匀称；从后面观察体躯的容积和尻部发育情况。肉眼观察完毕，再用手触摸，了解皮肤、皮下组织、肌肉、骨骼、毛、角和乳房等发育情况。最后让牛自由行走，观察四肢的动作、姿势步态。

肉眼鉴定简单易行，但鉴定人员必须具有丰富的经验，才能得出比较准确的结果。

 测量鉴定

体尺测量是牛外貌鉴定的重要方法之一。体尺是鉴定各种牛生长发育状况和体型的重要数据，是一项重要的品种特征，也是选种的重要依据之一。体尺测量常用的工具有：测杖、圆形测定器、卷尺、测角计等，如图4-2所示。

测量体尺与称重可同期进行，一般在初生、6月龄（断奶）、周岁、1.5岁、2岁、3岁和成年时测定。测量体尺时必须使被测量牛直立在平坦的地面上，四肢的位置必须垂直、端正，左、右两侧的前后肢均须在同一条直线上；在牛的侧面看时，前后肢站立的姿势也必须在一条直线上。头应自然前伸，既不左右偏，也不高仰或下俯，头骨近端与鬐甲接近于水平。只有这样的姿势才能测出比较准确的体尺数值。

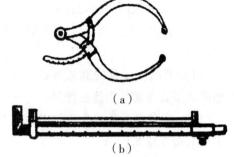

图4-2 牛体尺测量的主要工具

（a）圆形测定器；（b）测杖

测量部位的数目依测量目的而定，主要有体高、体斜长、坐骨端宽、腰角宽、管围、胸宽、胸深、头长、额大宽、腰高、臀长等，如图4-3所示。

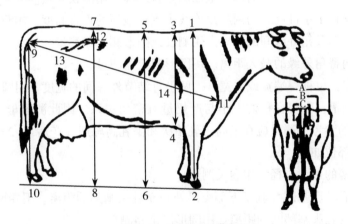

图4-3 牛体的测量部位

1→2. 体高　3→4. 脚围　5→6. 背高　7→8. 腰高　9→10. 臀端高

9→11. 体斜长　9→12. 臀长　14. 胸围　A. 腰角宽　B. 髋宽　C. 坐骨端宽

（1）头长：从额顶（角间线）至鼻镜上缘的距离，如图4-4的所示。用圆形测定器或卷尺测量。

（2）额大宽：两眼眶最远点的距离。用圆形测定器测量。

（3）额小宽：颞颥部上面额的最小宽度。用圆形测定器测量。

（4）体斜长：从肩胛前缘到同侧坐骨结节后缘间的距离。用测杖测量。

（5）体直长：从肩胛前缘至同侧坐骨结节后缘间的水平距离。用测杖测量。

（6）体高：亦称鬐甲高，是自鬐甲最高点到地面的垂直高度。用测杖测量。

（7）胸深：肩胛后缘胸部上、下之间的距离。用测杖测量。

（8）胸围：在肩胛骨后缘处作一垂线，用卷尺绕一周测量所得的长度。其松紧程度以能插入食指并可上下滑动为准。

（9）胸宽：肩胛后缘胸部最宽处左、右两侧间的距离。用测杖或圆形测定器测量。

（10）管围：前掌骨上 1/3 最细处的水平周长。用卷尺测量。

（11）臀高：又称尻高或荐高，为荐骨最高点至地面的垂直高度。用测杖测量。

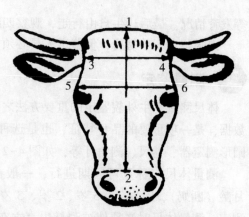

图 4-4　牛头部的测量部位

1→2. 头长　3→4. 额小宽

5→6. 额大宽

（12）臀端高：又称坐骨结节高，即坐骨结节至地面的垂直高度。

（13）臀长：又称尻长，为腰角前缘至坐骨结节后缘间的距离。用测杖或圆形测定器测量。

（14）后腿围：主要用于肉牛。用卷尺测量，从一侧后膝前缘，绕臀后至对侧后膝前缘突起的水平半周长。测量时一定要使牛的后肢站立端正，否则误差大。

（15）背高：从最后胸椎棘突后缘至地面的垂直距离。用测杖测量。

（16）腰高：又称十字部高，为两腰角连线中点至地面的垂直高度。用测杖测量。

（17）腰角宽：两腰角外缘间的距离。用测杖或圆形测定器测量。

（18）髋宽：两臀角外缘的最大距离。用圆形测定器测量。

（19）坐骨端宽：也称臀端宽或尻宽，为两坐骨结节外缘间的宽度。用圆形测定器测量。

（20）乳房的测量：乳房容积的大小与产奶量有密切关系。因此测定母牛乳房的容积可作为评定产奶性能的参考。测量应在最高泌乳胎次和泌乳高峰期（产后 1~2 个月）及在挤乳前进行。一般测量部位如下：

①乳房围：乳房的最大周径。用卷尺测量。

②乳房深度：后乳房基部（乳镜下部突出处）至乳头基部的距离。用卷尺测量。

③前、后乳房两乳头基部间的距离：用圆形测定器测量。

④左、右乳房两乳头基部间的距离：用圆形测定器测量。

三　外貌评分鉴定

评分鉴定是将牛各部位依据其重要程度分别给予一定的分值，各部位总分为 100 分。根据外貌要求，分别对各部位进行评分，最后计算各部位的总分，即为该牛的总分值，然后按分值，确定其外貌等级。

（一）奶牛外貌鉴定评分

中国荷斯坦牛外貌鉴定评分及等级标准见表 4-1 和表 4-2。根据外貌评分结果，按表 4-3 评定等级。

表 4-1 母牛外貌鉴定评分表

项目	细目与满分标准	标准分
一般外貌与乳用特征	1. 头、颈、鬐甲、后大腿等部位棱角和轮廓明显	15
	2. 皮肤薄而有弹性，毛细而有光泽	5
	3. 躯高大而结实，各部位结构匀称，结合良好	5
	4. 毛色黑白花，界线分明	5
	小计	30
体躯	5. 长、宽、深	5
	6. 肋骨间距宽，长而开张	5
	7. 背腰平直	5
	8. 腹大而不下垂	5
	9. 尻长、平、宽	5
	小计	25
泌乳系统	10. 乳房形状好，向前后延伸，附着紧凑	12
	11. 乳房质地：乳腺发达，柔软而有弹性	6
	12. 四乳区：前乳区中等大，4 个乳区匀称，后乳区高、宽而圆，乳镜宽	6
	13. 乳头：大小适中，垂直呈柱形，间距匀称	3
	14. 乳静脉弯曲而明显，乳井大，乳房静脉明显	3
	小计	30
肢蹄	15. 前肢：结实，肢势良好，关节明显，蹄质坚实，蹄底呈圆形	5
	16. 后肢：结实，肢势良好，左右两肢间宽，系部有力，蹄形正，蹄质坚实，蹄底呈圆形	10
	小计	15
总计		100

表 4-2 公牛外貌鉴定评分表

项目	细目与满分标准	标准分
一般外貌	1. 毛色黑白花，体格高大	7
	2. 有雄相，肩峰中等，前躯较发达	8
	3. 各部位结合良好而匀称	7
	4. 背腰平直而坚实，腰宽而平	5
	5. 尾长而细，尾根与背线呈水平	8
	小计	35

续表

项目	细目与满分标准	标准分
体躯	6. 中躯：长、宽、深	10
	7. 胸部：胸围大、宽而深	5
	8. 腹部紧凑，大小适中	5
	9. 后躯：尻部长、平、宽	10
	小计	30
泌用性能	10. 头、体型、后大腿的棱角明显，皮下脂肪少	6
	11. 颈长适中，垂皮少，鬐甲呈楔形，肋骨扁长	4
	12. 皮肤薄而有弹性，毛细而有光泽	3
	13. 乳头呈柱形，排列距离大，呈方形	4
	14. 睾丸：大而左右对称	3
	小计	20
肢蹄	15. 前肢：肢势良好，结实有力，左右两肢间宽；蹄形正，蹄质坚实，系部有力	10
	16. 前肢：肢势良好，结实有力，左右两肢间宽；飞节轮廓明显，系部有力，蹄形正，蹄质坚实	10
	小计	20
总计		105

对于乳用犊牛及周岁育成牛，由于泌乳系统未发育完全，泌乳系统可作为次要部分，而把重点放在一般外貌、乳用特征和体躯容积三部分上。

表4-3　外貌鉴定等级标准

性别	特等	一等	二等	三等
公牛	85	80	75	70
母牛	80	75	70	65

说明：对公、母牛进行外貌鉴定时，若乳房、四肢和体躯中一项有明显生理缺陷者，不能评为特级；有两项时不能评为一级；三项时不能评为二级。

（二）肉牛外貌鉴定评分

我国肉牛繁育协作组制定的肉牛外貌鉴定评分及等级标准见表4-4。根据各部位分数总和，按表4-5评定等级。

表4-4　肉牛外貌鉴定评分表

部位	鉴定标准	评分	
		公牛	母牛
整体结构	品种特征明显，结构匀称，体质结实，肉用体型明显，肌肉丰满，皮肤柔软有弹性	25	25
前躯	胸宽深、前胸突出、肩胛宽平、肌肉丰满	15	15
中躯	肋骨开张、背腰宽而平直、中躯呈圆桶形，公牛腹部不下垂	15	20
后躯	尻部长、平、宽，大腿肌肉突出伸延，母牛乳房发育良好	25	25
肢蹄	肢势端正，两肢间距宽，蹄形正、蹄质坚实，运步正常	20	15
合计		100	100

表4-5　肉牛外貌鉴定等级评定表

性别	特等	一等	二等	三等
公牛	85	80	75	70
母牛	80	75	70	65

任务三　牛的体重测定

牛的体重测定有以下几种方法。

实测法

实测法也叫称重法，即应用平台式或电子地磅实际称量牛的体重，此法最准确。每次称重应在早晨喂饮前，泌乳牛应在挤奶后进行。为了减小误差，应连续两天在同一时间称重，取其平均值。

估测法

在没有称量设备的情况下，可估测牛的体重。体重估测的方法很多，常通过测量牛的体尺后用计算公式来估算。应用此方法得到的体重与实际体重可能会有一定的误差，此误差的大小与体尺测量的操作方法和所有公式的正确与否有密切关系。由于牛的品种和用途不同，其外形结构各有差异，所以其估算公式也不同。在实际工作中，常对估重公式进行校正，以求准确。

（1）乳用牛或乳肉兼用牛估重公式：

$$体重（kg）= 胸围^2（m）× 体直长（m）× 87.5$$

（2）肉用牛估重公式：

$$体重（kg）=胸围^2（m）\times 体直长（m）\times 100$$

（3）黄牛估重公式：

$$体重（kg）=胸围^2（cm）\times 体斜长（cm）\div 11420$$

（4）水牛估重公式：

$$体重（kg）=胸围^2（m）\times 体斜长（m）\times 80+50$$

在实际应用中，应根据当地牛的品种和地方特点与实测体重进行校对，予以修正，才能得到较准确的体重。例如，体重估测公式是：

$$体重（kg）=胸围^2（cm）\times 体斜长（cm）\div 估测系数$$

其估测系数为：

$$估测系数=胸围^2（cm）\times 体斜长（cm）\div 实际体重（kg）$$

任务四　牛的年龄鉴定

牛的年龄是影响其经济、育种价值的重要因素。牛的年龄可通过牛的外貌、门齿的更换与磨损情况及角轮鉴定。

 一　根据外貌鉴定

通过对牛外貌的观察，可大概判断牛的年龄。幼年牛头短而宽，眼睛有神，眼皮较薄，被毛光润，体躯浅窄，四肢较高，后躯高于前躯，活泼好动；青壮年牛的被毛长短、粗细适度，皮肤柔润而富有弹性，眼盂饱满，目光明亮，精力充沛，举动活泼而有生气；老年牛一般站立姿势不正，皮肤枯燥，被毛粗乱，缺乏光泽，眼盂凹陷，目光呆滞，行动迟缓，多数塌腰、弓背。

外貌只能鉴定牛的大概老幼，而不能确切判断其年龄，因此仅能作为年龄鉴定的参考。

 二　根据角轮鉴定

角生长受营养状况的影响，营养不足使牛角组织不能充分发育，表面凹陷，形成环状痕迹，称为角轮。母牛在妊娠期和哺乳期，由于营养消耗过多，又不能得到及时补充，常表现为营养不足；放牧的牛在寒冷枯草的冬季，都会因营养缺乏而影响角的生长，形成角轮，如图 4-5 所示。

由于母牛的妊娠周期大约 1 年，因此可把角轮数加上角尖部分生长期（约 2 年）作为牛的年龄。母牛流产、患病或营养不平衡时对角的生长也有影响，形成角轮的深浅、宽窄都不一样，常常形成比较短浅、细小的角轮，这

图 4-5　牛的角轮

些角轮往往彼此汇合，界限不清，每年也不止形成一个。因此，在利用角轮鉴定牛的年龄时，

通常只计算大而明显的角轮。

由于角轮形成原因比较复杂，常使角轮分辨不清，所以只能作为年龄鉴定的参考。

 根据牙齿鉴定

目前判断牛年龄较为准确的方法是牙齿鉴定法，即通过观察门齿的出生和磨损情况来鉴定。

（一）牛牙齿的种类、数量与排列方式

根据出现的先后顺序，牛的牙齿可分为乳齿和永久齿（恒齿）。先出生的是乳齿，随着年龄的增长，逐渐脱落而换生永久齿。牛只有门齿和臼齿，没有犬齿，永久齿的排列如图4-6所示。乳齿为10对20颗，无后臼齿；永久齿为16对32颗。

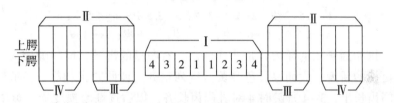

图4-6 牛永久齿排列模式图

Ⅰ—门齿；Ⅱ—臼齿；Ⅲ—前臼齿；Ⅳ—后臼齿

1—钳齿；2—内中间齿；3—外中间齿；4—隅齿

（二）门齿的排列与结构

门齿也称切齿，生于下颌的前方，有四对，由中间向外依次是钳齿、内中间齿、外中间齿和隅齿。上颌无门齿。

从牙齿的外形看，门齿分为齿冠、齿根和齿颈三部分；从牙齿的纵断面看，门齿分为垩质、釉质（珐琅质）、齿质和齿髓4个部分。其中齿质是构成齿的主体；齿质的外面，在齿冠部包以釉质，在齿根部包以垩质，如图4-7所示。

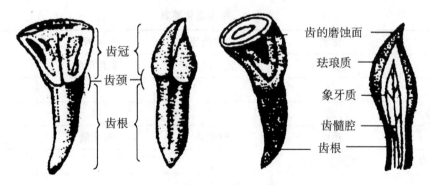

图4-7 牛门齿的结构

（三）门齿的出生、磨损和更换

一般犊牛在出生时有1~3对乳门齿，生后5~6天或半个月左右长出最后1对乳门齿。3~4月龄时，乳隅齿发育完全，全部乳门齿长齐而呈半圆形。从4~5月龄开始，乳门齿齿面逐渐磨损，磨损的次序是由中央到两侧。1.5~2岁开始更换门齿，更换的顺序是从钳齿开始，从中间向外，最后是隅齿。当牙齿已更换完后，又逐渐磨损，最后脱落。根据这一规律，由

门齿的更换和磨损，就可以大致判断牛的年龄（年齿变化示意图见图4-8）。

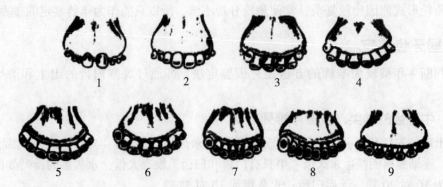

图4-8 牛齿变化

1—1.5~2岁；2—2.5~3岁；3—3.5岁；4—4.5岁；
5—5.5岁；6—6.5岁；7—8岁；8—9岁；9—11岁

牛的乳齿（即生后长出的牙齿）形小而洁白，有明显的齿颈，齿间隙较大；永久齿（即由乳齿脱落后更换的新齿）大而厚，色微黄，排列整齐，彼此紧密相靠。一般犊牛生后半月左右第4对乳门齿长出，3~4月龄时4对乳门齿长齐，以后逐渐磨损变短。黄牛1.5~2岁第1对乳门齿脱落（钳齿），长出第1对（恒齿），即"对牙"；2.5~3岁第2对乳门齿（内中间齿）脱换为永久齿，3~3.5岁第3对乳门齿（外中间齿）脱换为永久齿，4~4.5岁第4对乳门齿（隅齿）脱换为永久齿。5岁时，永久齿与其他齿同高，全部门齿长齐而呈半圆形，称为齐口。黄牛、乳牛5岁齐口，水牛6岁左右齐口。牛齐口后，永久齿开始按顺次磨损，磨损面逐渐由横椭变成近方以至三角形，齿间间隙逐渐扩大，直至齿根露出乃至永久齿脱落，第1对牙齿磨损面出现横椭为6岁，近方为7岁，方形为8岁，圆形为10岁，三角形为11岁，近椭圆为12岁。黄牛超过13岁、水牛超过14岁已达到了老年，基本丧失了役用性能，繁殖性能也基本丧失。

牛齿变化规律见表4-6。

表4-6 牛齿变化简表

年龄	钳齿	内中间齿	外中间齿	隅齿
出生	乳齿已生	乳齿已生	乳齿已生	
2周				乳齿已生
6月龄	磨	磨	磨	微磨
1岁	重磨	较重磨	较重磨	磨
1.5~2岁	更换永久齿			
2~3岁		更换永久齿		
3~3.5岁	轻磨		更换永久齿	
4~4.5岁	磨	轻磨		更换永久齿
5岁	重磨	磨	轻磨	
6岁	横椭圆形（大）	重磨	磨	轻磨

续表

年龄	钳齿	内中间齿	外中间齿	隅齿
7 岁	近方形	横椭圆形（大）	重磨	磨
8 岁	方形	近方形	横椭圆形（大）	重磨
9 岁	方形	方形	近方形	横椭圆形（大）
10 岁	圆形	近圆形	方形	近方形
11 岁	三角形	圆形	方形	方形
12 岁	三角形	三角形	圆形	圆形

以上适合黄牛、奶牛和肉牛的年龄鉴定。水牛由于晚熟，门齿的更换和磨损特征的出现约比普通牛迟一年，在鉴定年龄时，应根据上述牙齿的更换规律加一岁计算。

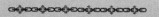 思 考 题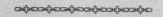

1. 简述公牛和母牛的头颈部区别。
2. 简述如何通过牙齿判断牛的年龄。
3. 举例说明如何通过体尺测量估算牛的体重。

项目五　牛的生产性能及其评定方法

学习目标

知识目标：

1. 熟悉牛生产力测定及评定方法。
2. 掌握奶牛、肉牛的生产性能指标及评定方法。

技能目标：

培养学生评价奶牛、肉牛生产性能的能力。

任务一　评定牛的产奶性能

乳房结构与泌乳

1. 乳房的结构

乳房的外形呈扁球形，由中部的一条中悬韧带和两侧的侧悬韧带将其悬吊于腹壁上。乳房中间的中悬韧带将乳房分为左右两半，每一半边乳房的中部又各被结缔组织隔开分为前后 2 个乳区，这样，乳房被分为前后左右 4 个乳区，每个乳区都有各自独立的分泌系统，互不相通，每个乳区有一个乳头（但有的牛在正常乳头的附近有小的副乳头，应将其除掉。其方法是用消毒剪刀将其剪掉，并涂碘伏等消炎药消毒）。乳房结构如图 5-1 所示。

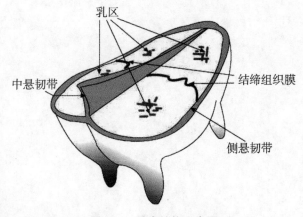

图 5-1　乳房结构示意图

乳腺的最小单位是乳腺泡,由分泌上皮细胞构成,其中心是空的,称乳腺泡腔。乳腺泡分泌的乳汁经末梢导管汇集到小叶导管,再由小叶导管汇集到乳导管,最后流入乳池(乳池是储存乳汁的地方,分为乳腺乳池和乳头乳池两个部分)。乳头开口处有环形括约肌,在有犊牛吮吸或其他刺激时,乳通过乳头排出体外。

2. 乳的分泌与排乳

(1)**乳的分泌**。母牛在泌乳期间,乳的分泌是连续不断的。刚挤完乳时,乳房内压低,乳的分泌最快,随着乳的分泌,储存于乳池、导乳管、末梢导管和乳腺泡腔中的乳不断增加,乳房内压不断升高,使乳的分泌逐渐变慢,这时如不将乳汁排出(挤奶或犊牛吸吮),乳的分泌最后将会停止。如果排出乳房内积存的乳汁,使乳房内压下降,乳的分泌便重新加快。

(2)**排乳反射**。挤奶操作或犊牛吸吮时,乳头和乳房皮肤的神经受到刺激,传至神经中枢导致垂体后叶释放催产素,经血液到达乳腺,从而引起乳腺肌上皮细胞收缩,使乳腺泡腔内和末梢导管内储存的乳汁受挤压而排出,此过程称排乳反射(见图5-2)。奶牛在两次挤奶之间分泌的乳,大部分储存于乳腺泡及导管系统内,小部分储存于乳池中,挤奶操作只能挤出乳池中及一小部分导管系统中的乳,而大部分储存于乳腺泡及导管系统中的乳不能被挤出,只有靠排乳反射才能挤出乳房内大部分(或全部)的乳。

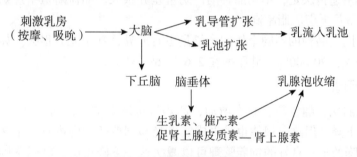

图 5-2 排乳反射示意图

 牛奶的化学组成及其营养价值

1. 牛奶的化学组成

牛奶中的化学成分有 100 多种,但主要是由水分、脂肪、蛋白质、乳糖、无机盐、维生素和酶类等组成,其中水分占 86%~89%,脂肪占 3%~5%,乳糖占 4.5%~5%,蛋白质占 2.7%~3.7%,无机盐占 0.6%~0.75%。变化最大的是乳脂肪,其次是乳蛋白质(其他成分基本稳定)。

(1)**水分**:乳中的水分大都呈游离状态存在,少量以氢链与蛋白质及其他胶体亲水基结合,称为结合水。

(2)**乳脂肪**:呈球状悬浮存在,是衡量牛奶质量的依据。脂肪球的大小与奶牛品种、个体、泌乳期、饲养等均有关系,以品种的影响最大。

(3)**蛋白质**:牛奶中的蛋白质含量约为 3.4%,其中主要是酪蛋白,占 2.8%,其余为白蛋白(0.5%)和球蛋白(0.1%)。

(4)**乳糖**:乳糖是哺乳动物乳中特有的一种糖类,在动物的其他器官中并不存在。牛乳中乳糖的含量约为 4.5%,一般情况下变动不大。乳糖的营养作用是供应机体能量。

(5)**矿物质**:牛奶中含有初生牛犊所必需的一切矿物质,这些矿物质多以与有机酸或无机酸结合的形式存在,如钙、镁、钠、钾、铁盐等。如果在常乳中发现矿物质有明显变化,就能说明乳牛健康情况出现问题。

2. 牛奶的营养价值

牛奶是牛为哺育犊牛由乳腺分泌的一种白色或稍带微黄色的液体，也是供给人类营养的重要畜产品。由于牛奶含有幼牛所需的全部营养物质，因此是初生期幼牛最完善的食物。在混合日粮中，乳蛋白质的吸收率为96%。乳蛋白质包含了机体蛋白质结构所需要的全部氨基酸成分，因此，乳蛋白是一种全价蛋白质。乳脂肪与其他食物脂肪最大不同点在于其中含有各种脂肪酸（约20种），其中除含有其他脂肪少有的低分子量挥发性脂肪酸外（约10%），还有大量的碳原子数低于16的不饱和脂肪酸。作为一种优质食品，乳中含有人体需要的几乎全部矿物质，除钙、磷、钠、镁、铁外，还有在机体代谢中起重要作用的铜、锌、锰、钴、砷、碘等微量元素，此外还含有维生素 A、C、D、E、B_1、B_2 等。

 影响产奶性能的因素

影响产奶量及其成分的因素很多，有遗传、生理和外界三大因素。

（一）遗传因素

（1）**品种**：由遗传决定，不同品种间产奶量差异很大。如荷斯坦牛产奶量最高但乳脂率低；娟姗牛产奶量虽低但乳脂率高。

（2）**个体**：同一品种的不同个体间产奶量也有差异，甚至差异很大。如荷斯坦牛产奶量变化范围为 2 000kg~20 000kg，乳脂率在 2.6%~6%。

（二）生理因素

（1）**年龄及胎次**：随年龄、胎次增加，产奶量也逐渐增加，到 6~8 岁（4~5 胎）达到高峰，以后逐渐下降。但这一规律也受生成熟早晚和饲养条件的影响，早熟的牛泌乳高峰期来得早，但也下降的早；良好的饲养管理可以减缓这一下降速度。乳脂率则与产奶量呈负相关；一般产奶量上升时乳脂率略有下降；当产奶量下降时，乳脂率有可能再度上升。

（2）**体型大小**：一般体型大，产奶量较高。据统计，在一定限度下，每100kg 体重可能增加产乳 1 000kg。过大的体型所需维持饲料和占用牛舍面积相应增加，而产奶量并不一定多，因此对生产不一定有利。

（3）**初产年龄与产犊间隔**：初产年龄过早和过晚，都对生产不利。初产年龄过早不仅影响当次产量，并且影响个体发育，从而影响终生产量；初产年龄过晚影响终身胎次，不仅影响产奶量，而且减少了犊牛出生头数。一般选择奶牛体重达到成年体重的 70% 左右配种，24~26 月龄时第一次产犊。但由于各地气候和生态条件不同，具体配种和产犊时间应灵活掌握。奶牛初产后，应保证一年一犊，一年 10 个月产奶期。

（4）**泌乳期**：在一个泌乳期中，乳的产量和成分是变化的，不同泌乳期的产奶量有很大差异，但呈有规律的变化，即形成泌乳曲线。泌乳曲线是鉴定奶牛的一项重要指标，也是改善饲养管理的一项重要依据。

（三）外界因素

（1）**挤奶技术**：挤奶方式不对，乳房中积存的奶不仅不能成为下次奶量，而且对奶的分泌来说是一种障碍，影响泌乳速度。从理论上讲，挤奶次数越多，产奶量越多。一般一日 3 次挤奶比 2 次挤奶可多产奶 16%~20%，4 次挤奶比 3 次挤奶增加 10%~12%，但挤奶次数增加的同时也增加了工人的劳动量，影响奶牛的休息和饲喂，对生产不利。

（2）**饲养与管理**：充足的营养是产奶的物质基础。日粮要合理搭配和精心调制，在不同牧场饲养，其产奶量差异很大，主要原因是饲养管理的差异。高质量的粗饲料是提高产奶量和乳脂率的基础，不同个体对饲养水平反映并不一致，因此，在执行饲养标准时应照顾到个体特点。另外，奶牛要经常刷拭、修蹄、运动、按时挤奶，只有健康的奶牛才能发挥其生产潜力。

四 产奶量的测定及标准乳的计算

奶牛产犊后开始产奶，直到下一次产犊前才停止产奶。在产奶期间，会因某种原因停止产奶，因此，对个体产奶量数据的获得必须遵从一定的规定，结果才准确可靠。每头牛各泌乳期的挤奶量是奶量统计计算的基础。准确的方法是逐头牛记录汇总逐日逐次挤奶的数量，然后统计各月和全泌乳期的总产奶量。

奶牛个体产奶量是以个体奶牛为单位来进行测定和统计的，它表明个体奶牛的产奶性能高低。个体产奶量不以日历年作为统计，而以牛本身的生理周期作为统计基础。

（一）产奶量的测定与计算

1. 个体产奶量的测定方法

个体产奶量的测定有不同的方法，不同方法各有利弊，应根据具体情况选用。

（1）每次挤奶后计量奶量逐天累计。此法准确，但工作量大。

（2）根据中国奶牛协会建议，每月记录 3 次，每次之间相距 9~11 天，将每次（日挤奶量）所得数乘以相隔天数，然后累加，可得出每月及全泌期的总奶量。

$$全月产奶量 = （M1×D1） + （M2×D2） + （M3×D3）$$

其中：M1，M2，M3 指测定日全天产奶量；D1，D2，D3 指当次测定日与上次测定日间隔的天数；各泌乳月的产奶量累加即为全泌乳期产奶量。

（3）为了减小劳动强度、降低成本，还可根据情况适当减少测定次数，但其估测的精度会随之降低。

（4）在挤奶设备上，安装不同类型的奶量计量装置和奶牛个体自动识别装置，用电脑自动测量、处理产奶量数据。

2. 个体产奶量的计算方法

（1）**305 天产奶量**。305 天产奶量指母牛自产犊第一天开始到第 305 天为止的产奶总量。但母牛在一个泌乳期中的产奶时间不可能刚好是 305 天，如果不足 305 天，按实际产奶量计算，超过 305 天时，超过的部分不计在内。

（2）**305 天校正产奶量**。按个体 305 天产奶总量来表示个体牛的产奶性能，方法是将实际记录的产奶量乘以相应的校正系数，得到校正 305 天产奶量。泌乳不足 305 天的校正系数见表 5-1。泌乳超过 305 天的校正系数见表 5-2。

表 5-1 泌乳不足 305 天的校正系数

泌乳天数	240	250	260	270	280	290	300	305
胎次：1	1.182	1.148	1.116	1.036	1.055	1.031	1.011	1
2~5	1.165	1.133	1.103	1.077	1.052	1.031	1.011	1
6 以上	1.155	1.123	1.094	1.070	1.047	1.025	1.009	1

表 5-2　泌乳超过 305 天的校正系数

泌乳天数	305	310	320	330	340	350	360	370
胎次：1	1	0.987	0.965	0.947	0.924	0.911	0.895	0.881
胎次：2~5	1	0.988	0.97	0.952	0.936	0.925	0.911	0.904
胎次：6 以上	1	0.988	0.97	0.956	0.900	0.928	0.916	0.933

（3）**全泌乳期产奶总量**。个体全泌乳期产奶总量指母牛自产犊之日起到干奶为止的累计产奶量。因泌乳期的长短受许多非遗传因素的影响，该指标不能正确反映牛的产奶性能。

（4）**个体终生产奶量**。个体终生产奶量指母牛一生的全部产奶量。计算方法为各胎次全泌乳期实际产奶量累计求和。终生产奶量是奶牛生产性能的综合指标，终生产奶量高的牛，不但各胎次产奶量高，而且利用年限长，寿命长。

（二）群体产奶量的测定与计算

以某一奶牛群体（如某牛场的全部成年母牛）为对象，它不但反映该牛群整体产奶遗传性能的高低，也反映牛场的饲养管理水平。另外，群体产奶量的统计与计算是以日历年为基础。

1. 全群实产牛全年平均产奶量

$$全群实产牛全年平均产奶量 = \frac{全群牛全年总产奶量}{全年平均每天饲养实产母牛头数}$$

其中：全群牛全年总产奶量指从 1 月 1 日起到 12 月 31 日止全群牛产奶的总量。

$$全年平均每天饲养实产母牛头数 = \frac{全群每天饲养泌乳母牛头数总和}{365}$$

2. 全群应产牛全年平均产奶量

$$全群应产牛全年平均产奶量 = \frac{全群牛全年总产奶量}{全年平均每天饲养应产母牛头数}$$

$$全年平均每天饲养应产母牛头数 = \frac{全群每天饲养应产母牛头数总和}{365}$$

其中：应产母牛指具有泌乳能力的母牛。

全群应产牛全年平均产奶量与全群实产牛全年平均产奶量之间的差别，前者只计算实际产奶的母牛，后者是把全部具备产奶能力的母牛都计算在内，而不管它实际产奶与否。应产母牛的产奶与否不但受其自身生理规律的影响，也受饲养管理条件等人为因素的影响。因而，全群实产母牛全年平均产奶量更能反映牛群的产奶遗传素质，而全群应产母牛全年平均产奶量除反映牛群的产奶遗传素质外，还在很大程度上反映牛群饲养管理水平的高低。

（三）乳脂率的测定与计算

乳脂是指牛乳中所含的脂肪，是牛奶的重要组成成分和能量来源。乳脂率是指牛乳中所含脂肪的百分率，是衡量牛乳营养价值及质量的重要指标。牛乳的脂肪含量在整个泌乳期中有很大变化，一般所说的乳脂率是指平均乳脂率。

$$平均乳脂率 = \frac{\sum (F \times M)}{\sum M}$$

其中：F 指整个泌乳期中每次测定乳脂率的测定值，M 指某一测定值所代表的该段时间的产奶量。

乳脂率的测定次数一般有两种：全泌乳期中每月测定一次。在全泌乳期中只在第二、五、八泌乳月各测定一次，共三次。

（四）4% 标准乳的计算

由于乳脂是牛奶的重要组成成分，但不同奶牛所产奶之间的乳脂率差异很大，而只用产奶量来比较奶牛的产奶性能就不能反映奶牛的实际情况，因而有必要将不同奶牛所产的奶都校正为含脂肪 4% 的奶，称为乳脂校正奶或标准奶，然后进行比较。校正方法为：

$$FCM = M\ (0.4 + 0.15\ F)$$

其中：FCM 指乳脂率为 4% 的标准奶量，M 指乳脂率为 F 的奶量，F 指奶的实际乳脂率。

五 牛奶质量的鉴定

牛奶在处理和利用前要进行常规检验，项目包括感官鉴定和酸度测定。

（一）感官鉴定

许多不合格的奶，是在感官鉴定时初步检出的。对怀疑混有初乳的牛奶，可进行煮沸和酸度测定，在色泽较浓的情况下，如煮沸时有凝块或絮状物或者酸度偏高，即可认为掺有初乳。鉴定乳房炎奶的简单方法是"杯碟试验"：取少许疑似乳房炎奶，置于黑色的碟内使其流动，仔细观察碟上有无细小蛋白点或黏稠絮状物，如出现即可认为是乳房炎奶。掺水的奶比重小，可用比重计测定。如需进一步确定，可测定乳脂率，比重和乳脂率皆低者，可认为掺有水。

（二）酸度测定

利用滴定法测定奶的酸度比较麻烦，另外在生产中往往只要牛奶不超过一定酸度即可使用，所以常用的指标是界限酸度。它是指在某一用途下作为原料奶的酸度要求的最高限度数值。

任务二 评定肉用牛的生产性能

一 牛肉的组成及其营养价值

牛肉是人们生活中的重要食品。凡牛体上能供人类食用的部分都可称为肉，一般对牛屠宰后去掉血、皮、头、蹄、生殖器官和内脏的部分称胴体，胴体在剔除内部骨骼后即是肉，通常把牛的头、蹄、内脏称为"杂碎"。

（一）牛肉的形态学组成

胴体是由肌肉组织、结缔组织、脂肪组织和骨骼组织所构成，其组成百分比大体如下：

肌肉组织在 50%～60%，骨组织在 15%～20%，脂肪组织在 20%～30%，结缔组织在9%～11%。

（1）**肌肉组织**。基本单元是肌纤维，也称肌细胞，是肉的主要成分。肌肉组织包括横纹肌、平滑肌和心肌三种。从食品加工角度讲，肌肉组织主要指横纹肌，即"瘦肉"部分。

（2）**脂肪组织**。脂肪分布于皮下的称皮下脂肪，或称肥膘。脂肪贮存在肠系膜上的称花油。经肥育的牛，其脂肪大量贮积于肌肉束之间，肌肉横断面呈大理石花纹状，这种肉的品质较好。

（3）**结缔组织**。结缔组织是构成肌腱、筋膜、韧带和肌肉内外膜的主要成分。结缔组织分布在畜体各个部位，起到支持和连接各器官组织的作用，并使牛肉保持一定的硬度、弹性和韧性。

（4）**骨组织**。骨组织是动物机体的支撑组织，由密质的表面层和海绵状的骨松质内层所构成。

（二）牛肉的化学组成及其营养价值

牛肉主要由水分、蛋白质、脂肪与灰分组成。一般幼牛肉的水分含量较高而脂肪含量较低。水分含量一般在肌肉中为72%～78%，在皮肤中为60%～70%，在骨骼中仅占12%～15%。牛肉的蛋白质含量仅次于水，一般都在20%以上。决定蛋白质营养价值的因素为其氨基酸组成，肉类蛋白质含有人类需要的全部氨基酸，属全价蛋白，因此肉类的蛋白质优于植物性蛋白质。牛肉脂肪中含有大量的高级饱和脂肪酸，其熔点较高，因而较难消化。

 影响产肉性能的因素

（1）**品种**。不同品种的牛，其产肉性能有很大的差别。肉用品种或肉乳兼用品种，产肉性能明显高于乳用或役用品种。

（2）**性别和去势**。阉牛易肥育，肉质细嫩，肌肉间夹有脂肪，肉色淡。一般幼年公牛生长速度快于小母牛，也大于阉牛。到成年后，公牛的体重显著大于母牛。

（3）**年龄**。幼牛肉肌纤维细，颜色较淡，肉质好，但水分多，脂肪少，香味不浓厚；成年牛肉质好，牛肉味香，屠宰率高；老龄牛结缔组织多，肌纤维粗硬，肉质最差。我国地方品种牛成熟较晚，一般1.5～2岁间增重较快，在2岁左右屠宰为宜。

（4）**肥育度**。肥牛产肉多，产脂肪也多，因此屠宰率高。现在市场上胴体脂肪含量超过一定量（15%）就不受欢迎。

（5）**杂交**。进行杂交是提高牛肉生产的重要手段，利用杂交优势是提高牛肉生产的有效方法。一般仅杂交优势可多生产牛肉15%～20%。

（6）**饲养管理**。饲养管理是影响牛的肉用性能的最重要因素。好的品种或个体，只有在良好的饲养管理条件下，才能具有较好的生产性能。

肉牛生产性能的测定

肉牛的生产性能主要包括生长性能、产肉性能及肉品质。

（一）生长性能

1. 初生重

初生重是犊牛出生后哺乳前实际称量的体重。它是衡量胚胎期生长发育的重要标志，是选种的一个重要指标。影响初生重的主要因素是牛品种以及母牛的年龄、体重、体况。

2. 断奶重

一般用校正断奶重（国外用205天，国内可考虑用210天或205天的校正断奶重），是肉牛生产中重要指标之一。不仅反映母牛的泌乳性能、母性强弱，同时在某种程度上决定犊牛的增重速度。

3. 日增重

日增重是衡量增重和肥育速度的标志。肉用牛在良好饲养条件下，日增重与品种、年龄关系密切。肥育出栏年龄宜在 1.5~2.5 岁。日增重在性别上存在差异，公牛比阉牛长得快，而阉牛又比青年母牛长得快。

$$日增重 = （阶段末重 - 阶段始重）／ 该阶段饲养天数$$

4. 饲料报酬

饲料报酬又称饲料转化效率、料重比，它是肉牛生产中表示饲料效率的指标。为评估养牛的经济效益，根据饲养期内的饲料消耗和增重情况计算饲料报酬，公式如下：

$$饲料转化效率 = \frac{饲养期间所消耗的饲料干物质（kg）}{饲养期间牛的增重（kg）}$$

（二）产肉性能

（1）**宰前重**：宰前绝食 24h 后的活重。

（2）**宰后重**：屠宰放血以后的体重。

（3）**血重**：宰时所放出的血液重量，或宰前重减去宰后重的重量差。

（4）**胴体重**：是指牛在屠宰后去掉头、皮、尾、内脏（但不包括肾和肾周脂肪）、蹄和生殖器官后的重量。胴体重虽然不是牛产肉性能的重要直接指标，但它是计算其他产肉性能指标的基础。

胴体重 = 屠前活重 - ［头重 + 皮重 + 血重 + 尾重 + 内脏重（不包括肾和肾周脂肪）+ 蹄重 + 生殖器官及周围脂肪重］

（5）**胴体肉重**（也称净肉重）：胴体除去剥离的骨、脂后，所余部分的重量。

（6）**背膘厚度**（背脂厚）：第五至六胸椎间离背中线 3~5cm，相对于眼肌最厚处的皮下脂肪厚度。

（7）**眼肌面积**：第十二至十三肋间眼肌的横切面积（cm²）。鲜眼肌面积，即新鲜胴体在宰后立即测定的；也有将样品取下冷冻 24h 后测定第 12 肋后面的眼肌面积。测定方法有用硫酸纸照眼肌轮廓划点后用求积仪计算的，也有用透明方格纸照眼肌平面直接计数求出的。测定时特别要注意，横切面要与背线垂直，否则要加以校正。

（8）**屠宰率**：屠宰率是指牛胴体重占宰前活重的百分比，是牛产肉性能的重要指标，牛的屠宰率越高，说明其产肉性能越好。

$$屠宰率 = \frac{胴体重}{宰前活重} \times 100\%$$

（9）**净肉率**：指牛胴体净肉重占屠宰前活重的百分比。胴体净肉率指胴体剔骨后的肉重。净肉率是牛产肉性能的重要指标，牛的净肉率越高，说明其产肉性能越好。

$$净肉率 = \frac{胴体净肉重}{宰前活重} \times 100\%$$

（10）**胴体产肉率**：指牛胴体净肉重占胴体重量的百分比，是牛产肉性能的重要指标。牛的胴体产肉率越高，说明其产肉性能越好。

$$胴体产肉率 = \frac{胴体净肉重}{胴体重} \times 100\%$$

（11）**肉骨比**：是指牛胴体的净肉重与骨重之比，是牛产肉性能的重要指标。肉骨比越大，说明牛的产肉性能越好。

$$肉骨比 = \frac{胴体净肉重}{胴体骨重}$$

（12）**肉用指数**：平均成年活重（kg）与体高（cm）的比值。

不同经济类型牛肉用指数值范围，见表5-3。

表5-3　不同经济类型牛肉用指数值范围　　　　　　　　　单位：kg/cm

牛的经济类型	公牛	母牛
肉用型	≥5.6	≥3.9
肉役兼用型	4.6~5.6	3.3~3.9
役肉兼用型	3.6~4.6	2.7~3.3
役用（原始）型	<3.6	<2.7

注：此表适用于普通牛种群。

（三）肉品质

（1）**肌肉和脂肪色泽**。肉色是肉质鉴定的重要指标。优质牛肉肌肉颜色鲜红而有光泽，过深、过淡均属不佳。脂肪要求白色而有光泽，质地较硬，有黏性为优。脂肪色暗稍有红色，表示放血不净，有明显血管痕迹的则为未放血的死牛肉。部分脂肪呈黄色，是牛采食大量青草的结果。

（2）**嫩度**。牛肉的嫩度是检验牛肉质量的重要指标。一般来说，年幼的牛嫩度好，以后随年龄增长，嫩度逐渐变差，不易咀嚼。测量嫩度主要是测量肌纤维的粗细和结缔组织含量，所用仪器为嫩度仪，主要是测定肉剪切时的阻力大小。

（3）**滴水损失**。将肉样修整成长方体肉块（2cm×3cm×5cm）后称重，用铁丝钩住肉样一端，使肌纤维垂直向下，装入塑料袋中，并使肉样不与塑料袋壁接触，封口后，吊挂在4℃的冰箱中，48h后称量，并计算滴水损失率。

（4）**熟肉率**。取肉样（约100g）称重后放入蒸煮袋中，于100℃蒸锅中蒸30min后冷却到室温，用吸水纸吸干水分，然后再次称重。计算其熟生对比的百分率。

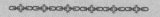 **思 考 题**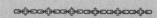

1. 什么是屠宰率和饲料报酬？
2. 如何计算全群年平均产奶量和4%标准乳？
3. 如何进行肉质评定？
4. 如何鉴定生鲜牛奶质量？

项目六 牛的繁殖

 学习目标

知识目标：
1. 了解母牛生殖器官的结构、位置及功能。
2. 掌握母牛发情征状、鉴定方法，异常发情及其影响因素。
3. 掌握牛适宜的配种时机及人工授精技术。
4. 掌握母牛的妊娠诊断方法、分娩预兆及接产技术。

技能目标：
培养并使学生掌握人工授精、母牛的妊娠诊断及接产等技能。

牛的繁殖与生产密切相关。奶牛只有产犊后才会泌乳；提高肉用母牛繁殖率，才能提供更多的育肥牛，才能为人们提供更多的牛肉。

任务一 母牛的生殖生理

一 母牛生殖器官的组成

（1）性腺包括：卵巢。
（2）生殖道包括：输卵管、子宫和阴道。
（3）外生殖器官包括：尿生殖前庭。

二 母牛各生殖器官的形态、位置及生理机能

（一）卵巢

1. 形态、位置

呈扁椭圆形，拇指指肚大小，平均大小 4cm×2cm×1cm，初产牛或经产胎次少的母牛，卵巢均在耻骨前缘之后，经产母牛随多次妊娠而移至耻骨前缘的前下方，在子宫角尖端外侧 2~3cm。

2. 组织结构

卵巢的表面是单层的生殖上皮，其下是由致密的结缔组织构成的白膜。白膜下为卵巢实质，分为皮质部和髓质部。两者没有明显的界限，皮质部在髓质部的外周。皮质部内含有许多发育不同时期的卵泡和黄体。髓质部内含有许多细小的血管、神经，它们经卵巢门出入，与卵巢系膜相连。

3. 生理机能

（1）卵泡发育和排卵。

（2）分泌雌激素和孕酮。

（二）输卵管

1. 形态、位置

输卵管是一对多弯曲的细管，它位于每侧卵巢和子宫角之间，是卵子进入子宫的必经之路，可分三部分：输卵管漏斗、输卵管壶腹部、输卵管峡部。

（1）管的前端接近卵巢，扩大呈漏斗状，称输卵管漏斗。漏斗部边缘成放射状皱褶，称输卵管伞，漏斗的中心有一小开口，称为输卵管腹腔口，与腹腔相通。

（2）管的前半部或前三分之一段较粗，称为输卵管壶腹部，是卵子受精的地方。

（3）壶腹部之后，与子宫角连接这部分较细，称为输卵管峡部。

2. 组织结构

输卵管管壁从外向内由浆膜、肌层和黏膜构成。

3. 生理机能

（1）运送卵子和精子。

（2）是精子获能、卵子受精和受精卵卵裂的场所。

（3）分泌机能。

（三）子宫

1. 形态、位置

子宫分为三部分：子宫颈、子宫体、子宫角。

两子宫角的前端接输卵管，向后汇合成子宫体。子宫颈前端和子宫体相通，为子宫内口，后端突入阴道内称为子宫颈阴道部，其开口称为子宫颈外口。子宫大部分在腹腔，小部分在骨盆腔，借子宫阔韧带附着于腰下和骨盆的两侧。背侧为直肠，腹侧为膀胱。

2. 特点

属于双分子宫（即两角基部内有纵隔将两角分开），子宫颈发达，有 3~5 个半月瓣彼此嵌合，形成皱褶，使管腔变得弯曲狭窄。子宫体不发达，子宫角呈绵羊角状，子宫内膜有80~120 个子宫肉阜，将来发育成母体胎盘（子包母胎盘）。牛子宫颈不突出于阴道部，发情时呈花瓣状。

3. 生理机能

（1）孕育和排出胎儿。

（2）子宫颈是子宫的门户，在不同生理时期或"开"或"关"。妊娠时子宫颈黏液高度黏稠形成栓塞（称子宫栓），封闭子宫颈口，起屏障作用，保护胎儿，防止子宫感染。分娩前栓塞液化，子宫颈扩张，以便胎儿排出。

（3）子宫角能调节发情周期。配种未孕母牛在发情周期一定时间，子宫分泌前列腺素

（PGF），使卵巢的周期黄体消溶退化，在促卵泡素（FSH）的作用下引起卵泡发育，导致再次发情。妊娠后，不释放PGF，黄体继续存在，维持妊娠。

（4）为早期胚胎提供营养。子宫内膜的分泌物和渗出物，以及内膜进行糖、脂肪、蛋白质的代谢物，为精子获能提供环境，也可供孕体营养需要。

（5）子宫颈是精子的选择性贮库。母牛发情配种后，开张的子宫颈口有利于精子逆流进入。子宫颈黏膜隐窝内，可积存大量精子，同时阻止死精子和畸形精子进入，并借助于子宫肌有节律的收缩，运送精子到输卵管。

（四）阴道

阴道是母牛的交配器官也是产道，背侧为直肠，腹侧为膀胱。

任务二 母牛的发情与发情鉴定

 一 发情

（一）初情期

母牛第一次出现发情征状的时期，称为初情期。黄牛的初情期一般为6～12月龄，水牛一般为10～15月龄。

（二）性成熟

母牛的生殖器官发育完全，具备了繁殖后代能力的时期称为性成熟时期。黄牛、奶牛的性成熟时期一般为12～14月龄，水牛一般为15～20月龄。

（三）繁殖机能停止期

是指母牛繁殖机能停止时的年龄，一般为15～22岁。

（四）产后发情

母牛产后第一次发情时间出现较晚，黄牛一般为产后58～83天，奶牛一般为30～72天，水牛一般为35～180天。

（五）发情持续期

母牛从发情开始至发情结束所持续的时间，称为发情持续期。母牛发情持续期较短，黄牛、奶牛一般为12～30h（平均为18h），水牛一般为17～24h（平均为21h）。

（六）排卵时间

成熟的卵泡突出卵巢表面并破裂，卵细胞和卵泡液及部分卵丘细胞一起排出，称为排卵。在正常营养水平下，黄牛、奶牛的排卵时间一般为发情开始后26～32h（平均为28h），水牛一般为发情开始后18～45h（平均为32h）。

（七）发情周期

母牛出现第一次发情后，其生殖器官及整个机体的生理状态发生一系列的周期性变化，这种变化周而复始（妊娠期除外），一直到停止繁殖年龄为止，这种周期性的性活动称为发情周期。一般把上次发情开始到下一次发情开始的间隔时间为一个发情周期。黄牛、奶牛、水牛的发情周期均为 18~24 天（平均为 21 天）。根据动物的性欲表现和相应的机体及生殖器官变化，可将发情周期分为发情前期、发情期、发情后期和间情期 4 个阶段。根据卵巢上卵泡发育、成熟及排卵，与黄体的形成和退化，将发情周期分为卵泡期和黄体期两个阶段。卵泡期指卵泡从开始发育到排卵，相当于发情前期和发情期；而黄体期是指在卵泡破裂排卵后形成黄体，直至黄体开始退化为止，相当于发情后期和间情期。

（八）发情季节

牛是常年、多周期发情动物，正常情况下，可以常年发情、配种。但由于营养和气候因素，在我国北方地区，冬季母牛很少发情。大部分母牛只是在牧草丰盛季节（6~9 月份），膘情恢复后，集中出现发情。这种非正常的生理反应可以通过提高饲养水平和改善环境条件来调整。

发情征状

母牛发情时，会发生一系列生理和行为上的性活动变化，完整的发情应具备下列一些变化：

（一）行为变化

发情母牛兴奋，两眼有神，敏感、焦躁不安，常站立不卧，有时哞叫，食欲减退，排尿次数增多，产奶量下降，爬跨其他牛并接受其他牛爬跨，在发情旺盛时接受其他牛爬跨且静立不动。

（二）生殖道、外阴部的变化

发情母牛外阴部充血、肿胀，子宫颈松弛、充血，颈口开放，腺体分泌增多，阴门流出透明的黏液；输卵管上皮细胞增长，管腔扩大，分泌物增多，输卵管伞兴奋张开、包裹卵巢。

（三）卵巢的变化

母牛发情前 2~3 天，卵巢内卵泡发育很快，卵泡液不断增多，卵泡体积逐渐增大，卵泡壁变薄，突出于卵巢表面，最后成熟排卵，排卵后逐渐形成黄体。

影响母牛发情的因素

母牛发情周期的长短和发情症状的明显程度受品种、自然环境、营养水平、生产水平和管理方式等因素的影响。

（一）品种

不同品种的牛，初情期的早晚及发情的表现不同。一般情况下，大型品种牛的初情期晚于小型品种牛，肉用牛品种的初情期往往迟于乳用牛品种。

（二）自然环境

由于自然地理因素的作用，不同的牛种或品种经过长期的自然选择和人工选择，形成了各自的发情特征。例如，现在的家牛一般都是四季发情，但水牛多数集中在 8~11 月发情，而黄牛在 5~7 月发情较多。

母牛发情持续时间长短受气候因素的影响。例如，在炎热的夏季，母牛发情持续期要比其他季节短，这是因为在夏季，除卵巢黄体正常分泌孕酮外，肾上腺皮质部还分泌孕酮，导致发情持续期缩短。

（三）营养水平

营养水平是影响家畜初情期和发情表现的重要因素。营养水平高和均衡不仅有利于母牛的健康，而且有利于内分泌机能的协调发挥，使母牛发情表现明显。草原放牧饲养的母牛，当饲料不足时，其发情持续期比农区饲养的母牛短。

（四）生产水平和管理方式

母牛的发情表现与生产性能有关。产奶高的个体，其发情表现往往不明显，其原因可能是代谢功能旺盛，一定程度上抑制了与发情相关的生殖内分泌。过度肥胖的牛，发情特征往往不明显。因此，在生产上，应避免牛的营养水平过高。母牛产后第一次发情的时间间隔与牛的饲养管理措施有关。例如，高产奶牛与低产奶牛相比，产后发情时间延长 9 天左右；每天挤奶或哺乳次数越多，产后发情越迟；营养差、体质弱的母牛，产后发情也晚。

四 发情鉴定

在生产实践中，母牛发情鉴定的方法主要有外观试情法、阴道检查法、直肠检查法等。

（一）外观试情法

外观试情法主要是根据母牛的行为变化、外阴部变化及对试情公牛亲疏表现来判断其是否发情和发情的状况。母牛发情时，兴奋不安，常站立不卧，有时哞叫，食欲减退，排尿次数增多，外阴部充血、肿胀，阴门流出透明的黏液，爬跨其他母牛。整个发情期间，可见黏液从外阴流出，初期量少而稀，盛期量大而浓稠，流出体外呈纤缕状或玻璃棒状，垂而不断，后期量少而呈乳白色。

用试情公牛主动试情，发情母牛如不愿意接受试情公牛爬跨，表明其处于发情初期；发情母牛如站立稳定、愿意接受其爬跨且静立不动，表明其进入发情中期；发情母牛如逃避爬跨，但试情公牛又舍不得离开，表明其已进入发情末期。母牛有假发情和安静发情现象，必要时进行直肠检查，根据卵泡变化来判定是否发情。

（二）阴道检查法

阴道检查法就是将开张器插入母牛阴道，借助一定光源，观察阴道黏膜的色泽、充血程度、子宫颈松软状态、子宫颈外口的颜色、充血肿胀程度及分泌物的颜色、黏稠度及量的多少，来判断母牛发情程度的方法。此法不能确切地判定母牛的排卵时间，因此，生产中不常用，仅在必要时作为发情鉴定的辅助手段。

（三）直肠检查法

直肠检查法是术者将手伸进母牛的直肠内，隔着直肠壁触摸检查卵巢上卵泡发育的情况。是目前判断母牛发情比较准确而最常用的方法。

1. 操作方法及注意事项

将被检母牛引入配种架内保定，术者指甲剪短并磨光滑，戴上长臂形的塑料手套，用水或润滑剂涂抹手套，最好在母牛的肛门也涂抹一些润滑剂。术者手指并拢呈锥状插入肛门，伸直进入直肠，可摸到坚硬索状的子宫颈及较软的子宫体、子宫角及角间沟，沿子宫角大弯至子宫角顶端外侧，即可摸到卵巢。触摸到卵巢后，用手指肚轻轻触摸卵的形状大小、质地及卵泡的大小、形状、弹性，卵泡壁的厚薄及液体感等发育状况，以判断母牛是否发情、何时排卵。一侧卵巢摸完后，以同样的方法触摸另一侧卵巢。休情期的母牛多数情况是一侧卵巢比另一侧大。

检查时要耐心细致，只许用指肚触摸，不可乱抠乱抓，当母牛直肠出现强直性收缩或扩张时不要强行检查，以免造成直肠穿孔或黏膜损伤。

2. 母牛的卵泡发育规律

母牛的卵泡发育可分为以下 4 个时期：

（1）第一期（卵泡出现期）：卵巢稍增大，触摸时卵泡为一个豆粒大的软化点，直径0.5~0.7cm，波动不明显。此期持续 6~10h，一般母牛已经开始出现发情征状，但此期不予配种。

（2）第二期（卵泡发育期）：卵泡发育增大，直径 1~1.5cm，呈球形突出于卵巢表面，波动明显。持续期 10~12h。母牛的发情表现由显著到逐渐减弱，此期一般不配或酌配。

（3）第三期（卵泡成熟期）：卵泡不再增大，但卵泡壁变薄，紧张性增强，有一触即破之感。经过 6~18h 排卵，母牛的发情征状由微弱到消失，此期必须抓紧配种。

（4）第四期（排卵期）：卵泡破裂排出卵子，卵泡液流失，泡壁变为松软，并形成一个小的凹陷。排卵后 6~8h 即开始形成黄体，并突出于卵巢表面，黄体触之有肉样感觉，从此再也摸不到排卵处的凹陷。排卵时间通常在性欲消失之后的 10~11h，而夜间排卵者较白天排卵者多。此期不宜再配。

五　母牛的异常发情

（一）安静发情

母牛无明显发情特征，无明显性欲表现，但其卵巢上有卵泡发育成熟并排卵。其主要原因：雌激素或孕激素分泌不足；营养不良；产奶量高等。在生产实践中，要特别注意安静发情母牛，防止漏配，以免造成不必要的损失。

（二）久不发情

母牛长期无明显发情特征，未见有排卵迹象。这是生产实践中常见的繁殖障碍。其主要原因：高产乳牛产后营养负平衡；卵巢或子宫疾病；暑期热应激；其他全身性疾病等。

（三）假发情

由于雌激素的作用，怀孕母牛常常发生此种情况，因此配种前要注意进行妊娠检查，防止错配，以免造成流产。

（四）持续发情

母牛往往表现性欲强烈，连续几天，发情不止，常见于卵巢囊肿或卵泡交替发育的母牛。

任务三 牛的配种

一 适宜初配年龄

（一）母牛适宜初配年龄

母牛一般在其性成熟后、体重达到成年体重的 70% 时（即本地牛 200kg 以上、杂交牛 350kg 以上）开始配种。黄牛、水牛的适宜初配年龄为 14～22 月龄，奶牛适宜初配年龄为 18 月龄左右。

（二）公牛适宜初配年龄

在生产实践中，为防止公牛的生长发育停滞，种公牛开始配种的年龄，一般相当于体成熟年龄，即 18～24 月龄。

二 发情后适宜配种时间

在生产实践中，通常根据发情母牛接受爬跨情况来判断适宜的配种时间。黄牛一般早上爬跨，下午配种，第二天上午视其情况再复配一次；下午爬跨，次日早晨配种，下午视其情况再复配一次。水牛则是接受爬跨后，隔日再配种。对于年老体弱的母牛或在炎热的夏季，牛的发情持续期往往较短，排卵较早，所以配种时间应适当提前。

三 配种方法

牛配种方法有自然交配和人工授精两种。

（一）自然交配

自然交配是指发情母牛与公牛直接交配。生产实践中，采用自然交配，公、母牛比例一般为 1∶20～30，母牛的配种使用年限为 9～11 胎，公牛为 5～6 年。

（二）人工授精

1. 人工授精准备工作

（1）**母牛的准备**。将准备输精的母牛牵入输精架内保定，并把尾巴拉向一侧。用温清水洗净母牛外阴部，再用 0.1% 高锰酸钾溶液进行消毒，然后用消毒纱布由里向外擦干。

（2）**输精器械的准备**。输精所用器械，必须严格消毒。输精器若为球式或注射式，先冲洗干净后，用纱布包好，放入消毒盒内，蒸煮半小时，也可放入干燥箱进行烘干消毒，一支输精器一次只能为一头母牛输精。细管冻精所用的凯式输精枪，通常在输精时套上塑料外套，再用酒精棉擦拭外壁消毒。

（3）**输精人员的准备**。输精人员应穿好工作服，并将指甲剪短磨光，然后洗净手臂，擦干后用 75% 酒精消毒，带上长臂乳胶手套。

（4）**精液的准备**。精液的准备包括以下几方面。

①液态精液。应用液态精液输精时，新鲜精液需镜检后，活率不低于0.7方可输精；对于低温保存的精液，必须首先升温至35℃左右，镜检活率不低于0.5，方可用于输精。升温的方法是：夏季可将精液瓶置于室内半小时让其自然升温；冬季采用添加温水的方法，即取一个较大容器，内盛40℃左右的热水，把精液瓶置于其内。

②冷冻精液。应用冷冻精液时，必须先解冻，然后进行镜检，精子活率不低于0.3时，方可用于输精。冷冻精液的解冻方法如下：

③颗粒精液的解冻：先配置好稀释液。常用稀释液为2.9%的柠檬酸钠溶液，也可用维生素B_{12}（0.5mg/mL）作解冻稀释液。解冻步骤为：将1~2mL的稀释液倒入指形管内，稀释液加温至40℃左右时投入颗粒冷冻精液，轻摇使其迅速融化。

④细管精液的解冻方法：取一烧杯，内盛40℃左右的温水，把一支细管精液投入水中（封口端向上），待管内精液融化一半时立即取出。

解冻后的精液应在15min输精，以防精子的第二次冷应激。此时受胎率可达75%~80%，存放半天受胎率会下降到60%以下，24h后降低到50%。

（5）精液品质检查。每次购回的冻精均应抽样检查其活力、密度、顶体完整率、畸形率及微生物指标是否符合国家标准。国标要求解冻后的精液：精子活力≥0.3，每一剂量呈直线前进运动的精子数≥$10×10^7$，顶体完整率≥40%，精子畸形率≤20%，非病原细菌数<1 000个/mL。

2. 输精技术

（1）阴道开张器输精法。用阴道开张器将阴道打开，借助光源（如手电、额灯等）找到子宫颈外口，将输精枪插入子宫颈1~2cm处，注入精液，随后取出输精枪和开张器。此法虽然简单、容易掌握，但输精部位浅，容易使精液倒流，影响受孕率，目前很少采用。

（2）直肠把握输精法。先将母牛的外阴部用0.1%高锰酸钾溶液消毒清洗、擦干。在手臂上擦一些肥皂，然后左手握成楔形，插入肛门，将直肠内的粪便淘尽。排粪后再将外阴部擦净，左手将阴门撑开，右手将吸有精液的输精器，从阴门先倾斜向上插入阴道5~10cm，再向前水平插入抵子宫颈外口，左手从肛门插入直肠，隔着直肠寻找子宫颈，将子宫颈半握在手中并注意握住子宫颈后端，不要把握过前，以免造成子宫颈口角度下垂，导致输精器不易插入。正确操作时，两手协同配合，就能顺利地将输精器插入子宫颈内5~8cm，随即注入精液，如果在注射精液时感到有阻力，可将输精器稍退后，即可输出，然后退出输精器。

在使用直肠把握输精法时必须要掌握的技术要领："适度、慢插、轻注、缓出，防止精液倒流。"

任务四　母牛的妊娠与分娩

一　妊娠诊断

早期妊娠诊断是指配种后20~30天进行妊娠检查。它对减少空怀、做好保胎、提高繁殖率具有十分重要的意义。妊娠诊断常用的方法有以下几种。

（一）外部观察法

母牛配种后，如已妊娠，表现不再发情，行动谨慎，食欲增加，被毛光亮，膘情逐渐转好。经产牛妊娠 5 个月后腹围增大，且向右侧伸展，泌乳量显著下降，脉搏、呼吸频率增加。妊娠 6~7 个月时，用听诊器可听到胎儿的心跳，一般母牛的心跳为 75~85 次，而胎儿的心跳为 112~150 次。初产母牛妊娠 4~5 个月后，乳房、乳头逐渐增大，7~8 个月后膨大更加明显。

（二）阴道检查法

母牛配种后 30 天检查已妊娠的母牛，用开张器插入阴道时阻力明显；打开阴道可见阴道黏膜干燥、苍白无光泽，子宫颈口偏向一侧，呈闭锁状态，有子宫颈塞。妊娠 1.5~2 个月时，子宫颈口及其附近即有黏稠的黏液，但量较少；在妊娠 3~4 个月后就明显增多，并且变得黏稠，呈灰白色或灰黄色；6 个月后变得稀薄而透明，有时可排出阴门外，黏附于阴门及尾上。

（三）直肠检查法

是隔着直肠壁触诊子宫、卵巢及其黄体变化，以及有无胚泡或胎儿的存在等情况来判断是否妊娠，这是早期妊娠检查最为准确可靠的方法。

（1）妊娠 18~25 天：如母牛仍未出现发情，可直检，此时子宫角的变化不明显，如卵巢上没有正在发育的卵泡，而在排卵侧有妊娠黄体存在，可初步诊断为妊娠。排卵后 6~8h 黄体形成，初期黄体肉样感觉，后硬。妊娠黄体大而突出于卵巢表面，呈蘑菇状，表面粗糙，触之坚硬。

（2）妊娠 30 天：两侧子宫角不对称，孕角比空角略粗大，有波动感。偶尔可以摸到胎泡，如乒乓球大小。

（3）妊娠 45~60 天（胎儿完全附植的时间）：孕角明显下沉，比空角粗约 2 倍。肥大松软有波动，用指肚从角尖向角基滑动中，可以感到有胎囊从指间掠过，胎囊如鸡蛋大小。

（4）妊娠 90 天：孕角大如排球大小，波动感强，子宫开始沉入腹腔，子宫颈前移，角间沟消失，孕角侧子宫动脉增粗，子宫动脉根部开始出现妊娠特异脉搏。

（5）妊娠 120 天：子宫沉入腹底，只能触摸到子宫后部及子宫壁上的子叶，子宫颈沉移耻骨前缘下方，不易摸到胎儿，子宫动脉逐渐变粗如手指，并出现明显的妊娠脉搏。

（四）激素诊断法

母牛配种 20 天，用已烯雌酚 10mg，一次肌肉注射。已妊娠的母牛，无发情表现；未妊娠的母牛，第二天表现明显的发情。用此法进行早期妊娠检查的准确率达 90% 以上。

二 分娩与助产

（一）妊娠期与预产期推算

从母牛配种受孕至胎儿产出的这段时间称为妊娠期。妊娠期的长短受品种、年龄、季节、饲养管理和胎儿性别等因素的影响。早熟品种比晚熟品种的妊娠期短；乳牛比肉牛、役牛短；青年母牛比成年母牛约短 1 天；冬春季分娩的母牛比夏秋季分娩长 2~3 天；饲养管理条件差的母牛比饲养管理优越的母牛妊娠期长，怀母犊比怀公犊的妊娠期短 1 天；怀双胎比怀单胎短 3~6 天。黄牛、奶牛的平均妊娠期为 280 天（276~290 天），水牛平均为 300 天（295~315

天)，牦牛平均为 255 天（226~289 天）。

为了做好分娩前的准备工作，必须准确地计算出母牛的预产期。最简单的方法是：黄牛、奶牛将配种月减 3，配种日加 6；水牛采用配种月减 1，配种日加 2；牦牛采用配种月减 4，配种日加 10。在利用公式推算时，若配种月份不够减，需借一年（加 12 个月）再减。若配种日期加上 6 的天数超过了 1 个月，则减去本月天数，余数移到下月计算。

（二）分娩征状

随着胎儿的逐步发育成熟，母牛在临产前发生了一系列的变化，根据这些变化，可以估计分娩时间，以便做好接产工作。

1. 乳房膨大

产前半个月左右，乳房开始膨大，到产前 2~3 天，乳房明显膨大，可从前两个乳房挤出淡黄色黏稠的液体，当能挤出乳白色的初乳时，分娩可在 1~2 天内发生。

2. 外阴部肿胀

约在分娩前 1 周开始，阴唇逐渐肿胀、柔软、皱褶展平。由于封闭子宫颈口的黏液融化，在分娩前 1~2 天呈透明的索状物从阴道流出，垂于阴门外。

3. 骨盆韧带松弛

临产前几天，由于骨盆腔内血管的血流量增多，毛细血管壁扩张，部分血浆渗出血管壁，浸润周围组织，因此骨盆部韧带软化，臀部有塌陷现象。在分娩前 1~2 天，骨盆韧带已完全软化，尾根两侧肌肉明显塌陷，使骨盆腔在分娩时增大。

4. 体温变化

母牛产前 1 周比正常体温高 0.5℃~1℃，但到分娩前 12h 左右，体温又下降 0.4℃~1.2℃。

5. 行为发生变化

产前食欲不振，排泄量少而次数增多，精神不安。临产前子宫颈开始开张，腹部发生阵痛，引起母牛行为发生改变。当母牛表现不安，时起时卧，频频排尿，头向腹部回顾，表明母牛即将分娩。

（三）分娩过程

分娩过程可分为以下 3 个时期。

1. 开口期

从子宫开始阵缩到子宫颈完全扩张与阴道之间的界限消失称开口期。特征是母牛只有阵缩而不出现努责。母牛表现轻微不安，食欲减退或废绝，尾根抬起，常作排尿状，检查脉搏每分钟达 80~90 次。母牛开口期平均为 6h（1~12h），经产母牛较快，初产母牛较慢。

2. 胎儿产出期

从子宫颈完全张开到胎儿排出母体外为止称为胎儿产出期。胎儿的前置部分进入产道后，阵缩和努责同时进行，而努责是胎儿产出的主要动力。母牛烦躁不安，呼吸加快加剧，侧卧，四肢伸直，努责十分强烈。产出期一般为 1~4h，初产母牛比经产母牛慢，产双胎时，两胎相隔 1~2h。

3. 胎衣排出期

胎儿产出到胎衣排出称胎衣排出期。当胎儿排出后，母牛即安静下来，经过几小时，子宫主动收缩，有时还配合轻度努责而使胎衣排出。牛的胎衣正常排除期为 4~6h，最多不超过 12h。超过这一时间，可视为胎衣不下。

（四）接产方法

1. 接产前的准备工作

第一，临产母牛应在预产期前1~2周送入产房，以便使其熟悉产房环境，并能随时注意观察分娩预兆。产房应宽敞、光照充足，通风良好；产房地面铺上清洁、干燥的垫草，并保持安静的环境。第二，要准备好接产用具和药品，如脸盆、水桶、剪子等接产用具，以及2%~5%的碘酒、75%的酒精等消毒剂。第三，接产人员对分娩母牛后躯用消毒剂消毒清洗，并争取母牛左侧躺卧在产房适当位置，以避免胎儿受到瘤胃的压迫。

2. 接产方法

母牛分娩前要派专人值班，在正常分娩时，不要过早去帮助。因为助产不当，反而使分娩发生困难或引起产道的损伤或感染。

母牛顺产时，胎儿两前肢夹着头先出；倒生时，两后肢先出，这时应及早拉出胎儿，防止胎儿腹部进入产道后，脐带可能被压在骨盆底下，造成胎儿窒息死亡。

当母牛开始努责、胎膜已经露出、胎儿的前置部分开始进入产道时，可用手伸入产道，隔着胎膜触摸胎儿的方向、位置及姿势是否正常。如果正常，就不需要帮助，让其慢慢产出，如果方向、位置及姿势不正常，就应顺势将胎儿推向子宫矫正，这时矫正比较容易。

一般胎膜露出，胎儿的前蹄会将胎膜顶破，如果胎膜露出而未破，可以把它弄破，用桶将羊水接住，产后喂给母牛3~4次，可减少胎衣不下。

若母牛阵缩、努责微弱，应进行助产，用消毒过的助产绳缚住胎儿两腿系部，并用手指擒住胎儿下颌，随着母牛阵缩和努责时一起用力拉，当胎头经过阴门时，一人用双手捂住阴唇及会阴部，避免撑破。胎儿拉出头后，再拉的动作要缓慢，以免发生子宫翻转脱出。当胎儿腹部通过阴门时，用手将胎儿托住，产出后顺势放下，防止胎儿摔伤。

总之，在助产过程中，切不可用力过猛，强拉胎儿，注意避免脐带断在脐孔内。

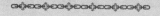 **思 考 题**

1. 影响母牛发情的因素有哪些？
2. 简述母牛的发情鉴定方法及适时配种时间。
3. 简述牛的人工授精主要技术环节。
4. 简述如何进行母牛的妊娠诊断和接产。

项目七 牛的营养需要与饲料

学习目标

知识目标：

1. 熟悉牛的营养需要。
2. 掌握牛常用饲料的营养特性及其使用方法。
3. 掌握牛的日粮组成及其配制方法。

技能目标：

培养学生确定牛的营养需要的能力，对青、粗饲料进行简易加工的能力，根据牛生长发育阶段配制日粮的能力。

任务一 确定牛的营养需要

牛维持生命、生长发育、产肉、泌乳、妊娠和使役等都需要从外界摄取各种营养物质。牛的营养需要受品种、生长发育阶段、生产力水平等因素的影响，是合理配制日粮的依据。

 牛的营养需要

（一）干物质采食量

干物质采食量是奶牛日粮配制中的重要指标，受奶牛体重、产奶量、泌乳阶段、环境条件、饲料类型和体况等的影响。奶牛在分娩后的最初几天，食欲差，采食量低，之后采食量逐渐增加，到产后10~14周达到最大值。奶牛各泌乳阶段的干物质采食量（与体重的比）分别为：泌乳盛期3%~3.5%，泌乳中期3%~3.2%，泌乳后期3%~3.2%，干奶期1.8%~2.2%，围产期2%~2.5%。

肉牛的干物质采食量受体重、生长发育阶段、增重水平、日粮能量浓度、日粮类型、饲养方式和气候等因素的影响。肉牛肥育前期的干物质采食量一般为体重的2.5%~3%，肥育后期为1.5%~2.5%。

（二）能量需要

我国奶牛饲养标准将奶牛所需能量用产奶净能（饲料中转移到牛奶的那部分能量）表

示，并且采用相当于 1kg 乳脂率为 4% 的标准乳所含的能量，即 3 138kJ 产奶净能作为一个"奶牛能量单位"，缩写为 NND。奶牛的能量需要主要包括维持需要、产奶需要、生长需要和妊娠需要等。

我国将肉牛的维持和增重所需的能量统一用综合净能表示，并以 1kg 中等玉米所含的综合净能值 8.08MJ 作为一个"肉牛能量单位"，缩写为 RND。肥育肉牛的能量需要主要包括维持需要和增重需要等。

（三）蛋白质需要

牛的蛋白质需要主要包括维持需要、产奶需要、生长需要和妊娠需要等。我国饲养标准将牛所需蛋白质用小肠可消化蛋白质表示。

（四）物质需要

奶牛每天从奶中排出大量的钙、磷，因此奶牛对钙、磷的需要量较大，奶牛日粮中的钙含量（与干物质的比）一般为 0.5%~1%，磷含量为 0.3%~0.6%，钙磷比为 2：1~1.3：1 为宜。食盐是用来满足奶牛对钠和氯的需要，一般情况下，食盐占日粮干物质的 0.5%~1.5%。奶牛日粮中钾、硫、镁一般分别占干物质的 0.6%~1%、0.1%~0.2% 和 0.2%~0.3%。

肉牛的食盐给量约为日粮干物质的 0.3%，钙为 0.3%~0.8%，磷为 0.2%~0.4%。

（五）维生素需要

由于成年牛瘤胃中的微生物可合成 B 族维生素和维生素 K，因此，成年牛日粮中一般只需补充维生素 A、维生素 D 和维生素 E。

（六）纤维需要

粗纤维对维持瘤胃的功能有重要作用。日粮中纤维物质不足，奶牛表现为咀嚼和反刍时间缩短，唾液分泌量减少。高精料日粮还会导致瘤胃发酵速度过快，引起瘤胃 pH 下降，进而引起酸中毒，乳脂率下降。日粮纤维含量过高，由于纤维在瘤胃中的降解速度较慢，会引起牛的采食量和消化率降低，难以满足牛的营养需要。

（七）水的需要

奶牛的需水量大，需水量受奶牛的生理阶段、产奶量、采食量、日粮组成和环境因素的影响，成年奶牛日需水量 30~120kg。奶牛供水不足，产奶量降低的速度和幅度较其他任何养分都大。成年肉牛日需水量 30~70kg。

 ## 奶牛的营养需要量

奶牛维持、产奶的营养需要量见表 7-1 和表 7-2。

表 7-1　成年母牛维持的营养需要 [《奶牛饲养标准》（NY/T 34-2004）]

体重/kg	日粮干物质/kg	奶牛能量单位/NND	产奶净能/MJ	可消化粗蛋白质/g	小肠可消化粗蛋白质/g	钙/g	磷/g	胡萝卜素/mg	维生素 A/IU
350	5.02	9.17	28.79	243	202	21	16	63	25 000
400	5.55	10.13	31.8	268	224	24	18	75	30 000
450	6.06	11.07	34.73	293	244	27	20	85	34 000
500	6.56	11.97	37.57	317	264	30	22	95	38 000

体重/kg	日粮干物质/kg	奶牛能量单位/NND	产奶净能/MJ	可消化粗蛋白质/g	小肠可消化粗蛋白质/g	钙/g	磷/g	胡萝卜素/mg	维生素A/IU
550	7.04	12.88	40.38	341	284	33	25	105	42 000
600	7.52	13.73	43.1	364	303	36	27	115	46 000
650	7.98	14.59	45.77	386	322	39	3 032	123	49 000
700	8.44	15.43	48.41	408	340	42	34	133	53 000

表 7-2　每产 1kg 奶的营养需要 [《奶牛饲养标准》（NY/T 34-2004）]

乳脂率/%	日粮干物质/kg	奶牛能量单位/NND	产奶净能/MJ	可消化粗蛋白质/g	小肠可消化粗蛋白质/g	钙/g	磷/g	胡萝卜素/mg	维生素A/IU
2.5	0.31~0.35	0.8	2.51	49	42	3.6	2.4	1.05	420
3	0.35~0.38	0.87	2.72	51	44	3.9	2.6	1.13	452
3.5	0.37~0.41	0.93	2.93	53	46	4.2	2.8	1.22	486
4	0.40~0.45	1	3.14	55	47	4.5	3	1.26	502
4.5	0.43~0.49	1.06	3.35	57	49	4.8	3.2	1.39	556
5	0.46~0.52	1.13	3.52	59	51	5.1	3.4	1.46	584
5.5	0.49~0.55	1.19	3.72	61	53	5.4	3.6	1.55	619

三　肉牛营养需要

我国的肉牛营养需要量（以体重 400kg 为例）见表 7-3。

表 7-3　生长肥育牛的营养需要 [《肉牛饲养标准》（NY/T 815-2004）]

体重/kg	日增重	日粮干物质/kg	肉牛能量单位/NND	综合净能/MJ	小肠可消化粗蛋白质/g	钙/g	磷/g
400	0	5.55	3.31	26.74	492	13	13
	0.3	6.45	4.22	34.06	613	19	15
	0.4	6.76	4.43	35.77	651	21	16
	0.5	7.06	4.66	37.66	689	23	17
	0.6	7.36	4.91	39.66	727	25	17
	0.7	7.66	5.17	41.76	763	27	18
	0.8	7.96	5.49	44.31	798	29	19
	0.9	8.26	5.64	47.15	830	31	19

续表

体重/ kg	日增重	日粮 干物质/ kg	肉牛 能量单位/ NND	综合净能/ MJ	小肠可消 化粗蛋白 质/g	钙/g	磷/g
400	1	8.56	6.27	50.63	866	33	20
	1.1	8.87	6.74	54.43	895	35	21
	1.2	9.17	7.26	58.66	927	37	21

任务二 牛常用饲料分类

为了科学配制牛的日粮，首先应了解牛饲料的种类与营养特性。牛的常用饲料包括粗饲料、青绿饲料、青贮饲料、能量饲料、蛋白质饲料、矿物质饲料、维生素饲料和饲料添加剂。

粗饲料

粗饲料是指干物质中粗纤维含量在 18% 以上的饲料。包括青干草、秸秆和秕壳等。

青干草是指青绿饲料在尚未结籽以前刈割，经过日晒或人工干燥而制成的饲料。青干草较好地保留了青绿饲料的养分和绿色，营养价值较高，适口性好，是牛的重要饲料。禾本科青干草粗蛋白含量为 7%~13%，豆科干草为 10%~21%，粗纤维含量 20%~30%；能量为玉米的 30%~50%。

秸秆为农作物收获籽实后的茎秆、叶片的统称。秸秆粗蛋白质含量低，无氮浸出物含量低，粗纤维含量高（30%~45%，其中木质素 6%~12%），缺乏一些必需的微量元素，缺乏维生素 D 以外的其他维生素。单独饲喂时，影响饲料的发酵，难以满足牛对能量和蛋白质的需要。

秕壳是籽实脱离时分离出的夹皮、外皮等。营养价值略高于同一作物的秸秆，但稻壳和花生壳质量较差。

青绿饲料

青绿饲料是指天然水分含量 60% 以上的青绿多汁植物性饲料。常见的青绿饲料有牧草、青饲作物、树叶类、叶菜类、根茎类、水生植物等。

牧草按植物分类，主要有禾本科、豆科、菊科和莎草科 4 大类，干物质中天然牧草的无氮浸出物含量在 40%~50%；粗蛋白质含量豆科较高，达 15%~21%，菊科、莎草科为 13%~20%，禾本科为 10%~15%；粗纤维含量以禾本科更高，约 30%，其他为 20%~25%；矿物质含量一般钙高磷少，其中豆科牧草含钙量较高。豆科牧草营养价值较高，禾本科产量高、再生力强、耐牧、适口性好，因此也不失为一类较好的牧草。菊科牧草多具特殊异味，牛要逐步适应。

　　青绿饲料干物质和能量含量低，应注意与能量饲料、蛋白质饲料配合使用，青饲量不要超过日粮干物质的 20%。青绿饲料含有较多草酸，具有轻泻作用，易引起腹泻和影响钙的吸收。松针含粗纤维较一般阔叶高，且有特殊的气味，不宜多喂。有的树叶含有单宁，有涩味，适口性不佳，必须加工调制后再喂。叶菜类饲料中含有硝酸盐，在堆贮或蒸煮过程中被还原为亚硝酸盐，牛胃中的微生物也可将青绿饲料中的硝酸盐还原成亚硝酸盐，引起牛中毒，甚至死亡。幼嫩高粱苗、玉米苗等含氰苷配糖体，在瘤胃中易分解成氢氰酸，从而导致动物中毒。牛采食过多的鲜嫩豆科牧草，易引起瘤胃膨气。

三　青贮饲料

　　青贮饲料指将新鲜的青绿多汁饲料在收获后直接或经适当的处理后，在厌氧环境下进行乳酸发酵，使 pH 降到 4~4.2，从而抑制微生物的生长，使其得以长期保存的一类饲料。青贮饲料质地柔软，胡萝卜素含量丰富，酸香可口，具有轻泻作用，是牛非常重要的饲料。其喂量一般以不超过日粮的 30%~50% 为宜。

四　能量饲料

　　能量饲料指干物质中粗纤维含量在 18% 以下，粗蛋白质含量在 20% 以下的一类饲料。主要包括谷实类及其加工副产品（糠麸类）、淀粉质块根类等。能量饲料的特点是无氮浸出物含量高，一般占干物质的 40%~80%，适口性好，可利用能量高，钙低磷高，钙、磷比例不当。

五　蛋白质饲料

　　蛋白质饲料指干物质中粗纤维含量在 18% 以下，粗蛋白质含量在 20% 以上的饲料，包括植物性蛋白质饲料和糟渣类饲料等。我国规定，禁止使用动物性饲料饲喂反刍动物。

六　矿物质饲料

　　矿物质饲料一般指为牛提供食盐、钙源、磷源等矿物质的饲料。

七　特殊饲料与添加剂

（一）非蛋白氮

　　非蛋白氮是指非蛋白质的其他含氮化合物。由于牛瘤胃中的微生物可利用非蛋白氮合成菌体蛋白质，并被牛利用。因此，非蛋白氮对牛具有营养价值，目前生产中常用的有尿素、磷酸脲、缩二脲等。

　　非蛋白氮只能用于 6 月龄以上瘤胃发育完全的牛。牛对非蛋白氮有一个逐步适应的过程。尿素等不宜单用，应与淀粉含量高的精料搭配使用，用量过大易引起中毒，如中毒可用 2%~5% 的醋酸灌服治疗。

（二）缓冲剂

　　缓冲剂是一类能增强溶液酸碱缓冲能力的化学物质，用于牛的生产主要是防止酸中毒和提高生产性能。高精料日粮、大量酸性青贮料或者加工过细的日粮容易引起瘤胃酸中毒，添加缓冲剂可调整瘤胃 pH，使瘤胃内环境更适合微生物生长，促进牛的健康，提高生产性能。

目前比较理想的缓冲剂是碳酸氢钠、氧化镁和乙酸钠等。

（三）莫能菌素

莫能菌素又称瘤胃素，其作用主要是通过减少甲烷气体能量损失和饲料蛋白质降解、脱氨损失，控制和提高瘤胃发酵效率，从而提高增重速度及饲料转化率。放牧肉牛和以粗饲料为主的舍饲肉牛，每日每头添加 150～200mg 瘤胃素，日增重比对照牛提高 13.5%～15%。近年来，国内外对莫能菌素在奶牛中的应用进行了研究，结果表明，每千克日粮干物质中加 11～22mg 莫能菌素，可降低单位产奶量的饲料消耗，提高产奶效率。

任务三　牛饲料的加工调制

一　精饲料的加工调制

（一）粉碎与压扁

粉碎是精饲料最常用的加工方法，作物籽实一般粉碎成 2.5mm 左右即可。压扁是将谷物用蒸汽加热到 120℃ 左右再用压扁机压成 1mm 厚的薄片，迅速干燥。由于压扁饲料中的淀粉经加热糊化，用于饲喂消化率明显提高。

（二）浸泡

浸泡是使某些饲料软化，减少饲料中的有毒物质的常用方法。用水把饲料拌匀置于池子或缸等容器中，浸泡一定时间后取出饲喂牛。豆类、油饼类、谷物等饲料经浸泡，吸收水分，膨胀柔软，容易咀嚼，便于消化。有些饲料中含有单宁、棉酚等有毒物质，并带有异味，浸泡后毒、异味均可减轻，从而提高适口性。

浸泡的时间应根据季节和饲料种类的不同而异，以免引起饲料变质。

二　粗饲料的加工调制

（一）切短与粉碎

粗饲料切短后体积变小，便于牛采食与咀嚼，可增加采食量 20%～30%，同时可减少损失。粉碎可增加粗饲料与瘤胃微生物的接触面积，有利于微生物发酵，但由于其在瘤胃中的停留时间缩短，未充分发酵便进入真胃和小肠，使消化率下降。但采食量增加会弥补消化率降低的不足，牛的总可消化养分摄入量增加，生产性能提高。

（二）揉搓处理

经揉搓的秸秆成柔软的丝状物，适口性好，其效果优于切短，是牛的价廉粗饲料。

三　青贮饲料的制作

饲料青贮是保存青绿饲料的好方法。经过青贮，可改进饲料适口性，减少损失，还可长期保存，保证长年均衡供应，是养牛业的主要粗饲料之一。

（一）青贮的好处

1. 营养物损失少

总的来说，制作青贮的损失比晒制干草的损失要少。青贮时的干物质损失在 10% 以下；而青饲料在晒干过程中，植物细胞还在呼吸，使营养物（糖、淀粉等）遭到损失，蛋白质也有所分解。晒制干草机械损失更是严重，例如苜蓿的叶、花丢失很多。

青贮的损失来自调制、保存不当。如果调制的环节中水分不当，踩实不紧，制作时间长，封顶不严，开启后二次发酵等造成的损失可能会大，但一般情况下制成优良青贮，干物质损失少。

2. 天气影响小

阴雨天气对制作青贮影响小，而对干草影响大，雨淋可使干草的营养物损失 20%~30%，胡萝卜素损失更大。

3. 改善适口性

秸秆、块根块茎类、茎叶和藤蔓等经青贮后具有明显的酸香味，柔软多汁，适口性提高。

4. 占地面积小

青贮料占地面积比干草要少得多。

5. 方便使用添加剂

青贮过程中可使用各种添加剂，如尿素、丙酸等。

（二）青贮的原理与条件

饲料青贮的原理是将新鲜的青绿多汁饲料在厌氧环境下进行发酵，使 pH 降到 4~4.2，从而抑制微生物的生长，使其得以长期保存。青贮发酵是以乳酸菌为主的复杂微生物活动和生物化学变化过程，其关键在于乳酸发酵的程度。正常青贮时，各类乳酸菌在含有适量水分、碳水化合物以及缺氧环境下快速繁殖，可生成大量乳酸，少量醋酸、丙酸等。乳酸的大量形成，既为乳酸菌本身生长繁殖创造有利条件，又促使在酸性环境中不能繁殖的其他微生物（如腐败酸菌、霉菌等）死亡。当乳酸积累到一定程度，酸度值下降到 4~4.2，乳酸菌自身也受到抑制而停止活动，此时青贮发酵完成，乳酸含量可达青贮饲料重的 1%~2%。

一般青贮的基本条件包括以下几项：①青贮原料含糖量在 1%~1.5%；②原料适宜的含水量为 65%~75%；③厌氧的环境。

（三）青贮的原料

1. 玉米青割

在乳熟期将玉米刈割，将玉米全株切碎后进行青贮，可制得营养价值较高和适口性较好的青贮饲料。

2. 玉米秸秆

收获果穗后的玉米秸秆能保留一半的绿色叶片，茎叶水分较多，糖分也较高，青贮可获得良好效果。

3. 块根块茎类

甘薯、马铃薯等块根块茎类也是青贮的好原料，由于其含水量太高，应与秸秆秕壳混贮，以吸收多余的水分，防止干物质损失。

4. 各种青草

禾本科青草糖分含量高，适合制作青贮；豆科牧草蛋白质含量高，但糖分较少，可与禾本科青草混合青贮。

原料含糖量是决定青贮成败的重要因素，一些常用青贮原料的含糖量见表7-4。

表7-4　常用青贮原料的含糖量

类别	饲料	青贮后 pH	含糖量/%	类别	饲料	青贮后 pH	含糖量/%
易于青贮	玉米植株	3.5	26.8	不易青贮	草木栖	6.6	4.5
	高粱植株	4.2	20.6		山黧豆	4.3	4
	菊芋植株	4.1	19.1		箭舌豌豆	5.8	3.62
	向日葵植株	3.9	10.9		紫苜蓿	6	3.72
	胡萝卜茎叶	4.2	16.8		马铃薯茎叶	5.4	8.53
	饲用甘蓝	3.9	24.9		黄瓜蔓	5.5	6.76
	芜菁	3.8	15.3		西瓜蔓	6.5	7.38
					南瓜蔓	7.8	7.03

（四）青贮的设备

1. 青贮塔

青贮塔有钢筋混凝土制、砖制、木制、钢板等结构，经久耐用。青贮效果好，塔边、顶上很少霉坏。因塔高装填、取用均不方便，最好建成半地上半地下青贮塔，这样还可以节约钢筋，既有塔的优点，又可降低建筑成本。

2. 青贮窖（池）

青贮窖（或池）是长方形结构，可由混凝土或砖、石制成，也可制成土窖，但土窖既不耐久，青贮霉坏也多。青贮窖最好建在地上。因为建在地下或半地上半地下，容易积存雨水而导致青贮腐烂，提取青贮也很费劲。青贮窖的高度一般在 3m 左右，窖宽应根据牛群每日需要量计算，即在冬季每日从窖横切面取 4cm，夏季取 8cm。窖的长度以装满一窖不超过 3 天为宜，以便保证青贮的品质。

3. 塑料袋

大小适宜的塑料袋均可作为青贮饲料的容器。塑料袋投资少，但不耐用。

4. 堆贮

堆贮是用钢筋混凝土挡板或在混凝土地上堆放青贮的一种形式。这种青贮只要在加盖塑料布上压上石头、汽车轮胎或土。投资少，但因堆垛不高，青贮品质稍差。

（五）青贮料的调制

青贮是一项突击性工作，事先要把窖、铡草机和运输车辆准备好。并准备充足的工作人员，以便在尽可能短的时间内突击完成。青贮的关键在于踩实、封严，保证厌氧环境。

（1）适时收割：一般玉米在乳熟期或蜡熟期，禾本科牧草在孕穗到抽穗期，豆科植物在孕蕾至开花初期，甘薯藤在霜前收割为好。

（2）切短：青贮料收割后，应立即切短青贮。大量青贮原料要用青贮切碎机切短，少量原料可用铡草刀铡草。

（3）装填：切短的青贮饲料应立即装填。装填前，窖底部可填一层 10~15cm 厚的切短草，以便吸收青贮液汁。在窖壁四周可铺填塑料薄膜以加强密封，防止透水透气。在青贮时，要注意调节青贮的含水量，可进行添加物的添加，混合。装填青贮料时应逐层装入，每次装至15～20cm厚时，踩紧，然后再继续装填，装填时要特别注意踩紧，窖四角或靠壁的地方尤其注意。高水分的原料应添加粗干饲料，在难贮原料中添加碳水化合物（如糠麸类）混合青贮时，也应与青饲料间层装填或分层混合青贮。

（4）封窖：最后一层高出窖口0.5～1m，用塑料薄膜覆盖，然后用土封严，以防漏雨漏气。

（5）管理：窖密封后，应在距窖四周约1m处挖沟，防止进水。要经常检查，有裂缝时应及时覆土压实，防止漏水和进风。

（六）青贮饲料的品质鉴定

目前，青贮料品质鉴定常用方法有感官鉴定法和pH测定，前者主要靠辨别气味、颜色、质地等，见表7-5。

表7-5　青贮饲料鉴定标准

等级	pH	颜色	气味	质地
优良	3.8～4.2	青绿或黄绿色，有光泽，近于原色	芳香酒酸味，给人以好感	湿润、紧密、茎叶、花保持原状，容易分离
中等	4.6～5.2	黄褐或暗褐色	有刺鼻酸味，香味淡	茎叶、花部分保持原状、柔软、水分稍多
低劣	5.4～6	黑色、褐色或黑绿色	具特殊刺鼻腐臭味或霉味	腐烂、污泥状、黏稠

1. 气味

优良青贮料具有酸香味，略带醇香味。中等青贮料香味淡薄，具有浓的醋酸味。低劣青贮料具有臭味、霉味。

2. 颜色

优质的青贮饲料接近于作物原来的颜色。若青贮前作物为绿色，青贮后仍为绿色或黄绿色为佳。青贮器内原料发酵的温度是影响青贮饲料色泽的主要因素，温度越低，青贮饲料就越接近于原先的颜色。对于禾本科牧草，温度高达30℃，颜色变成深黄；当温度为45℃～60℃，颜色近于棕色；超过60℃，由于糖分焦化近乎黑色。

优良的青贮料呈黄绿色或青绿色。中等的青贮料呈黄褐色或暗褐色。品质低劣的青贮料则为黑色、褐色或黑绿色。

3. 质地

品质优良的青贮料质地紧密、湿润、茎叶籽粒清晰，基本保持原来的形状。低劣的青贮料质地松软，带有黏性，还具有臭味、霉味，这样的青贮料不可饲喂家畜。

4. 酸碱度

优良的青贮料pH为3.8～4.2，低劣的青贮料pH为5.4～6，中等的青贮料pH则在二者之间。

（七）青贮饲料的利用

青贮饲料一般经过20天左右，可以开窖饲喂，大部分地方都是秋天青贮，冬春饲喂。青贮饲料利用前，常用的鉴定方法为感官鉴定法，主要是根据青贮料的气味、颜色、质地结构等指标，通过感官来评定青贮料的品质好坏。

用青贮料喂牛时，应注意品质；饲喂时，最好与其他饲料搭配饲喂，喂量由少到多逐渐过渡，等适应后再增加喂量。凡发霉、发黑、结块的青贮料都不能饲喂。

四 氨化秸秆的制作

（一）秸秆氨化的好处

在农村，每年收获谷物的同时，会产生大量的作物秸秆，如玉米秸秆、小麦秸秆、高粱秸秆等，秸秆经氨化处理后，可用来喂牛。秸秆氨化后，一是可提高秸秆的营养价值，一般可提高粗蛋白质含量 4%～6%；二是可以提高秸秆的适口性和消化率，一般采食量可提高20%～40%，有机物消化率提高 10%～12%，从而使奶牛的产奶量提高 10% 左右；三是氨化饲料（指用尿素）的成本低，方法简便易行，易于推广。

（二）影响氨化效果的因素

影响氨化效果的因素有温度、处理时间、秸秆水分、氨源类型、秸秆种类等。

1. 温度

温度高一些则氨化作用快一点，所以氨化枯秆应在收割后不久气温相对高的时候进行。

2. 时间

氨化时间长短取决于温度。例如温度在 0℃～5℃ 时，处理时间需 8 周以上；5℃～15℃时，需4～8周；15℃～30℃时，需 1～4 周；采用温度达 85℃ 的氨化炉，只需 24h。尿素处理要比氨水慢 1 周左右。

3. 秸秆含水量

含水量是否适宜，是决定秸秆氨化饲料制作质量乃至成败的关键。据研究，氨化秸秆最佳含水量为 30%～40%。含水量低于 30%，没有足够的水充当氨的"载体"，氨化效果差。含水量过高，不但因开窖后取饲时需延长晾晒时间，且由于氨浓度降低易引起秸秆发霉变质。虽然含水量增加可提高消化率，但含水量超过 40% 时，会增大发霉的危险。

4. 秸秆的类型

在谷物秸中，燕麦秸比大麦秸易于消化，大麦秸又比小麦秸的消化率高。黑麦秸的有机物消化率平均为 42%，与小麦秸接近，粗蛋白含量也比燕麦秸、大麦秸高。燕麦秸、大麦秸的酸性洗涤纤维含量比小麦秸低。雨打受损后，消化率、粗蛋白含量下降，而酸性洗涤纤维升高。稻草的情况特殊，它与其他禾谷类秸秆相反，其茎秆的消化率比叶子高，稻草含有相当多的硅，而木质素含量则较少。

（三）秸秆氨化的方法

1. 氨化池（窖）氨化法

（1）选取向阳、背风、地势较高、土质坚硬、地下水位低的地方建氨化池。池的形状可为长方形或圆形。池的大小及容量根据氨化饲料的数量而定，而氨化饲料的数量又取决于饲养家畜的种类和数量。一般每立方米池可装切碎的风干秸秆 100kg 左右。一头体重 200kg 的牛，年需氨化饲料 1～1.5t。挖好池后，用砖或石头铺底，砌垒四壁，水泥抹面。

（2）将秸秆粉碎或切成 1.5～2cm 的小段。

（3）将秸秆重量 3%～5% 的尿素用温水配成溶液，温水的多少视秸秆的含水量而定，一般秸秆的含水量为 12% 左右，而秸秆氨化应该使秸秆的含水量在 40% 左右，所以温水的用量一般为每 100kg 秸秆加 30kg 左右。

（4）将配好的尿素溶液均匀地洒在秸秆上，边洒边搅拌，或者一层秸秆均匀喷洒一次尿素溶液，边装边踩实。

（5）装满池后，用塑料薄膜盖好池口，四周用土覆盖密封。

2. 塑料袋氨化法

塑料袋的大小以方便使用为好，塑料袋子一般为长 2.5m，宽 1.5m，最好用双层塑料袋。把切断的秸秆，用配制好的尿素水溶液（方法同上）均匀喷洒，装满塑料袋后，封严袋口，放在干燥处。存放期间，应经常检查，若嗅到袋口处有氨气味，应重新扎紧，发现塑料袋有破损，要及时用胶带封住。

（四）氨化饲料的品质鉴定

氨化效果的好坏，可从下面几方面来判断。

1. 质地

优质的氨化饲料应柔软蓬松，用手紧握无明显的扎手感。

2. 气味

优质的氨化秸秆有糊香味和刺鼻的氨味。氨化的玉米秸气味略有不同，既具有青贮的酸香味，又有刺鼻的氨味。

3. 颜色

经氨化的麦秸颜色为杏黄色（原色为灰黄色）、玉米秸为褐色（原色为黄褐色）。如变为黑色、棕黑色，黏结成块，则为霉变。

4. 发霉情况

因加入的氨有防霉杀菌作用。只要水量不是过多，一般氨化秸秆不易发霉。若发现氨化饲料大部分已发霉时，则不能用于饲喂家畜。

5. pH

氨化秸秆的 pH 为 8 左右，偏碱性。

（五）氨化饲料的饲喂方法

窖开封后，经品质检验合格的氨化饲料，可取出喂牛。取喂时，应将每天饲喂数量的氨化秸秆于饲喂前 2 天取出放氨，其余的再密封起来，以防放氨后含水量仍很高的氨化秸秆在短期内饲喂不完而发霉变质。放氨时，应将刚取出的氨化饲料放置在远离畜舍和住所的地方，以免释放的氨气刺激人畜呼吸道和影响家畜食欲。若秸秆的湿度较小，天气寒冷，通风时间应长些。喂量应由少到多，少给勤添。刚开始饲喂时，可与谷草、青干草等搭配，7 天后即可全部代替粗料并适当搭配一些精料一同饲喂。氨化饲料的饲喂量一般可占牛日粮的 40%。

五 青干草的制作

适合制成干草的有苜蓿、羊草、天然牧草等。调制干草的牧草应适时收割，收割时间过早水分多，不易晒干；过晚则营养价值降低。禾本科草在抽穗期、豆科草类在孕蕾及初花期刈割为好。青干草的制作应干燥时间短，均匀一致，减少营养物质损失。另外，在干燥过程中尽可能减少机械损失、避免雨淋等。

（一）自然干燥法

牧草刈割后，在原地或附近干燥地段摊开曝晒，经常加以翻动，待水分降至 40%～50%

时，拢成松散的 0.5～1m 高的草堆，保持草堆的松散通风，在天气晴好时可倒堆翻晒，天气恶劣时小草堆外面最好盖上塑料布，以防雨水冲淋，直到水分降到 17% 以下即可贮藏。如果采用摊晒和捆晒相结合的方法，则可以更好地防止叶片、花序和嫩枝的脱落。

（二）人工干燥法

目前常用的人工干燥法有常温鼓风干燥法和高温快速干燥法。常温鼓风干燥法是把刈割后的牧草在田间预干到含水 40%～50% 时，再放置于设有通风道的干草棚内，用鼓风机或电风扇等吹风装置进行常温鼓风干燥。高温快速干燥法是将鲜草切短，通过高温气流，使牧草迅速干燥，经过数秒钟使含水量从 80%～85% 降到 15% 以下，接着将干草粉碎制成干草粉或经粉碎压制成颗粒饲料。高温快速干燥法可保存 90% 以上的养分。

任务四 牛的日粮配制

随着规模化牛场的不断增多，配合饲料在牛生产中的使用越来越普遍。根据牛的营养需要，结合当地饲料资源状况，自行配制全价日粮，可以降低饲养成本，提高生产效益。

一 日粮配制的原则

日粮是指家畜一昼夜采食的、能满足其营养需要的饲料量。牛属于反刍动物，其日粮由粗饲料和精饲料两部分组成。牛的日粮必须科学营养，安全可靠，经济适用。日粮配制时应遵循以下原则。

（一）以饲养标准为基础

配制日粮首先要根据饲养标准确定不同品种、年龄、体重和生产性能牛对各种营养物质的需要量。

（二）符合牛的消化生理特点

牛属于反刍动物，其消化生理与单胃动物存在较大差异。牛日粮中应包括一定量的粗饲料，以维持瘤胃的正常功能，精、粗料比例适当可降低营养代谢疾病的发生；日粮养分应在瘤胃和小肠合理分配，充分利用反刍动物消化粗饲料能力强这一特点，降低饲养成本。

（三）日粮组成多样化

日粮原料多样化，彼此取长补短，有利于实现营养平衡，提高日粮适口性，增加采食量。

（四）原料选择因地制宜

我国各地均有大量农副产品，且各地的品种不同。牛生产中应充分利用当地的农副产品，因地制宜选择原料，降低饲养成本，提高生产效益。

二 参考日粮配方

以下是奶牛和肉牛日粮的几个实用配方，供参考。

（一）奶牛日粮配方

奶牛日粮配方见表 7-6。

表 7-6　奶牛日粮配方

配方编号	1	2	3	4	5	6
精料组成/%						
玉米	50	48	47.2	54	50	52
豆饼	10	25	28.3	24	34	34
棉籽饼	16	—				
麦麸	18	22.1	18.9	19	13	13
磷酸钙	2	2.9	3.3	2	1.6	–
石粉	2	–	–	–	0.4	–
食盐	2	2	2.3	1	1	1
日粮组成/kg·天						
混合精料	9.43	10.4	8.5	8.4	3	3
玉米青贮	16.06	18	18	16	18	18
干草（羊草）	1~2	4	4	6	3~3.5	2.5~3
胡萝卜	–	3	3	3	–	–
新鲜玉米粉渣	8.73	–	–	–	–	–

注：① 1 号配方适用于体重 590kg，日产奶 30kg 的奶牛；

　　2 号配方适用于体重 600kg，日产奶 25kg，乳脂率 3.5% 的奶牛；

　　3 号配方适用于体重 600kg，日产奶 20kg，乳脂率 3.5%，3 胎以上的奶牛；

　　4 号配方适用于体重 600kg，日产奶 15kg，乳脂率 3.5%，3 胎以上的奶牛；

　　5 号和 6 号配方适用于体重 600~650kg 的干奶期奶牛；

② 每种配方可另外添加精料量 0.1% 的强化微量元素和维生素添加剂；

③ 使用以上参考配方时应根据当地饲料资源、奶牛泌乳阶段进行调整。

（二）肉牛日粮配方

肥育牛玉米青贮型日粮配方见表 7-7，肥育牛玉米秸秆型日粮配方见表 7-8。

表 7-7　肥育牛玉米青贮型日粮配方

体重阶段/kg	300~350		350~400		400~450		450~500	
	配方 1	配方 2	配方 1	配方 2	配方 1	配方 2	配方 1	配方 2
精料配比/%								
玉米	71.8	77.7	80.7	76.8	77.6	76.7	84.5	87.6
麦麸	3.3	2.4	3.3	4	0.7	5.8	—	—
棉粕	21	16.3	12	15.6	18	14.2	11.6	8.2
尿素	1.4	1.3	1.7	1.4	1.7	1.5	1.9	2.2

续表

体重阶段/kg	300~350		350~400		400~450		450~500	
	配方1	配方2	配方1	配方2	配方1	配方2	配方1	配方2
食盐	1.5	1.5	1.5	1.5	1.2	1	1.2	1.2
石粉	1	0.8	0.8	0.7	0.8	0.8	0.8	0.8
饲料喂量/kg·天								
精料	5.2	7.2	7	6.1	5.6	7.8	8	9.6
玉米青贮	15	15	15	15	15	15	15	15
饲喂效果								
日增重/kg·天	1.46	1.66	1.64	1.44	1.31	1.54	1.38	1.62
每千克增重需精料量/kg	3.51	4.3	4.3	4.2	4.3	5.1	5.8	5.92
每千克增重需青贮玉米量/kg	10.3	9	9.1	10.4	11.5	9.7	10.9	9.3

表7-8　肥育牛玉米秸秆型日粮配方

体重阶段/kg	300~350		350~400		400~450		450~500	
	配方1	配方2	配方1	配方2	配方1	配方2	配方1	配方2
精料配比/%								
玉米	66.2	69.6	70.5	72	72.7	74	78.3	79.1
麦麸	2.5	1.4	1.9	4.8	6.6	6.6	1.6	2
棉粕	27.9	25.4	24.1	19.5	16.8	15.8	16.4	15
尿素	0.9	1	1.2	1.3	1.4	1.5	1.7	1.9
食盐	1.5	1.5	1.5	1.5	1.5	1.5	1.5	1.5
石粉	1	1.1	0.8	0.9	1	0.6	0.5	0.5
饲料喂量/kg·天								
精料	4.8	5.6	5.4	6.1	6	6.3	6.7	7
干玉米秸	3.6	3	4	3	4.2	4.5	4.6	4.7
酒糟	0.5	0.2	0.3	1	1.1	1.2	0.3	0.5
饲喂效果								
日增重/kg·天	1.3	1.1	1.32	1.39	1.31	1.35	1.38	1.42
每千克增重需精料量/kg	3.69	3.97	4.09	4.39	4.58	4.67	4.85	4.93
每千克增重需玉米秸量/kg	2.76	2.13	3.03	2.15	3.12	3.33	3.33	3.31

任务五　全混合日粮（TMR）饲养技术

全混合日粮（Total Mixed Ration，TMR）饲养技术是一种将粗料、精料、矿物质饲料、维生素和其他添加剂充分混合，配制成一种全价日粮，类似于猪或家禽的全价饲料，由发料车发送，任牛群自由采食的一种先进饲养技术。TMR 技术在养牛业发达的国家已得到普遍应用，国内的现代化和规模化奶牛养殖场也已大部分使用这项技术，并取得了很好的效益。配制 TMR 以营养学知识为基础，充分发挥瘤胃机能，提高饲料利用率，并尽可能地利用当地的饲料资源以降低成本。

一　全混合日粮饲养技术的优势

（一）平衡日粮营养

全混合日粮可以将组成日粮的所有成分均匀混合，使牛摄入的每一口日粮营养基本均衡。

（二）便于控制日粮营养水平

采用全混合日粮技术，有利于根据不同生长（泌乳）阶段牛的营养需要特点，配制不同营养水平的日粮，对维持瘤胃的正常功能稳定和满足牛的营养需要有利，易于保持牛的消化代谢功能正常。

（三）避免牛的挑食现象

采用全混合日粮技术可有效避免牛的挑食现象，减少饲草浪费；有利于采用自由采食的饲喂方式，增加牛的采食量，提高生产效率。

（四）便于饲养管理

规模化牛场采用全混合日粮技术，可提高饲养管理的机械化程度，省工省时，节约劳力。

二　全混合日粮饲养技术要点

（一）合理分群

合理分群是实行全混合日粮饲养技术的前提条件。牛场应根据牛的生长发育阶段、生产性能和性别等进行分群，给予不同营养水平的全混合日粮。

（二）日粮搅拌均匀

全混合日粮要求各原料组分必须计量准确，混合均匀。生产中可实行人工拌料、人工喂料，也可使用集饲料混合和分发为一体的搅拌喂料车（见图 7-1）。

（三）饲料投放均匀

整个饲槽的饲料投放要均匀，每头牛要有足够的采食空间，每次饲喂应有 3%～5% 的剩料量。

图 7-1　TMR 搅拌喂料车

(四) 实时检查饲喂效果

每天观察牛的采食情况和健康状况，定期测定牛的生长发育、泌乳量等状况，根据需要及时调整配方，以提高饲养效果。

目前，我国许多牛场已采用全混合日粮技术，对改善牛的健康状况，降低牛的生产成本起到了积极作用。但这种技术也存在一定的缺点，主要表现在这种技术针对的是一定规模的群体饲养，不方便对有特殊要求的牛进行单独照顾；另外，此技术投资大，在农户和小型牛场中难推广。

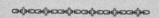

思 考 题

1. 泌乳母牛的营养需要由哪几部分构成？
2. 简述青贮饲料的制作原理，制作时应注意的问题。
3. 简述秸秆氨化的过程及注意事项。
4. 牛的日粮由哪几部分构成，配方设计应注意哪些原则？

项目八　奶牛的饲养管理

学习目标

知识目标：

1. 熟悉奶牛各生长发育阶段的生理特点。
2. 掌握犊牛、育成牛、青年牛和成年牛的饲养管理方法。
3. 了解影响产奶量的因素。

技能目标：

培养学生饲养不同生长发育阶段奶牛的能力，从事奶牛生产各岗位工作的能力。

奶牛业是畜牧业的重要组成部分，近年来我国的奶牛业发展迅速，但与发达国家相比差距依然较大。随着奶牛业的快速发展，奶牛场的生产水平和规模化程度不断提高，对奶牛饲养管理技术的要求也越来越高。

奶牛一生可分为 4 个阶段：犊牛阶段（出生到 6 月龄）、育成牛阶段（7 月龄~配种前）、青年牛阶段或后备阶段（配种妊娠后到第一次产犊前）、成年牛阶段（产犊后）。

任务一　犊牛的饲养管理

犊牛是指从出生到 6 月龄的小牛。这个时期犊牛经历了从母体子宫环境到体外自然环境、由靠母乳生存到靠采食植物性饲料生存、由真胃和小肠的化学性消化为主到瘤胃的微生物消化为主的巨大生理环境的转变。犊牛自身的免疫机制发育不够完善，对疾病的抵抗能力较差，死亡率高，是牛一生中最难饲养的时期。同时也是可塑性最大的时期，良好的饲养管理和营养水平可为其将来产奶潜力的发挥打下基础；如果饲养管理不当，则可能造成生长发育受阻，影响终身的生产性能。

犊牛培育的基本要求

（一）确保新生犊牛健壮

新生犊牛体况与母牛妊娠期的营养供应密切相关，因此要确保新生犊牛健壮，必须重视怀孕母牛的饲养管理，应根据妊娠前期和后期胎儿发育规律，调整母牛日粮中营养物质的供给量，保证胎儿正常发育。

（二）促进犊牛健康

新生犊牛抵抗力差，免疫机能尚未形成，容易受疾病侵袭，死亡率高。因此，应在犊牛出生后尽早喂初乳，及时注射疫苗，加强护理，保持环境卫生，适当运动，增强犊牛体质。

（三）逐步培育发达的消化系统

高产奶牛的代谢强度大，需要发达的消化系统才能获得充足的营养物质，以发挥其生产潜能。奶牛消化系统的培养应从犊牛开始，通过适当控制奶的喂量，增加粗饲料采食量来刺激瘤胃及肠道发育，增大消化道容积，增强消化系统对粗饲料的利用能力，为奶牛日后高产打下基础。

（四）培育良好的乳用体型

犊牛阶段是培育奶牛良好体型的重要时期，如果饲养方式不当，导致犊牛过肥或生长发育受阻，则难以培育出乳用特征明显、健康高产的奶牛。

新生犊牛的护理

（一）清除口鼻黏液

犊牛出生后，首先应清除口腔和鼻腔的黏液，以免吸入气管及肺内，影响犊牛正常呼吸。如犊牛已将黏液吸入而造成呼吸困难，可握住两后肢倒提犊牛，拍打其背部，使黏液流出。如犊牛产出时已无呼吸，但有心跳，可立即清除其口鼻黏液后将犊牛在地面摆成仰卧姿势，头侧转，按每6~8s一次按压与放松犊牛胸部的方式进行人工呼吸，直至犊牛自主呼吸为止。

（二）擦干被毛及去软蹄

清除口鼻黏液后应尽快擦干犊牛身上的被毛，以免受凉。剥去犊牛软蹄，便于犊牛站立。

（三）断脐消毒

犊牛呼吸正常后，接产人员应及时处理犊牛脐带。犊牛的脐带一般会自然扯断，否则应进行人工断脐，用消毒剪刀在距腹部6~8cm处剪断，将脐带中的血液和黏液挤净，用碘伏药液浸泡2~3min即可，待其自然脱落。

（四）隔离

犊牛出生后，应尽快将犊牛与母牛隔离，将其放养在干燥、避风的犊牛栏内，避免母牛认犊而影响挤奶。

（五）尽早喂初乳

初乳是指母牛产犊后5天内所分泌的乳，5天之后称为常乳。初乳对提高新生犊牛的免疫力、消化功能有重要意义，是犊牛必不可少的食物。

1. 初乳的特点

初乳呈深黄色，较黏稠，并有特殊的气味。初乳含有的干物质是常乳的 2 倍，矿物质是常乳的 3 倍，能量和维生素也高于常乳。初乳含有比常乳高得多的免疫球蛋白，第一次挤得的初乳中的免疫球蛋白含量约为 6%，而常乳中的含量一般低于 0.1%。

2. 初乳的生物学特性

（1）初乳中富含溶菌酶和免疫球蛋白。初乳中的免疫球蛋白占总蛋白的 30%～50%，而常乳中只占大约 3%。初乳中的免疫球蛋白主要包括 IgG、IgM 和 IgA，分别占 80%～85%、8%～10% 和 5%～12%。初乳中的各类抗体可使犊牛获得较强的免疫力，而初乳中的抗体类别取决于母牛所接触过的致病微生物或疫苗。

（2）初乳可起到肠壁黏膜的作用。初生犊牛肠壁黏膜不发达，对病菌的抵抗力很弱。初乳含有较多的干物质，黏性大，能覆盖在消化道表面，起到黏膜的作用，防止病菌侵入血液。

（3）初乳的酸度较高。初乳可使胃肠道形成酸性环境，刺激消化道分泌消化液，并有助于抑制有害细菌的繁殖。

（4）初乳具有轻泻作用。初乳中含有较多的镁盐，具有轻泻作用，有利于犊牛胎粪的排出。

此外，初乳中还含有大量的激素、促生长因子，可促进犊牛胃肠道其他组织的生长发育。

3. 初乳的饲喂时间

由于牛胎盘的特殊结构，母牛血液中的免疫球蛋白不能透过胎盘传给胎儿，所以新生犊牛的抗病力很低。研究表明，新生犊牛可以在消化功能、肠道细菌群落建立之前完整地吸收免疫球蛋白，获得被动免疫。初生犊牛第一次吃初乳的免疫球蛋白的吸收率最高，随着消化功能的建立，抗体被分解的部分升高；同时肠壁上皮细胞收缩，对免疫球蛋白的通透性降低，抗体吸收率下降，出生 24h 后抗体吸收几乎停止。因此，应给新生犊牛尽早喂初乳（第一次饲喂在出生后 0.5h 内为宜，不宜超过 1h）。犊牛出生后 12h 内不能吃到足够的初乳，其健康会受到严重威胁。

4. 初乳的饲喂方法

喂初乳最好用经过消毒的带橡胶奶嘴的奶壶喂，并根据犊牛的体重大小和健康状况确定初乳的喂量。第一天喂 3～4 次，第一次喂初乳量一般为 1.5～2kg，约占体重的 5%，第二次喂初乳一般在出生后 6～9h。以后每天喂奶 2 次，每次喂奶量为体重的 5%，全天喂量为体重的 8%～10%。初乳共饲喂 4～5 天，之后逐步转为常乳。初乳最好现挤现喂，适宜的温度为 38℃左右。

初乳的哺喂方法主要有乳壶哺乳法和桶式哺乳法，如图 8-1 所示。

（1）乳壶哺乳法。要求奶嘴固定结实，质量好，不易被犊牛撕破或扯下。哺乳前将乳壶洗净、彻底消毒；哺乳时，要尽量让犊牛自己吸吮，不可强灌。

（2）桶式哺乳法。第一次饲喂时，一手持桶，用另一手食指和中指蘸乳放入犊牛口中使其吸吮，然后慢慢抬高桶，使犊牛嘴紧贴牛乳液面，使其能将奶吸食。习惯后，将手指从犊牛口中拔出，犊牛即会自行吸吮。如果不行，可重复数次，直至犊牛会自行吸吮为止。

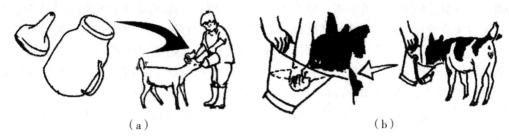

（a）　　　　　　　　　　　　（b）

图 8-1　初乳的哺喂方法
（a）犊牛的喂奶方法–用奶壶饲喂；（b）犊牛的喂奶方法–用桶饲喂

 常乳期犊牛的饲养管理

犊牛经过 5 天的初乳期后，即开始喂常乳，进入常乳期。

（一）哺乳

1. 哺乳期及哺乳量

犊牛哺乳期的长短各不相同，主要由培育方向和饲养条件而定。传统哺乳期一般为 5~6 个月，哺乳量为 600~900kg。实践证明，过多的哺乳和过长的哺乳期，虽然犊牛早期增重较快，但不利于犊牛消化器官的发育；而缩短哺乳期、减少哺乳量的犊牛，虽然早期体重增长较慢，但只要精心饲养，在断奶前增加精料喂量，断奶后注意精料和青粗饲料的数量和品质，犊牛会出现较强的补偿生长，逐渐赶上正常的生长发育速度，不影响其投产时间和投产后的产奶性能。目前，大多数奶牛场犊牛的哺乳期为 45~60 天，哺乳量为 200~300kg。例如哺乳期为 60 天，哺乳量为 285kg 的哺乳方案见表 8-1。

表 8-1　犊牛哺乳方案

犊牛日龄	日喂奶量/kg	阶段奶量/kg
0~5（初乳）	7	35
6~15（常乳）	7	70
16~30（常乳）	6	90
31~45（常乳）	4	60
46~60（常乳）	2	30
0~60		285

2. 哺乳方法

犊牛出生 6 天后开始哺喂常乳，可用奶桶喂，每日 2~3 次。为了促使犊牛食管沟反射正常，消化良好，食欲旺盛，应坚持定时、定量和定温的原则。定时喂奶可使犊牛消化器官规律性活动，从而提高其食欲，增进采食量；定量喂奶有利于维持犊牛正常的消化功能，一般每天饲喂量可按犊牛体重的 8%~10% 给奶；奶温应与犊牛的体温接近。研究表明，牛奶在犊牛胃中接近 37℃ 时，才能完全凝固并被消化吸收。

（二）补料

早期补料不仅可以降低成本，还有利于促进犊牛瘤胃发育，为成年后产奶性能的发挥打下基础，同时也是早期断奶的前提。犊牛一般出生1周后开始训练采食精料和青干草，3周后开始饲喂优质的青绿多汁饲料。精料补饲需要调教，可将精饲料用温开水调制成糊状，加入少量牛奶，在犊牛的鼻镜、嘴唇上涂抹少量，或撒少量于奶桶中任其添食，3~5天后，即可将精料投放在料槽内，任其自由采食。优质青干草可挂于犊牛舍内，任其自由采食。对采用60天断奶的犊牛，断奶时的精料采食量应达到1kg以上；45天断奶的犊牛，断奶时的精料采食量应达到0.7kg以上。犊牛的精料应具有适口性好、营养均衡、易消化等特点，参考配方见表8-2。

表8-2　犊牛精料参考配方

配方1		配方2	
成分	含量/%	成分	含量/%
玉米	46	玉米	53
豆粕	25	豆粕	26
乳精粉	6	乳精粉	—
油脂	2	油脂	—
麦麸	11	麦麸	10
糖蜜	6	糖蜜	7
石粉	1	石粉	1
磷酸氢钙	1.2	磷酸氢钙	1.2
盐	0.8	盐	0.8
1%预混料	1	1%预混料	1
合计	100	合计	100

（三）断奶

适当缩短哺乳期不仅不会影响犊牛健康，还可减少哺乳量，节约哺育人工成本，并且有利于促进犊牛瘤胃的早期发育，以及犊牛后期增重。但是从哺乳过渡到全部采食植物性饲料，对犊牛来说是个应激过程，因此，应逐步减少犊牛的喂奶量，而逐渐增加犊牛的饲料采食量，这是成功断奶的前提。断奶的时间应灵活掌握，需要根据犊牛的体况、饲养者的技术水平和饲料质量确定。在我国犊牛一般60天断奶，哺乳量为250~300kg。

（四）去角

为了便于牛成年后的管理，减少人畜伤害，应在犊牛时期去角。犊牛去角的最佳时间为出生后7~14天，此时去角对犊牛造成的应激最小。目前常用的去角方法有苛性钠法和加热法。

（1）苛性钠法：先在犊牛角根周围剪毛，在角根四周涂上一圈凡士林，然后手持苛性钠棒（手持端用纸包裹）在角根上轻轻地摩擦，直到有微量血丝渗出，涂上紫药水即可。一般1~2周后该处会结痂脱落，不再长角。利用苛性钠去角，操作简单，效果好，但在操作时要防止操作者被烧伤；还要防止苛性钠流到犊牛眼睛和面部造成伤害。

（2）加热法：一般用烧红的烙铁或电热去角器（加热到480℃）处理角根10s即可，此法适用于 3~5 周龄的犊牛。

（五）剪除副乳头

牛的乳房分为 4 个乳区，正常情况下每个乳区只有一个乳头。但实际上牛群中有些奶牛常常有 4 个以上的乳头，那些处在正常乳头周围的多余乳头被称为副乳头。副乳头在奶牛成年后挤奶时不但妨碍乳房清洗，还容易引起乳房炎。因此，在犊牛阶段能区分正常乳头和副乳头之后应剪除副乳头，适宜的时间是 2~6 周龄。剪除的方法是：先洗净乳房周围部位并消毒，将副乳头向下拉直，用锐利的剪刀从乳头基部将副乳头剪下，伤口用碘伏消毒。

（六）称重编号

犊牛出生后应称出生重，对犊牛进行编号，对其毛色花片、外貌特征、出生日期、谱系等情况作详细记录，以便于管理和以后在育种工作中使用。

（七）重视环境卫生

保持环境卫生是犊牛健康成长的必要条件。犊牛对饮水、牛舍及用具的卫生，均有严格的要求。只有重视卫生工作，才能确保犊牛健康成长。

1. 饮水

牛奶中虽含水量高，但犊牛仍需补充水分。犊牛的饮水应保证清洁，出生 15 天以前饮温开水为宜，30 天后可从饮水池自由饮水，但冬季应喂给 30℃ 左右的温水。

2. 牛舍、牛栏

牛舍应保持清洁、干燥、空气流通，栏内要铺垫草，勤打扫。目前，现代化水平较高的牛场常采用独立犊牛舍（犊牛岛，见图 8-2）单独饲养。牛舍内空气冷湿、冬季漏风、淋雨，是犊牛呼吸道疾病的诱因。

图 8-2 犊牛岛

四 断奶后犊牛的饲养管理

断奶后，犊牛要完成从依靠乳品和植物性饲料到完全依靠植物性饲料的转变，生理和饲养环境上的巨大变化需要精心饲养，以使其尽快适应以粗饲料为主的饲养方式。犊牛断奶后一般进行小群饲养，每群 10~15 头。为了顺利地度过断奶期，犊牛的日粮结构和饲养水平要保持相对稳定，断奶后犊牛继续饲喂 2 周犊牛料，再逐渐更换成混合料。精饲料的营养成分要全面、均衡。

 任务二　育成及青年母牛的饲养管理

育成母牛是指从 7 月龄到配种受胎前这段时期。育成母牛是体型、体重增长最快的时期，也是繁殖机能迅速发育并达到性成熟的时期。育成期饲养的主要目标是通过合理的饲养使其按时达到理想的体型体重标准和性成熟，按时配种受胎，并为其一生的高产打下良好的基础。

青年母牛是指从配种妊娠后到分娩这段时期的母牛。胎儿的生长和乳腺的发育是青年母牛突出的特点，但是此时母牛尚未达到完全体成熟，身体的发育尚未停止，在饲养管理上除了保证胎儿和乳腺的正常生长发育外，还要考虑母牛自身的生长与发育。

一 育成母牛生长发育特点

（一）瘤胃发育迅速

犊牛断奶后即转变为依靠采食植物性饲料的饲养阶段。随着年龄的增长，瘤胃功能日趋完善，7~12 月龄育成牛的瘤胃容积增加迅速，利用青粗饲料能力明显提高，12 月龄左右接近成年牛水平，配种前瘤网胃容积比 6 月龄增大 1 倍左右。

（二）生长发育快

育成牛阶段是牛的骨骼、肌肉生长最快的时期。据研究，7~8 月龄以骨骼发育为中心，7~12 月龄期间是体长增长最快阶段，之后体躯转向宽深发展，此时是塑造良好乳用体型的关键时期。

（三）生殖机能变化大

一般情况下，9~12 月龄的荷斯坦育成母牛，体重达到 250kg 以上时，可出现首次发情；13~14 月龄时，育成母牛逐渐进入性机能成熟时期，生殖器官和卵巢内分泌功能日趋健全，16~18 月龄体重达到 380kg 时，可进行第一次配种。

二 育成母牛培育的要求

育成母牛的培育任务是保证母牛正常生长发育和适时配种。虽然育成母牛无产奶任务，也不像犊牛易患疾病，但如果忽视其饲养管理就可能达不到培育的预期目的，影响奶牛终生生产性能的发挥。此阶段饲养的目标是将育成牛培育成体型大、肌肉适中、采食量大、消化力强、繁殖性能良好、乳用型明显的理想个体。

三 育成牛的饲养

育成牛的饲养可因地而异。有放牧条件的牛场应以放牧为主，放牧不仅可以节省饲料和管理费用，还有利于牛的生长发育和身体健康。没有优良牧场的就采用大群或小群饲养。

（一）7~12 月龄牛的饲养

此阶段育成母牛瘤胃的容积增长迅速，利用粗饲料的能力明显增强，日粮应以青粗饲料为主，为保证体重增长，适当补充精料。但应控制日粮中能量饲料的含量，防止母牛过肥，大量脂肪沉积于乳房中而影响日后产奶量；同时也要控制低质粗饲料的用量，防止形成"草腹"。饲养方案可参考表8-3。

表8-3　7~12月龄牛饲养方案

月龄	精料/kg	秸秆/kg	青贮/kg
7~8	2	1	10
9~10	2	1.5	11
11~12	2.5	2	12

中国荷斯坦牛12月龄的理想体重是300kg，体高115cm，胸围159cm，日增重0.6~0.7kg。

（二）13月龄~初配期间的饲养

13月龄至初配受胎时期的育成母牛消化器官已基本发育成熟，对粗饲料的利用能力大大提高。此阶段的母牛由于没有妊娠和产奶负担，营养需要相对较少，饲养上应以粗饲料为主。此时如能吃到足够的优质粗饲料，基本上可满足其生长发育的营养需要，但如果粗饲料质量较差，应适当补充精料，每天精料给量以1~3kg/头为宜，并注意钙、磷、食盐和微量元素的补充。

此时，母牛营养过高会导致母牛配种时体况过肥，造成不孕或以后难产；营养过低则会抑制母牛的生长发育，延迟发情及配种。饲养方案可参考表8-4。

表8-4　13月龄~初配期间母牛饲养方案

月龄	精料/kg	秸秆/kg	青贮/kg
13~14	2	2	10
15~初配	2.5	3	10

研究表明，荷斯坦牛的性成熟时间由其身材大小和体重决定，适时配种有利于延长母牛使用年限，增加泌乳量和经济效益。按每头育成牛每天饲养费用20元计算，配种期每提前1个月可减少600元饲养费用。16月龄中国荷斯坦牛母牛的理想体重是360~390kg，此时可配种。

四 青年母牛的饲养

青年母牛的培育目标是在24~26月龄顺利完成第一头犊牛的生产，体重达到540~620kg。此阶段，由于母牛自身还在生长发育，饲养上应考虑其自身生长发育的营养需要，同时也要防止母牛因过肥而导致的难产和产后代谢疾病的发生。

青年母牛由于怀有胎儿，因此在整个妊娠期应保证日粮养分均衡和饲料的质量，不可饲喂发霉变质、冰冻的饲草饲料和冰水。母牛怀孕初期，胚胎生长速度慢，营养需要与未妊娠接近。妊娠6个月后，胎儿增重加速，饲养上应增加妊娠营养需要。分娩前2个月应逐渐增加精料喂量，以满足胎儿快速发育的营养需要，并使母牛逐步适应产后对大量精料的摄入。

青年母牛的保胎工作非常重要，在怀孕后期应单独分群饲养管理，以免被其他牛顶伤而导致流产。

管理

（一）分群

育成母牛和青年母牛应分群饲养，20~30 头一群，每群牛月龄差异不超过 3 个月。

（二）运动

育成母牛和青年母牛一般散养。舍饲时应保证每日有一定时间的户外运动，促进牛的发育和保持健康的体型，为提高其利用年限打下良好基础。每头牛的户外运动场面积应在 15m² 左右，每天户外运动不少于 2h。

（三）刷拭

由于育成母牛生长较快，应注意牛体的刷拭，及时去除皮垢，促进生长，由此亦可使牛性情温顺，易于管理。

（四）修蹄

育成母牛蹄质软，生长快，易磨损，应从 10 月龄开始于每年春秋两季各修蹄一次。

（五）乳房按摩

育成母牛从 12 月龄开始到分娩前半个月，每日用温水清洗并按摩乳房一次，每次 3~5min，以促进乳腺发育，并为以后挤奶打下良好基础。

任务三 成年母牛的饲养管理

成年母牛是指初次产犊后的母牛。从第一次产犊开始，成年母牛周而复始地重复着配种、妊娠、产犊（产奶、干奶）的生产周期。成年母牛的饲养管理是奶牛生产的核心，它直接关系到母牛产奶性能的高低和繁殖性能的好坏，进而影响奶牛生产的经济效益。

一 成年母牛的生产周期与阶段划分

奶牛生产周期是指从这次产犊开始到下次产犊为止的整个过程，在时间上与产犊间隔等同。奶牛生产周期包括一个泌乳期和一个干奶期。泌乳期是从分娩后第一天开始至泌乳结束，一般为 305 天；干奶期则为泌乳期结束到下一次产犊之间的间隔，大约为 60 天。泌乳期是饲养奶牛获得牛奶和取得经济利润的主要时期，也是奶牛代谢最旺盛的时期。干奶期奶牛不产奶，是奶牛胎儿生长、泌乳系统修复的重要时期，也是为下一个泌乳期的到来做体质和营养准备的时期，因此干奶期是奶牛的一个重要而且必需的过渡阶段。

在生产周期内，奶牛的产奶量、干物质摄入量和体重变化均遵循一定规律（见图 8-3）。人们通常根据这些规律将奶牛泌乳周期分为 5 个阶段：干奶期、围产期、泌乳盛期、泌乳中期和泌乳后期。饲养上应根据各个阶段的生理特点和营养需要特点精心饲养。

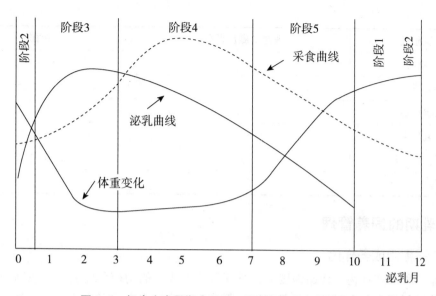

图 8-3 奶牛生产周期中泌乳、采食和体重之间的关系
1—干奶期；2—围产期；3—泌乳盛期；4—泌乳中期；5—泌乳后期

1. 干奶期

一般为产前 45~75 天到产前 15 天。此阶段奶牛不产奶，一般已经怀孕 7 个月以上，食欲良好。

2. 围产期

产前产后各 15 天。产前 15 天，奶牛不产奶，食欲开始下降，饲养难度开始加大。产后 15 天，奶牛开始产奶且产奶量迅速增加，但奶牛处于体质和生殖系统恢复时期，食欲极差，奶牛开始处于能量负平衡状态。

3. 泌乳盛期

产后 16 天至产后 100 天。奶牛产奶量迅速增加，一般 5~8 周达到最高峰。由于采食量的增加跟不上泌乳对养分需要的增加，奶牛出现营养负平衡，体况下降，体重减轻。

4. 泌乳中期

产后 101 天至产后 200 天。奶牛产奶量开始下降，但干物质采食量增加，产后第 5 个月达到最高峰，以后逐渐下降。在产后第 3~4 个月时进食的营养物质与乳中排出的营养物质基本平衡，体重下降停止。此后，奶牛不再动员体内养分储备，因而体重开始上升。

5. 泌乳后期

产后 201 天到干奶。产奶量下降加快，干物质采食量也下降，奶牛摄入的养分比所需要的养分多，体内养分开始重新贮备，奶牛体重增加，体况变好。

由于母牛不同生理时期营养摄取、生产消耗和体内代谢的不同，其体况呈现动态波动（见表 8-5）。生产中，可根据母牛的体况调整饲养管理方法，体况好的适当降低日粮的营养水平，体况不好的适当增加日粮的营养水平。

表 8-5 奶牛泌乳各个阶段理想的膘度评分

泌乳阶段	理想的膘度评分	范围
干奶期	3.75	3.5~4

续表

泌乳阶段	理想的膘度评分	范围
产犊时	3.5	3.25~3.75
泌乳盛期	3	2.5~3.25
泌乳中期	3.25	2.75~3.25
泌乳后期	3.5	3.25~3.75
生长的青年母牛	3	2.75~3.25
青年母牛产犊时	3.5	3.25~3.75

 泌乳期的饲养管理

（一）日粮组成多样化

乳牛是一种高产动物，代谢强度大，对饲料营养成分的均衡程度要求比较高，任何一种饲料都不能满足奶牛各个时期的营养需求，所以其日粮组成必须多样化，并且具有较好的适口性。饲料多样化不仅可实现饲料养分的互补作用，提高日粮的营养价值，还可促进奶牛健康，提高生产效益。

（二）精粗料合理搭配

乳牛的日粮，应以粗料和多汁料为基础，营养物质如果不足，用精料和其他饲料添加剂进行补充。当日产奶量达 10kg 时，粗精之比为 7：3；产奶量达 20kg 时，粗精之比为 6：4；产奶量达 25kg 时，粗精之比为 4.5：5.5；产奶量达 30kg 时，粗精之比为 4：6。青粗料是提高产乳量、降低成本不可缺少的饲料。一般情况每 100kg 体重按 2.5~3.5kg 喂给优质干草，若喂给青贮及块根块茎饲料时，可按比例折算（3kg 青贮及块根块茎饲料相当于 1kg 干草）。

（三）饲喂方法与次数

传统奶牛饲养常采用粗料——精料——粗料的饲喂顺序，即先喂一部分粗料（主要是干草），然后喂精料和多汁料，喂完挤奶，挤完奶再喂粗料。这种方法既能让奶牛定额吃完精料，又能促进奶牛多采食粗料。

散栏饲养的奶牛现多采用全混合日粮（TMR）自由采食，此法是将粗饲料（包括玉米青贮、干草等）先切碎，然后再和精料、各种添加剂充分混合。其优点是奶牛采食的每一口饲料营养是全面均衡的，奶牛能采食到较多的干物质，对增产有利，而且便于实施机械化饲养，在国外欧美乳业发达国家很流行。这种饲喂方法要求把牛按生理阶段和泌乳周期分群。

奶牛每天的饲喂次数应根据牛的生产水平而定，一般每天饲喂 2~4 次。一般中低产牛群（日产奶 6 000kg 以下）日喂 2~3 次，高产牛群（日产奶 7 000kg 以上）日喂 3~4 次，增加饲喂次数有利于提高奶牛的采食量。奶牛饲喂常与挤乳相结合。

（四）充足饮水

牛奶中 85% 以上是水，因此奶牛的需水量大。日产 50kg 的奶牛，每天需饮水 100~150L，饮水不足，产奶量将急剧下降。奶牛的水分摄入以自由饮水为主，因此最好装自动饮水器。

（五）适度运动

每天坚持 2~3h 户外驱赶运动，饲喂后、挤奶后驱入运动场，自由活动。

（六）定期刷拭

刷拭是为了保持牛体清洁卫生、调节体温，促进皮肤代谢和提高牛乳品质。一般要求每天刷拭 2 次，由颈部开始、由前向后、由上而下依次刷拭（冬季以干刷为主，夏季以刷洗为主），刷拭应在挤乳前 1h 进行，以免尘土飞扬，污染牛乳。

 三 围产期的饲养管理

围产期是指母牛分娩前后各 15 天，其中分娩前 15 天常称为围产前期，分娩后 15 天常称为围产后期。围产期的母牛一般在产房饲养。

围产期饲养管理不当，常导致奶牛产后疾病增多，如产乳热、胎衣不下、真胃移位和酮病等。就个体而言，围产期的疾病占整个产奶期的 70%，因此，围产期奶牛的饲养和护理至关重要。加强围产期奶牛生殖系统、泌乳系统和消化系统疾病的检测，安排好产后奶牛的挤奶是这一时期的工作重点。

（一）围产前期的饲养管理

奶牛围产前期的饲养管理好坏直接关系到奶牛的正常分娩、产后健康状况和产奶性能的发挥。

围产前期常采用"引导"饲养法，方法是从产犊前两周开始，每天在原来基础上增加 0.5kg 精料，直到采食精料量达到体重的 1%~1.5% 为止。这有助于母牛适应产后大量采食精料的变化。

母牛临产前 1 周减少糟渣类饲料的喂量，减少食盐喂量，有利于避免乳房肿胀；临产前 2~3 天，日粮中添加小麦麸以增加饲料的轻泻性，防止便秘。除此之外，还应饲喂低钙日粮，其钙含量减至平时喂量的 1/3~1/2，产后再采用高钙日粮，有利于防止产后瘫痪的发生。

围产前期管理的重点是做好保健工作，预防生殖道和乳腺的感染以及代谢疾病的发生。母牛产前两周应专人预先打扫干净产房，并用 2% 烧碱消毒，单独饲养管理。发现母牛临产，助产员应用 0.1% 高锰酸钾溶液洗涤母牛的外阴部和臀部，擦干，垫好干草，任其自然分娩。

（二）分娩期的饲养管理

舒适的分娩环境和正确的接产技术，对母牛能否顺利分娩至关重要。母牛分娩时应使其左侧躺卧，以利于胎儿产出，一般从阵痛开始后 1~4h，犊牛即可顺利产出。如果母牛努责无力或发现异常，应进行人工助产。

母牛分娩后应尽早驱使其站立，以免因腹压过大而造成子宫脱出。分娩后可喂热麸皮汤 10~20kg（麸皮 1kg、食盐 100g、碳酸钙 100g），以利于母牛恢复体力和胎衣排出。正常情况下，母牛产后 4~8h 胎衣自动脱落，产后 0.5~1h 内进行第一次挤奶。

（三）围产后期的饲养管理

母牛分娩后，体质较弱，消化机能也较差。因此，此阶段的饲养管理重点是促进母牛消化机能和体质的恢复。

母牛产后 3 天内应采食优质干草为主，适当补喂易消化的精料，如玉米、麸皮，并恢复钙在日粮中的水平和食盐的含量。对产后 3~4 天的母牛，如其食欲良好、健康、粪便正常、乳房水肿消失，则可随其产奶量的增加，逐渐增加精料和青贮喂量。精料可从产后第二天开始逐步增加，每天精料增加量以 0.25~0.5kg 为宜，但此阶段精料喂量不宜超过母牛体重的 1.5%。到产后 15 天，日粮干物质中精料含量应达到 50%。在加料过程中要随时注意奶牛的消化状态和乳房水肿情况，如出现消化不良或乳房水肿迟迟不消，则要适当减少精料。产后1周内的奶牛，不宜饮用冷水，以免引起胃肠炎。

奶牛分娩过程中和分娩后的卫生状况与生殖道疾病发病率密切相关。因此，产后 3~4 天内，可每天消毒后躯一次。分娩后最初几天不宜将奶挤净，第一天挤奶只要够小牛吃即可，第二天每次挤出量为估计产奶量的 1/3，第三天每次挤出量为估计产奶量的 1/2，第四天可将奶挤净。

 四　泌乳盛期的饲养管理

（一）生理特点

泌乳盛期是指产后 16 天至产后 100 天。此阶段由于奶牛体内激素的作用，前期产奶量迅速上升，一般 5~8 周达到最高峰；但干物质进食量在 8~10 周才达到高峰。所以此时奶牛一般会出现营养负平衡，高产牛尤为突出，奶牛体况下降，体重减轻。泌乳盛期饲养管理的目的是在保证奶牛健康的前提下努力提高产奶量，要求泌乳量不仅上升快，而且泌乳高峰期长且稳定，以求最大限度地发挥奶牛的泌乳潜力。在此阶段，体质恢复已退居次要地位，而产乳是主要目的，所以这一时期要狠抓增产措施，创造一切有利条件，使其充分发挥产奶潜力，迅速达到泌乳高峰，并能在较长时间内保持稳产高产。

（二）饲养管理方法

此时应保证牛得到充足的养分，给牛提供优质粗饲料，适当增加精料喂量（占日粮干物质的 60%），但不宜过多（一般不超过日粮干物质的 70%），以免造成瘤胃酸中毒，可通过使用添加过瘤胃脂肪、过瘤胃蛋白质来缓解营养负平衡。具体饲养方法主要有以下几种。

1. 引导饲养法

从母牛干乳期的最后两个星期开始，持续增加精料喂量，第一天喂给 1.8kg 精料，以后每天增加 0.45kg，直到产前母牛每 100kg 体重采食 1~1.5kg 的精料为止。产犊后，继续按每天 0.45kg 增加精料喂量，泌乳达到最高峰时，母牛每 100kg 体重采食 2~2.5kg 的精料。饲喂高营养水平的日粮，可减少酮血症的发病率，有助于维持体重和提高产乳量。此法原则是母牛能多产奶，就多喂精料，直到产奶量不能上升为止。

在此期间，必须保证优质饲草的供应，给予充足的饮水，尽量延长乳量增产的时间。

引导饲养法和常规饲养法相比，具有下列优点：

（1）能使母牛瘤胃微生物在产犊前得到调整，使之逐渐适应高精料水平。

（2）能使母牛（特别是高产牛）在产犊前贮备足够的营养物质，以便产犊后在泌乳早期达到产乳高峰时，提供丰富的养分。

（3）促进母牛在干乳期和泌乳期对精料的食欲，当泌乳高峰到来，不会因吃不到足够精料而使产乳量受到限制。

此法一般适用于高产奶牛。

2. 更替饲养法

就是定期改变日粮比例，增加干草和多汁饲料，交替增减精料喂量，刺激牛的食欲，增加采食量，达到提高饲料利用率和产乳量的目的。具体做法是：每 7~10 天改变一次日粮比例，主要是调整精粗料比例。

此法优点是：通过周期性的刺激，提高牛的食欲和饲料转化率；保证干草和多汁饲料等粗料在日粮中的一定比例；有利于降低饲养成本。

此法适用于产乳量较低的母牛。

3. 预付饲养法

此法是通过增加精料，充分发挥泌乳潜力。具体是乳牛产后 15~20 天开始，在母牛吃足青、粗饲料的前提下，在原有日粮基础上追加 1~2kg 精料，加料后若产乳量持续上升，隔一周再调整一次，直到产乳量不再上升为止。

采用预付饲养法不宜过早，以分娩后奶牛的体质基本康复为前提，否则易出现消化系统疾病。此法可以充分发挥母牛的泌乳潜力，减轻因营养负平衡而引起的体重下降。

此法适用于中等产乳水平的母牛。

（三）泌乳中期

泌乳中期是指产后 101 天至产后 200 天。此时母牛食欲旺盛，而产奶量逐渐下降。母牛一般在产后第 3~4 个月时进食的营养物质与乳中排出的营养物质基本平衡，体重下降停止；之后体重开始逐渐回升；产后第 5 个月采食量达到高峰，以后逐渐下降。

正常情况下，多数母牛此时处于妊娠早期，受体内激素的影响，产奶量逐渐下降，各月份平均下降为 8%~10%。为减缓产奶量下降的速度，应维持母牛饲养上的营养平衡，同时注意膘情、运动、充足饮水。加大青粗饲料喂量，以降低饲养成本。

（四）泌乳后期

泌乳后期是指产后 201 天到干奶。此时母牛一般处于妊娠中后期，由于体内激素的变化，产奶量下降速度加快；进食的营养物质超过泌奶所需的营养物质，代谢为正平衡，体重增加。此期的饲养目的除阻止产奶量下降过快外，还要保证胎儿正常发育，并使母牛有一定的营养物质储备，以备下一个泌乳期使用，但不宜使其过肥。此期在饲养上可进一步调低日粮的精粗比例，以 30∶70 为宜。

五 干奶期的饲养管理

奶牛的干奶期是指奶牛临产前停止泌乳的一段时期。干奶母牛虽不产奶，但其饲养管理却十分重要，母牛干奶期饲养管理的成功与否直接关系到胎儿的正常发育和分娩、产后母牛的健康及生产性能的发挥，应予以高度重视。

（一）干奶的意义

母牛干奶有利于母牛在体内贮备营养物质，恢复体况，保证胎儿正常发育所需营养的充足供应；还有利于乳腺组织的自我修复，为日后生产健壮的犊牛、母牛自身的身体健康和下一泌乳期的稳定高产打下基础。

（二）干奶期的时间

干奶期以 50~70 天为宜，平均为 60 天。干奶期的时长应视母牛的具体情况而定，对于初产牛、年老牛、高产牛，体况较差的牛，干奶期可适当延长一些（60~75 天）；对于产奶量较低的牛、体况较好的牛，干奶期可适当缩短（45~60 天）。干奶期过短，达不到干奶的预期效果；干奶期过长，会造成母牛乳腺萎缩，同样会降低下一泌乳期的产奶量。

（三）干奶方法

低产奶牛临产前常自行停奶，而高产奶牛此时常常还有较高的产奶量，必须进行人工干奶。生产中，一些养牛户干奶方法不当，常引起奶牛乳房发病或出现胀坏乳房的现象，轻者影响奶牛生产潜力的发挥，重者造成高产奶牛提前淘汰，给养牛户造成损失。

1. 逐渐干奶法

在预定干奶期的前 15 天，开始变更母牛饲料，减少青草、青贮、块根等青饲料及多汁饲料的喂量，多喂干草，并适当限制饮水，停止母牛的运动，停止用温水擦洗和按摩乳房，改变挤奶时间，减少挤奶次数，由每日 3 次改为每日 2 次，再由每日 2 次改为每日 1 次，再改为每两日 1 次，待日产奶量降至 4~5kg 时停止挤奶，整个过程需 10~15 天。逐渐干奶法用时长，母牛处于不正常饲养管理条件的时间长，会对胎儿的正常发育和母体健康产生一定的不良影响，但此法对于母牛的乳房较为安全，对技术要求较低，多用于高产奶牛。

2. 快速干奶法

快速干奶法的原理及所采取的措施与逐渐干奶法基本相同，只是进程较快，当母牛日产奶量降至 8~10kg 时即停止挤奶，整个过程需 4~7 天。快速干奶法所用时间短，对胎儿和母体本身影响小，但对母牛乳房的安全性较低，容易引起母牛乳房炎的发生，对干奶技术的要求较高，仅适用于中、低产量的母牛，对于高产牛、有乳房炎病史的牛不宜采用。

不论逐渐干奶法还是快速干奶法，每次挤奶都应把奶挤干净，特别是最后一次更应挤得非常彻底。然后用消毒液对乳头进行消毒，向乳头内注入青霉素软膏，然后用火棉胶将乳头封住，防止细菌由此侵入乳房引起乳房炎。

在停止挤奶后的 3~4 天内应密切注意干奶牛乳房的情况。在停止挤奶后，母牛的泌乳活动并未完全停止，因此乳房内还会聚集一定量的乳汁，使乳房出现肿胀现象，这属于正常现象，此时不要按摩乳房和挤奶，几天后乳房内乳汁会被吸收，肿胀萎缩，干奶即告成功。但如果乳房肿胀不消且变硬、发红、有痛感或出现滴奶现象，说明干奶失败，应把奶挤出，重新实施干奶措施进行干奶。

（四）干奶期的饲养

干奶期饲养管理的目的是使母牛利用较短的时间安全停止泌乳，并使胎儿得到充分发育，促进母牛身体健康，并有适当增重，储备一定量的营养物质以供产犊后泌乳用；使母牛保持一定的食欲和消化能力，为产犊后大量进食作准备；使母牛乳房得到休息和修复，为产后泌乳作好准备。

1. 干奶前期的饲养

干奶前期指从干奶之日起至泌乳活动完全停止、乳房恢复正常。此期的饲养目标是尽早使母牛停止泌乳，使乳房恢复正常，饲养原则为在满足母牛营养需要的前提下不用青绿多汁饲料和糟渣类饲料，而以粗饲料为主，搭配一定精料。

2. 干奶后期的饲养

干奶后期指从母牛泌乳活动完全停止，至下次分娩前。此期是完成干奶期饲养目标的主要阶段。饲养原则为母牛应有适当增重，使其在分娩前体况达到中等程度。日粮仍以粗饲料为主，搭配一定精料。精料给量视母牛体况而定，体况差者多些，体况好者少些。

干奶期牛的体况一般应维持在 3.5~3.75 分。干奶后，奶牛停止产奶，机体的营养需求相对降低，可适当减少精料喂量。可将奶牛日粮换成高粗纤维的日粮，主要以青粗饲料为主，精粗比例以 2∶8 为宜，产前两周以低钙日粮为主，青贮、苜蓿和其他多汁的糟渣类饲料停止饲喂。

（五）干奶期的管理

干奶期母牛应加强管理工作。全期重点是保胎、防止流产。干奶期母牛要与公牛分开，与大群奶牛分养，禁喂霜冻霉变饲料，冬季饮水不能低于10℃，酷热多湿的夏季将牛置于阴凉通风的环境里，必要时可提高日粮营养浓度。

加强牛舍卫生，每天对牛刷拭两次，保持皮肤清洁。在干奶后10天内，每天进行两次乳房按摩，以促进乳腺发育。注意适当户外运动，以免牛体过肥引起分娩困难和便秘等。另外，干奶期日粮组成不要突然变化，以免影响干奶期奶牛的正常采食。

任务四 熟悉影响奶牛泌乳的因素

影响奶牛泌乳的因素，概括起来包括品种、生理、环境及饲养管理几方面。

一 品种

世界上以普通牛产奶的地区范围最广且牛数最多。而普通牛中，因为品种不同，其平均产乳量和乳质量也有明显差异，乳用牛品种间也有明显差别。普通牛中的不同品种母牛平均泌乳期乳量与乳脂率见表8-6。

表8-6 普通牛中的不同品种母牛平均泌乳期乳量与乳脂率

种 类	产乳量/kg	乳脂肪/%	乳蛋白质/%	乳糖/%	灰分/%
中国荷斯坦牛	5 333.9	3.56	3.25		0.7
三 河 牛	3 145	4.13			
秦 川 牛	715.8	4.7	4	6.55	0.8

二 个体

同一品种，因为种内因素（如体格大小）的差异，使个体间泌乳性能存在明显差异。例如，中国荷斯坦牛群内，产奶量有的达10 000kg以上，有的不足4 000kg，前者为后者的2.5倍。秦川牛群内，有的母牛产奶量达1 007kg，而同群中有的仅产奶400kg左右，产奶量相差悬殊。

三 胎次（年龄）

在奶牛生产实践中，胎次与年龄有相关性。母牛一般第一胎产犊，年龄在2~2.5岁，以后每年产一犊牛。到第三胎时，母牛年龄5岁半左右，为壮年期，泌乳量高。母牛一生一般以第五胎产奶量为最高，之后呈现随胎次下降趋势。这种情况，对于高产的品种（如荷斯坦牛）更为明显。若以第五胎次平均泌乳量为100%，则第一胎次时（2.5岁左右）泌乳量为65%~75%，第二胎次时（3~3.5岁）为75%~85%。不同品种奶牛不同胎次泌乳量变化情况见表8-7。

表8-7　奶牛不同胎次（年龄）泌乳量变化情况

泌乳期次（胎次）	中国荷斯坦牛		三河牛	
	产乳量	占比/%	产乳量	占比/%
1	3 710	66.5	2 257	61.4
2	4 410	79.2	3 055	83.1
3	4 928	88.5	3 245	88.3
4	5 360	96.3	3 370	91.7
5	5 568	100	3 584	97.6
6	5 458	98	3 676	100
7	5 390	96.8	3 655	99.4
8	5 284	94.9	3 535	96.2
9	5 022	90.2	3 429	93.3
10	—	—	3 576	97.3
11	—	—	3 131	85.2

四　初产年龄与产犊间隔

乳牛正常的初产年龄应是其体重达到正常成年体重的75%以上时，过早不利于母牛发育，而过晚则缩短了饲养期间的经济利用期，减少了产犊次数和推迟了经济回收时间，并影响终身产奶量。

产犊间隔指连续两次产犊日间的天数。最理想的产犊间隔是365天，即305天泌乳期，60天干乳期。据国内外经验，这样的安排总体效益最高，对母牛的健康最为有利。为保证在50~80天内再次受胎怀犊，要加强母牛的保健工作和提高人工授精的效率。

五　挤奶次数与间隔

我国的小型奶牛场普遍实行日挤奶3次，分别相隔8h和7h；而大型奶牛场则实行日挤奶2次制度，两次相隔9h。经试验，同一头牛，若日挤奶3次，则比日挤2次可多挤奶16%~20%，而4次挤奶又比3次挤的多10%~12%。尽管如此，为了生产操作的方便，在劳动力充足的国家多实行日挤奶3次的制度；在劳动力成本高的欧美国家，则实行日挤奶2次的制度。不论如何，一旦形成规律，则要坚持不懈，不可轻易打乱。无规律的日挤奶制度，不利于奶牛产奶性能的发挥。

六　挤奶技术

不论手工挤奶，还是机器挤奶，在挤奶之前，都要擦洗乳房，奶牛的神经比较灵敏，易形成条件反射。当擦洗乳房时，会引起机体反射——在催乳素作用下，乳腺血管扩大，乳房内泌乳有关的管壁收缩，挤出乳腺泡内的大量乳汁。挤奶前，不擦洗按摩乳房，乳腺泡内的乳只有10%~25%进入乳池，而擦洗按摩乳房比较充分，则进入乳池的乳腺泡乳可达70%~90%。挤奶前，乳房内不同部位乳的含脂率差别较大，乳腺泡乳中乳脂含量高达10%~12%，而输乳管中的乳仅含 1% ~ 1.8%，乳池中的只含乳脂 0.8% ~ 1.2%。

总之，挤奶前充分擦洗按摩乳房，在 5~6min 内完成挤奶过程，挤净乳汁，对于获得量多而质高的牛奶十分重要，而且对牛体与乳房健康有利。

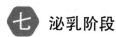 七 泌乳阶段

奶牛产犊后连续泌乳的一段时间称为泌乳期，一般为 10 个月。在整个泌乳期中，按每日泌乳量的多少和乳质特点，呈现出几个明显的阶段：初乳期（蛋白含量高）、泌乳前期（泌乳量逐渐增高）、泌乳盛期（泌乳量最高时期）、泌乳后期（泌乳量逐渐下降）。

八 干乳期长短

一般干乳期为 2 个月，过短不利于母牛机体的休养生息，过长又缩短了牛的产奶时间，都不利于提高养牛效益。另外，干乳期正值下次产犊前的 60 天左右，是胎牛产前快速发育的关键时期。干乳期设置的长短和饲养管理水平，不仅对母牛下一泌乳期产奶能力的发挥有影响，而且对胎牛的生长发育影响很大。

九 饲养管理

营养是否完善和充分，管理技术状况和牛群保健水平，对奶牛泌乳性能发挥影响极大。日粮营养全面而平衡，管理科学而仔细，才能确保奶牛群的产奶效益稳定提高。

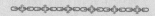

思 考 题

1. 犊牛饲养应注意哪些事项？
2. 犊牛为什么要尽早喂初乳？
3. 简述泌乳牛各阶段的生理特点。
4. 简述干奶期的意义。

项目九 肉牛的饲养管理

⊙ 学习目标

知识目标：

1. 熟悉肉牛生长发育规律。
2. 掌握肉用犊牛的培育方法、母牛和种公牛的饲养管理方法。
3. 掌握常用的肉牛育肥方法与饲养管理要点。

技能目标：

培养学生根据牛的实际情况选择适宜育肥方法的能力，从事肉牛生产各岗位工作的能力。

我国正经历传统养牛业向现代肉牛业的转变，肉牛业方兴未艾，在畜牧业中所占比例逐年增加，已成为我国畜牧业举足轻重的组成部分。但与发达国家相比，我国的肉牛业依然差距很大，今后应依靠现代畜牧科技，利用农区的农副产品资源，发展以标准化饲养为主的肉牛业，逐步提升我国肉牛业的国际竞争力。因此，我们应加强对肉牛饲养管理技术的学习。

任务一 肉牛的生长发育规律

遗传基因（品种）是决定牛的产肉性能的重要因素，而饲养管理则决定其遗传因素的实际表现。因此，要提高每头牛的产肉量，改善肉的品质，除了选择好品种以外，还必须根据不同生长阶段牛的生理特点采用适当的饲养管理方法。所以，首先必须认识牛的生长发育规律。

一 肉牛生长发育规律

（一）体重的增长

犊牛出生后，在满足营养需要的条件下，体重的增长是沿着一条近似于 S 型的曲线进行的，在性成熟以前生长速度较快，性成熟后生长速度变慢（见图 9-1）。一般肉牛在 18 月龄内生长速度较快，以后逐渐减慢；到了成年阶段（一般 3~4 岁）生长基本停止。据研究，牛的最大日增重是在 250~500kg 活重期间，并受日粮中的营养水平影响。根据这条规律，在肉牛生产中，应在牛生长较快的阶段给以充足营养，以发挥该阶段的增重能力；并且在其增重速度减慢后适时出栏。

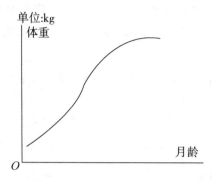

单位:kg

图 9-1 牛体重的生长曲线

（二）体组织的生长

随着牛的生长，各体组织之间的相对比例在不断发生变化。一般而言，骨骼在体组织中的比例在出生后随月龄的增长而持续下降，肌肉在体组织中的相对比例随月龄的增长先上升而后下降，脂肪在体组织中的比例随月龄的增长而持续上升。也就是说，小牛骨的含量高，大牛脂肪含量高，体重越大，屠宰率越高。

总的特点是：骨骼发育以 7~8 月龄为中心，12月龄以后逐渐变慢。内脏发育也大致与此相同，只是 13 月龄以后其相对生长速度超过骨骼。肌肉从 8月龄至 16 月龄直线发育，以后逐渐减慢，12 月龄左右为其生长中心。脂肪则是从 12 月龄到 16 月龄急剧

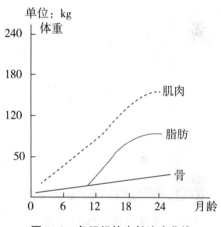

图 9-2 各组织的生长速度曲线

生长，但主要指体脂肪。而肌间和肌内脂肪的沉积要等到 16 月龄以后才会加速。胴体中各种脂肪的沉积顺序为：体腔脂肪、肾脏脂肪、皮下脂肪和肌间脂肪。各体组织的生长曲线如图9-2 所示。

随着动物生长和体重的增加，胴体中水分含量明显减少，蛋白质含量的变化趋势相同，只是幅度较小；胴体脂肪明显增加，灰分含量变化不大。

（三）体形变化规律

初生犊牛，四肢骨骼发育早（60%），而中轴骨骼发育迟（40%），因此牛体高而狭窄，臀部高于鬐甲。到了断奶（6~7 月龄）前后，体躯长度增长加快，高度其次，而宽度和深度稍慢，因此牛体增长，但仍显狭窄，前、后躯高差消失。断奶至 14~15 月龄，高度生长变慢，牛体进一步加长、变宽。15~18 月龄以后，体躯继续向宽深发展，高度停止，长度变慢，体形变得愈益浑圆。

（四）肉质的变化规律

1. 肉的大理石纹

从 8 月龄至 12 月龄没有多大变化。但 12 月龄以后，肌肉中沉积脂肪的数量开始增加，

到 18 月龄左右，大理石纹明显。

2. 肉色及其他

12 月龄以前，肉色很淡，显粉红色；16 月龄以上，肉色显红色；18 月龄以后肉色变为深红色。肉的纹理、坚韧性、结实性，以及脂肪的色泽等变化规律和肉色相同。

（五）补偿生长

动物生长的某个阶段，因营养不足，生长速度下降，生长发育受阻，当恢复良好营养条件时，生长速度比正常饲养的动物快，经过一段时间的饲养后，仍能恢复到正常体重，这种现象叫作补偿生长。但不是任何生长受阻都能够通过补偿生长而恢复的，如果在生命早期生长发育受阻，或受阻的时间太长，便很难通过补偿而完全恢复。补偿生长示意图见图 9-3。

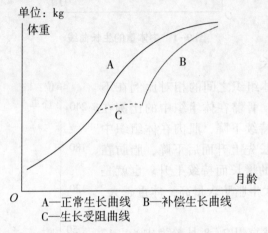

A—正常生长曲线　B—补偿生长曲线
C—生长受阻曲线

图 9-3　补偿生长示意图

（六）不同类型牛的生长发育

肉用牛品种有大型晚熟品种、中型品种和小型早熟品种之分。在相同饲养管理条件下，大型晚熟品种生长发育较小型早熟品种所需时间长，也就是说小型早熟品种较大型晚熟品种沉积脂肪早。但是，在相同的饲养管理条件下，要饲养到相同的体重，大型品种较小型品种所需的时间短，这是因为大型品种较小型品种生长速度快。

二　肉牛生长发育阶段的划分

肉牛生长发育过程通常划分为哺乳期、幼年期、青年期和成年期。

1. 哺乳期

是指从出生到 6 月龄断奶。初生犊牛自身的各种调节机能较差，易受外界环境的影响，应注意加强护理。此时是一生中相对生长最快的阶段。出生后 2 月龄内头骨和体躯高度生长最快，2 月龄后体躯长度增长较快。此阶段肉牛主要靠母乳来供给营养。

2. 幼年期

是指从断奶到性成熟。这个时期牦牛的骨骼和肌肉生长迅速，骨骼和体型主要向长、宽方面发展，所以后躯的发育最迅速，是控制肉牛生产力和定向培育的关键时期。

3. 青年期

是指从性成熟到体成熟的阶段。这个时期绝对增重达到高峰，当增重速度逐渐进入减速阶段，体格已基本定型，肉牛往往达到这个年龄或在这之前肥育屠宰。

4. 成年期

体型已定，生产性能达到高峰，性机能最旺盛，种公牛配种能力最高，母牛亦能生产初生出体重大且品质较高的后代。

任务二 肉牛的饲养管理技术

一 肉用犊牛的培育与管理

从出生到断奶前的小牛，称为犊牛。由于传统饲养肉牛的哺乳期一般为6个月，所以常将6月龄以前的幼牛称为犊牛。这一阶段牛的生长发育迅速，变化大，是生产中的关键环节之一。此阶段的主要任务是提高犊牛的成活率。犊牛培育是否得当，直接影响以后的生长和肥育效果。

（一）初生期的培育

初生期犊牛是指出生至7日龄的牛。初生期犊牛的消化器官尚未发育健全，瘤网胃只有雏形而无功能，真胃及肠壁虽初具消化功能，但消化液分泌少，消化道黏膜易受细菌入侵；对外界不良环境的抵抗力弱。因此，这一阶段的主要任务是预防疾病和促进机体防御机能的发育。

新生肉用犊牛的培育方法与新生奶犊牛的处理基本相同。主要区别在于肉用犊牛身体上的黏液一般由母牛舔食而不要人工擦拭，这有利于增强母仔感情，利于自然哺乳。犊牛在出生 0.5~2h 内应让其吃上初乳，一般犊牛出生自行站立后能自行采食母乳，个别体弱的可人工辅助。

（二）常乳期的培育

初生期后进入常乳期，肉牛的哺乳期一般为4~6个月。此阶段是犊牛身体增长及消化器官发育最快的时期，尤其是瘤胃的发育最为迅速，此阶段犊牛的可塑性很大，直接影响成年后的生产性能。

肉用犊牛一般采用自然哺乳，即犊牛随母饲养。随母哺乳的犊牛一般每天哺乳7~9次，每次 12~15min。自然哺乳应注意观察犊牛哺乳时的表现，当犊牛哺乳时频繁地顶撞母牛乳房，而吞咽次数不多，说明母牛奶量少，犊牛不够吃，应加大补饲量；反之，当犊牛吸吮一段时间，口角出现白色泡沫时，说明犊牛已吃饱，应将犊牛拉开，否则容易造成犊牛哺乳过量而引起消化不良。

犊牛在出生后3个月内，母牛的泌乳量可满足犊牛生长发育的营养需要。3个月后，母牛的泌乳量逐渐下降，而犊牛的营养需要却逐渐增加，母乳已不能满足犊牛的营养需要。因此，应给犊牛提早补饲青粗饲料和精饲料，使犊牛在哺乳后期能采食到较多的植物性饲料，以满足犊牛生长发育所需的营养，同时还可促进瘤胃的发育。

补饲一般在犊牛出生后7天开始。首先训练犊牛采食优质干草，这可以促进瘤胃的早期发育，以提高其消化粗饲料的能力。犊牛出生15天后开始补饲犊牛料；出生20天后开始训练采食青草。

（三）合理断奶

肉用犊牛一般满 6 月龄断奶。犊牛断奶应根据当地实际情况和补饲情况而定，当犊牛在 3~4 月龄时，能采食 0.5~0.75kg 犊牛料，且能有效反刍时，可以断奶。断奶应采取循序渐进的办法，在预定断奶前 15 天，要开始逐渐增加精、粗料饲喂量，减少喂乳量，逐渐减少哺乳次数。刚断奶的犊牛应细心喂养，断奶前后日粮保持相对稳定。

 育成肉牛母牛的饲养管理

育成肉牛母牛是指断奶后到配种前的母牛，此阶段的生长发育特点与奶牛相似，饲养管理可参照奶牛执行。

 成年肉牛母牛的饲养管理

成年肉牛母牛的生理特点与奶牛相似，但由于肉牛母牛一般不挤奶，小牛常随母哺乳，因此其饲养管理方法与奶牛存在不同之处。

（一）多采用放牧饲养

我国的青草季节一般在 5~10 月份，利用青草季节放牧有利于降低饲养成本，还有利于母牛和犊牛健康。在此期间，只要牧草质量好，基本可满足牛的营养需要，一般不需要补饲。

每天放牧时间 12h。早晨 4 点出牧，晚 8 点收牧，中午 4h 进舍休息。放牧期间，根据母牛体况、妊娠情况、牧草质量等确定补饲精料量。

枯草季节多采用舍饲，饲料以粗饲料为主，适当搭配精饲料。每天可饲喂干草 6kg，青贮料 12kg，混合精料 2~4kg；自由饮水；每天上、下午各驱赶运动 1 次。

（二）多采用季节性产犊

采用季节性产犊，使大部分母牛早春产犊有利于充分利用青草季节的牧草资源，既可保证母牛的产奶量，又可使犊牛提前采食青草，有利于其生长发育。

 种公牛的饲养管理

种公牛饲养管理方法是否得当将直接影响公牛精液的质量，进而影响其种用价值。种公牛饲养的目标是使其具有健康的体质、旺盛的性欲，保持良好的体型，能提供品质优良的精液。

（一）种公牛的饲养

种公牛的饲料应营养全面，特别是饲料中应含有足够的蛋白质、矿物质和维生素，这些营养物质对精液的生成和质量提高，以及对成年种公牛的健康均有重要作用。日粮组成应多样搭配，品质好，适口性强，易于消化，容积小，青、粗、精料搭配得当。

种公牛的精料应由生物学价值较高的麦麸、玉米、豆粕（饼）等组成。粗饲料以优质青干草为主，其中豆科干草不少于 50%。青贮料含有大量的有机酸，饲喂过多不利于精子的生成。青绿多汁饲料应控制喂量，长期饲喂过多的粗饲料，尤其是质量低劣的粗饲料，会使种公牛的消化器官扩张，形成"草腹"，影响种用价值。一般成年种公牛每天的干物质摄入量应为其体重的 1.2%~1.5%。

种公牛应单槽饲喂，以免相互爬跨和争斗。饲喂定时定量，一般日喂 3 次，饲喂顺序为先精后粗。

（二）种公牛的管理

种公牛具有记忆力强、防御反射强和性反射强等特点，管理中要胆大心细，饲养员平时应加强调教，切忌随意戏弄、殴打和虐待。给种公牛打针时，饲养员应回避，以免公牛记恨。

1. 拴系

种公牛出生后 6 个月应习惯于带笼头牵引，10～12 月龄应穿鼻环，每天牵引训练，以培养温驯的性格。鼻环要用皮带吊起，系于缠角带上，缠角带应缠牢。缠角带拴有两条细铁链，通过鼻环左右分开，拴系在两侧立柱上。拴系要牢固，以防脱缰。

2. 牵引

种公牛应双绳牵引，一人在牛的左侧，另一人在牛的后面。人和牛应保持适当的距离。对烈性种公牛，须用钩棒牵引。

3. 运动

种公牛必须强制性运动。运动可促进种公牛健康，防止肢蹄变形，使种公牛保持旺盛的性欲，生产品质优良的精液。实践表明，运动不足或长期拴系，会使公牛的性情变坏、精液品质下降，肢蹄病和消化系统疾病增多等。种公牛应保证每天上、下午运动一次，每次 1.5～2h，行走距离约 4km。运动方式有钢丝绳运动、旋转运动、拉车等。

4. 刷拭

种公牛要求每天刷拭 1～2 次。刷拭一般在饲喂前进行，以免牛毛和尘土落入饲槽。刷拭要细致，牛体各部位的尘土污垢要清除干净，重点是角间、额、颈和尾根等部位。牛身体积有尘土，会使皮肤发痒，容易形成顶人的恶癖。冬天干拭，夏天水洗。

5. 修蹄

种公牛蹄部非常重要，蹄形不正，影响种公牛的运动、采食和采精。所以，应保持蹄壁和蹄叉的清洁，对蹄形不正的牛要及时修蹄。为防止龟裂，可经常涂抹凡士林。

6. 按摩睾丸

按摩睾丸可改善精液品质。睾丸按摩可结合刷拭进行，每次 5～10min。

（三）种公牛的合理利用

合理利用种公牛可保持种公牛健康以及延长使用年限。种公牛开始采精的年龄与品种、营养状况有关，一般在 18 月龄开始，每月采 2～3 次，以后逐渐增加到每周 2 次，成年种公牛每周 3～4 次。采精宜早晚进行，一般在喂饱休息后或运动后进行。采精时应注意人畜安全。

任务三　肉牛肥育技术

一　犊牛肥育法（小白牛肉生产技术）

犊牛肥育又称小白牛肉生产。生产小白牛肉的犊牛从出生到出栏（12～16 周，体重 120～150kg），完全用脱脂乳或代乳料饲养，不喂其他饲料，因食物（主要是乳）中铁含量少，犊牛处于贫血状态，牛肉呈白色。小白牛肉细嫩多汁，味道鲜美，价格是普通牛肉的数倍。

小白牛肉生产一般选择初生重较大，身体健康的公犊。犊牛在出生 1 周内应吃足初乳，一般出生 3 天后与母牛分开，实行人工哺乳，每日哺喂 3 次。生产中常采用代乳粉，以降低成本。

 ## 直线肥育法

直线肥育又称持续肥育，是指犊牛断奶后直接进行肥育，采取舍饲方式，给以高营养水平，获得高的日增重（1kg 以上），12~13 月龄时体重达 400kg 以上屠宰。此种肥育方法由于在牛的生长旺盛阶段采用强度肥育，使其生长速度和饲料转化效率的潜力得以充分发挥，日增重高，饲养期短，出栏早，饲料转化效率高，肉质也好。直线肥育要以大量精饲料的投入为基础条件，成本较高，宜在产品有稳定销路时才可采用。

 ## 架子牛肥育法

架子牛肥育是目前我国肉牛育肥的主要方式。架子牛肥育是指犊牛断奶后采用中低水平饲养，使牛的骨架和消化器官得到较充分发育，至 14~20 月龄，体重达 200~400kg 后进行强度肥育，用高营养水平饲养 4~6 个月，体重达 500~600kg 屠宰。这种肥育方式可使牛在出生后一直在饲料条件较差的地区以粗饲料为主饲养相对较长的时间，然后转到饲料条件较好的地区肥育，在提高体重的同时，增加体脂肪的沉积，改善肉质。此方法犊牛期和架子牛期可在草原地区放牧饲养或在农区分散饲养，在较小投入的情况下提高牧民和农民的收入，又可使育肥场利用补偿生长而获得较大的经济效益，因而特别适合我国目前条件下的肉牛生产。

（一）架子牛的选择

架子牛的选择应考虑品种、年龄、体重、性别、体型外貌与健康状况等因素。

1. 品种

架子牛一般选择杂交牛，如西门塔尔、夏洛来、利木赞、海福特等与本地黄牛的杂交后代；或选用地方良种牛，如秦川牛、鲁西牛、南阳牛、晋南牛等。这些牛增重快，饲料转化率高。

2. 年龄与体重

牛的增重速度、胴体质量、饲料报酬均与牛的年龄有关。架子牛的适宜年龄是 1~2 岁，体重以 200~400kg 为好。

3. 性别

公牛的生长速度和饲料转化率比阉牛高 5%～10%，阉牛比母牛高 10% 左右；公牛的瘦肉率高，而阉牛和母牛的脂肪较多。因此，架子牛育肥的一般选择顺序是公牛、阉牛和母牛。

4. 体型外貌

架子牛的选择应以骨架选择为主，不宜过于强调其膘情的好坏。所选架子牛要求嘴阔、唇厚，坚强有力，采食能力强；体高身长，胸宽深，尻部方正，背腰宽平；皮肤松柔；四肢粗壮，坚实有力；性情温驯；身体健康。

（二）架子牛运输与接收

架子牛在运输过程中，由于生活规律和环境的变化，导致生理活动改变，而引起应激反应。一般运输距离越长，牛的应激反应越严重，掉膘越多，疾病发生率越高。

为减小运输应激反应，常采用以下方法：① 运输前 2~3 天，每头牛每天口服或注射维生素 A 25 万~100 万 IU。② 装运前半小时，肌肉注射镇静剂（如氯丙嗪）。③ 装运前 3~4h 停喂轻泻性饲料，不能过量饮水。④ 运输过程中人畜亲和，切忌对牛采取粗暴行为。⑤ 合理装载，不能过度拥挤。

架子牛经过长距离运输，应激反应大，体内严重缺水。因此，及时做好补水工作至关重要。牛下车后不宜立即饮水，应让牛休息3~4h再开始补水。第一次补水，限制饮水量为5~10L，水中补人工盐，切忌暴饮；第二次饮水在第一次饮水后2~3h，可在水中掺些麸皮；第三次可自由饮水。

架子牛饮水充足后，便可饲喂优质干草，第一次饲喂3~4kg；之后逐渐增加喂量，5~6天后可任其自由采食。第二天可补充精料。

（三）架子牛肥育

过渡期过后，应将架子牛按体重分栏饲养，驱虫，根据需要确定育肥时间（见表9-1）。

表9-1　架子牛的体重与平均育肥时间

架子牛体重/kg	育肥时间/天	架子牛体重/kg	育肥时间/天
200	300~330	350	150~180
250	240~270	400	90~120
300	210~240	450	60~90

架子牛育肥一般采用定时定量和自由采食两种饲喂方法。

自由采食的优点在于可使牛根据自身需要采食到所需的足够饲料，达到最高增重，还可节约劳动力。缺点是不易控制牛的生长速度，易造成饲料浪费，粗饲料的利用率下降，饲料在牛消化道的停留时间短，影响了饲料的利用率。自由采食适用于强度催肥。

定量饲喂的优点是饲料浪费少，能有效地控制牛的生长，便于观察牛的采食、健康状况，粗饲料利用率高。缺点是浪费劳动力，影响采食量。

架子牛育肥一般可分为3个阶段，即过渡期、育肥前期和育肥后期。过渡期主要是完成牛的健胃、驱虫、去势等工作，逐渐增加日粮中的精料比例，一般此时的日粮精、粗比为2:8。育肥前期日粮中的精料含量逐渐由20%提高至50%，这一时期主要是让牛适应精料型日粮，防止发生瘤胃臌气、酸中毒等疾病。育肥后期属于强度育肥阶段，可进一步增加精料的比例至60%~70%，还可通过增加饲喂次数来提高牛的采食量，自由饮水。

强度育肥阶段可采用短缰拴系，限制活动，以增强育肥效果。但拴系有时会影响牛的食欲，影响正常生长，对这部分牛应改为散栏饲养。饲喂定时定量，少给勤添。每天上午、下午各刷拭一次，有利于皮肤健康，促进血液循环，提高肉质。根据市场要求及时出栏。

四　淘汰牛肥育法

淘汰牛肥育又称成年牛肥育，是利用因各种原因而淘汰的乳用母牛、肉用母牛和役牛来进行育肥。此类牛一般年龄较大，肉质较粗，膘情差，屠宰率低，经过育肥可增加肌肉纤维间的脂肪沉积量，从而改善肉的风味和嫩度。

思　考　题

1. 简述肉牛的生长发育规律。
2. 肉牛育肥主要有哪些方法？
3. 简述架子牛育肥的主要技术要点。

项目十 牛场建设

规模化养牛是我国养牛业发展的必然趋势，建设标准化、工厂化的牛场是我国养牛业向规模化、产业化发展的需要。牛场建设要符合当地实际情况，科学布局，尽量采用新工艺、新技术和新设备，使之成为现代化的生态养牛场。

任务一 牛场选址与布局

 牛场选址

牛场选址需要周密考虑，统筹安排，既要满足当前的需要，还要有发展余地。选址应与当地自然资源条件、气象、交通电力、基本农田建设、社会环境等相结合。

（一）地形地势

地势要求高燥、平坦，背风向阳，排水良好。地下水位要在2m以下；地势平坦而稍有坡度（不超过2.5%）。地形开阔整齐，尽量避免狭长形和多边角，并且周围留有发展余地。

（二）水源

牛场周围应有充足水源，水质应符合《无公害食品：畜禽饮用水水质》（NY 5027—2008），并易于取用和防护，能保证生活、生产及消防等用水。水源以井水、泉水等地下水为好，河、溪、湖、塘等水应经净化处理后再供牛饮用。

（三）土质

土质应具有良好的抗压性和透水性，以砂壤土为佳。土壤应无污染，质量符合土壤环境标准的规定。

（四）环境

牛场四周无污染源（如肉联厂、农药厂、化工厂等），离居民区的距离不少于 500m，距交通道路不少于 200m（距主要交通干道不少于 500m），交通、供电和饲料供应方便。

（五）饲草来源

牛场周围应有广阔的草地或大量农田，可供放牧或种植人工牧草，农田可提供饲料用农副产品。

 ## 牛场布局

牛场规划应本着因地制宜、科学饲养、环保高效的原则，既要符合牛的生理特点，有利于生产，又要便于饲养管理。牛场应合理布局，统筹安排。场地建筑物的配置应做到紧凑整齐，提高土地利用率，节约用地，不占或少占耕地。节约供电线路、供水管道，并注意防火安全。合理布局有利于整个生产过程和防疫灭病。布局应考虑为今后发展留有余地。

（一）牛场分区规划

牛场一般包括 6 个功能区，即生活区、管理区、生产辅助区、生产区、粪尿污物处理区和病牛隔离区。生活区、管理区和生产辅助区应在上风向，粪尿污物处理区和病牛隔离区应在下风向，如图 10-1 所示。

图 10-1　牛场布局示意图

1. 生活区

生活区包括职工宿舍、食堂、运动场等。应在牛场上风头和地势较高地段，并与生产区保持 100m 以上的距离，以保证生活区良好的卫生环境。

2. 管理区

管理区主要包括牛场管理部门和对外联系部门的办公室。管理区要和生产区严格分开，保证 50m 以上距离，外来人员只能在管理区活动，场外运输车辆、牲畜严禁进入生产区。

3. 生产辅助区

生产辅助区主要是指全场饲料加工、贮存、设备维修等部门的工作场所。生产辅助区可设在管理区和生产区之间，其面积可按需求决定。青贮池、氨化池、饲料仓库及调制室应该靠近生产区，便于车辆运输；粗饲料库应设在生产区下风口地势较高处，与其他建筑物保持 60m 防火距离。

4. 生产区

生产区是牛场的核心，是牛场的防疫重地。生产区应设在管理区的下风向，与其他各区严格隔离，大门口设立传达室、消毒室和车辆消毒池，严禁非生产人员进入区内，出入人员和车辆必须严格消毒。

我国处于北半球，牛舍应以南向为宜，即牛舍长轴与纬度平行，有利于牛舍冬季采光，又可防止夏季太阳光的强烈照射，使牛舍达到"冬暖夏凉"。

5. 粪尿污物处理区

粪尿污物处理区应设在生产区的下风处，并尽可能远离牛舍，不能污染环境。粪尿污物处理区的位置既要便于把粪尿从牛舍运出，又要便于运出使用。

6. 病牛隔离区

病牛隔离区必须远离生产区，尸坑和焚尸炉距牛舍300~500m。病牛隔离区应便于隔离，单独通道，便于消毒、污物处理等。病牛隔离区四周砌围墙，出入口建消毒池、专用粪尿池，严格控制病牛与外界接触，以免病原体扩散。

任务二 建设牛场

牛场的建筑和设备是牛场的主要投资。牛场一旦建成，将长期使用，设计是否得当将对牛场生产带来很大的影响。因此，牛场的设计和建设是系统工程。

一 牛场建设的项目

依规模大小决定牛场建设所需的项目。存栏100头以下的小牛场，可以因陋就简，通过精心管理来补充建筑设备上的不足；牛的圈舍可以分散利用空余的棚屋，休息场可利用树荫等，以降低成本。存栏100头以上、有一定规模的肥育牛场，建设项目要求比较完善，包括：①牛的棚舍，分牛棚、牛舍两种形式，寒冷季节较长的地区要建四面有墙的牛舍，或三面有墙、另一面用塑料膜覆盖，利用白天的阳光保温。温暖地区多采用棚架式建筑；②休息场或圈，喂料后供牛休息用，主要用围栏建筑；③料库，拌料间；④贮草场；⑤水塔或泵房；⑥地磅房；⑦场区道路；⑧堆粪场；⑨绿化带；⑩办公及生活用房。

二 牛场建筑材料的选择

1. 牛舍地面材料

以建材不同而分为黏土、三合土、石地、砖地、木质地、水泥地面等。为了防滑，水泥地面应做成粗糙磨面或划槽线，线槽流向粪沟。

2. 休息场地材料

牛采食后，晴天主要在棚外休息活动，晒太阳。地面以沙质土为最好，牛卧下舒适暖和，排出的尿容易下渗，粪便容易干燥，这样有利于保持牛体清洁。此外，也有用砖砌的地面，或用沙、石灰、泥土三合一分层夯实的土地，适合牛卧地休息。

3. 食槽材料

在牛舍内食槽使用频繁，通常用砖砌加水泥涂抹，成本低，但容易破损，只要注意及时维修，是一种经济实用的材料。若从坚固耐用考虑可选用混凝土预制构件。无论哪种材料，工艺上都要求食槽内壁呈流线型，以便清扫。

4. 其他建筑用材料

依当地自然和资源条件而定，主要有两种类型：①砖木结构，如牛舍用砖柱和木材顶梁；

②钢铁结构，如工字钢立柱与角铁构件的顶梁。

 牛舍设计与建设

牛舍建设应因地制宜，根据各地气候、饲养模式和机械化程度统筹考虑。目前主要有拴系式和散放式两种类型。

（一）拴系式

拴系式牛舍是较为传统的舍饲管理模式。

1. 单列式

典型的单列式牛舍有三面围墙和房顶，敞开面与休息场相通。舍内有走廊、食槽与牛床，喂料时牛头朝里，这种形式的房舍可以低矮些，适于冬、春较冷，风较大的地区。房舍造价低廉，但占用土地多，如图10-2所示。

2. 双列式

双列式牛舍有头对头与尾对尾两种形

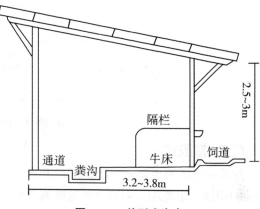

图 10-2 单列式牛舍

式：①头对头式。中央为运料通道，两侧为食槽，两侧牛槽可同时上草料，便于饲喂，牛采食时两列牛头相对，不会互相干扰。②尾对尾式。中央通道较宽，便于清扫排泄物。两侧有喂料的走道和食槽。牛成双列背向。双列式牛棚可四周为墙或只有两面墙。四周有墙的牛舍保温性能好，但房舍建筑费用高。由于肉牛多拴养，因此牵牛到室外休息场比较费力，可在两面长墙上多开门。多数牛场使用只修两面墙的双列式，这两面墙随地区冬季风向而定，一般牛舍长的两面没有围墙，便于清扫和牵牛进出。冬季寒冷时可用彩条布、玉米秸秆编成篱笆墙等来挡风，这种牛舍成本低些，如图10-3和图10-4所示。

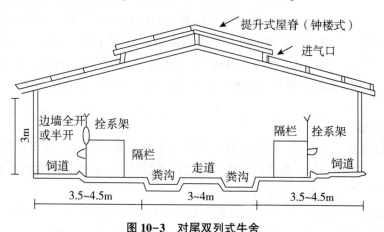

图 10-3 对尾双列式牛舍

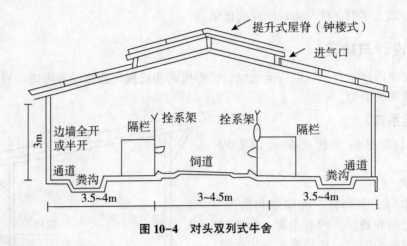

图 10-4　对头双列式牛舍

（二）散放式

散放式牛场的主要建筑物是围栏和周围放置的食槽，围栏用木材或圆钢建成，高 1.3~1.5m，围成一定范围，邻近运送饲料通道的一侧建食槽。每栏的面积取决于养牛头数，也可建部分遮阴棚。这种建筑节省投资和饲养的人力。

四　牛舍的基本结构要求

1. 牛舍面积

根据品种、数量和饲养方式而定。每头所需舍内面积：肉牛 4~4.5m²，乳牛 4.5~5m²。

2. 地基

要求土地坚实、干燥，可利用天然的地基。若是疏松的黏土，则需用石块或砖砌好，并高出地面。地基一般深 80~100cm。

3. 墙壁

根据墙体的情况，可分为开放舍、半开放舍和封闭舍三种类型。封闭式牛舍上有屋顶，四面有墙，并设有门、窗。开放式牛舍与半开放式牛舍三面有墙，一般南面无墙或只有半截墙。砖墙厚 30~75cm，舍脊高 3~4m，两侧应抹 1m 高的墙裙。在农村也可用土坯墙、土打墙等以节省资金，但从地面算起至少应砌 1m 高的石块。土墙造价低，投资少，但缺点是不耐用。

4. 屋顶与天棚

天棚：俗称顶棚、天花板，是将牛舍与屋顶下空间隔开的结构。其主要功能是冬季防止热量大量地从屋顶排出舍外，夏季阻止强烈的太阳辐射热传入舍内，同时也有利于通风换气。常用的天棚材料有混凝土板、木板等。

牛舍高（地面至天花板的高度）：在寒冷地区可适当低于南方地区。屋顶斜面呈 45°。牛舍高度标准通常为 2.4~2.8m。顶棚要求防暑、防寒、防雨并通风良好。

牛舍屋顶主要有钟楼式、半钟楼式、双坡式和弧形式 4 种，如图 10-5 所示。

（1）钟楼式：通风良好，但构造比较复杂，耗料多、造价高。

（2）半钟楼式：通风较好，但夏天牛舍北侧较热，构造亦复杂。

（3）双坡式：牛舍造价低、可利用面积大，易施工，适用性强。国内拴系式牛舍采用此式较多。

（4）弧形式：采用钢材和彩钢瓦做材料，结构简单，坚固耐用，适用于大跨度的牛舍。

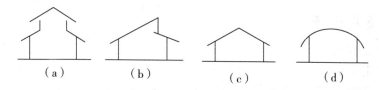

图 10-5　牛舍形式

（a）钟楼式；（b）半钟楼式；（c）双坡式；（d）弧形式

5. 门与窗

牛舍的大门应坚实牢固，所有牛舍大门均应向外开，不应设台阶和门槛，以便牛自由出入。成年牛舍：门宽 2～2.2m，门高 2～2.4m，每 25 头牛需有一扇大门。犊牛舍：门宽 1.5m，门高 2～2.2m，每 25 头犊牛需有一扇大门。一般南窗应较多、较大（100cm×120cm），北窗则宜少宜小（80cm×100cm），窗台离地面高度以 120～140cm 为宜。

6. 牛床

水泥及石质牛床，导热性好，清洗和消毒方便，但造价较高；砖牛床，用砖立砌，用石灰或水泥抹缝，导热性好，硬度较高；土质牛床，将土铲平、夯实，上面铺一层砂石或碎砖块，然后再铺一层三合土，夯实即可，是最省钱的牛床。牛床一般长 1.6m，宽 1m，牛床坡度 1%，前高后低。不同牛群的牛床设计见表 10-1。

表 10-1　牛床长、宽设计参数

牛群类别	长度/cm	宽度/cm
成乳牛	170～180	110～130
青年牛	160～170	100～110
育成牛	150～160	80
犊　牛	120～150	60

7. 饲槽

饲槽设在牛床前面，以固定水泥槽最适用，食槽需坚固光滑，不透水，稍带坡，以便清洗消毒。为适应牛舌采食的行为特点，槽底壁呈圆弧形为好，槽底高于牛床地面 10～15cm。不同牛群饲槽设计参数见表 10-2。

表 10-2　牛食槽设计参数

饲槽种类	槽顶部内宽/cm	槽底部内宽/cm	前高/cm	后高/cm
成乳牛	60～70	40～50	30～40	60
青年牛	50～60	30～40	25	50～55
育成牛	40～50	30～35	20	40～50
犊　牛	30	25～30	15	30

8. 通道及粪沟

中间通道宽 130～200cm，通道应以运料车或运粪车能通过为原则。粪尿沟宽 30cm，深

10cm，倾斜度 1%~2%。

 五 牛场的专用设备

1. 用于保定的设备

保定架：保定架是牛场不可缺少的设备，供打针、灌药、编耳号及治疗时使用。通常用圆钢材料制成，架的主体高 160cm，前颈枷支柱高 200cm，立柱部分埋入地下约 40cm，架长 150cm，宽 65~70cm。

鼻环：我国农村为便于抓牛，尤其是未去势的公牛，有必要带鼻环。鼻环有两种类型：一种为不锈钢材料制成，质量好又耐用，但价格较贵。另一种为铁或铜材料制成，质地较粗糙，材料直径 4mm 左右，价格较便宜。农村用铁丝自制的圈，易生锈，不结实，常常将牛鼻拉破引起感染。

缰绳与笼头：采用围栏散养的方式可不用缰绳与笼头，但在拴系饲养条件下是不可缺少的。缰绳通常系在鼻环上以便于牵牛，笼头套在牛的头上，方便抓牛。材料有麻绳、尼龙绳、棕绳及用布条搓制而成的布绳，每根缰绳长 150~170cm，粗（直径）0.9~1.5cm。

2. 卫生设备

竹扫帚、铁锨、平锨、架子车或独轮车是牛场清扫粪料、垃圾的必备工具。这些工具在饲料加工运送时同样需要，但必须分开使用。牛刷子对肉牛来说很重要，在清洁牛体表面粪污的同时，可以清除皮毛下的寄生虫，促进血液循环，具有保健作用。牛刷子有棕毛的、铁丝的两种。

3. 保健及其他设备

吸铁器：由于牛的采食行为是大口吞咽，若草中混杂有细铁丝、铁钉等杂物时容易误食，一旦吞入，无法排出，积累在瘤胃内会对牛的健康造成伤害。吸铁器实际为一磁铁，必要时可通过套管放入瘤胃中，搅动后取出铁钉等。

耳号牌：耳号牌是肉牛科学管理中必不可少的，除挂在耳朵上的号牌外，也有挂在脖子上或笼头上的木牌、小铝牌，各地可就地取材。一般在奶牛场中使用的较普遍，大型肉牛场也广泛使用。

思 考 题

1. 简述牛场选址应注意哪些事项。
2. 牛场一般由哪几部分构成，应如何布局？

项目十一 牛常见普通病的诊治

🎯 学习目标

知识目标：

1. 掌握牛口炎、咽炎、食管阻塞、瘤胃积食、瘤胃鼓气、瘤胃酸中毒、前胃迟缓、瓣胃阻塞、创伤性网胃炎、皱胃变位、犊牛腹泻等消化道疾病的病因、临床症状及剖检变化等相关理论知识。

2. 掌握牛大叶性肺炎、支气管肺炎、胸膜炎等常见呼吸道疾病的病因、发病机理、临床症状及剖检变化等相关理论知识。

3. 掌握牛酮病、维生素缺乏症、微量元素缺乏症等常见营养代谢疾病的发病机理、临床症状及剖检变化等相关理论知识。

4. 掌握有机磷、有机氟、尿素、食盐、亚硝酸盐、氢氰酸、青冈叶、酒糟、棉菜饼等物质引起的常见中毒性疾病的发病机理与急救方法等相关理论知识。

5. 掌握牛眼病、齿病、创伤、脓肿、窦道与瘘管、疝气、骨折、关节脱位、直肠脱等常见外科疾病的病因、临床症状及剖检变化等相关理论知识。

6. 掌握牛流产、难产与助产、乳房炎、子宫内膜炎、卵巢疾病、胎衣不下、产后截瘫等常见产科疾病的概述、病因、临床症状及剖检变化等相关理论知识。

技能目标：

1. 能够合理运用问、视、听、触、叩、嗅诊等基本临床诊断方法，对牛常见各种疾病开展初步诊断与鉴别诊断。

2. 能够运用兽医常见诊断仪器对牛常见疾病进行血液、尿液、分泌物、脓汁进行常规检测与分析，为确诊疾病提供临床依据。

3. 能够熟练操作牛常见疾病的各种给药方式，掌握常用药物的功效、作用机理及配伍禁忌，根据药物治疗后康复情况正确预后疾病发展方向。

4. 能够熟练操作牛常见的外科手术、穿刺、插管、冲洗等治疗技术，为临床治疗提供技术保障。

5. 能够从饲养管理、饲料配方、环境控制等角度出发，合理制定各种疾病的防护措施。

任务一　常见内科疾病的诊治

一　常见消化系统疾病的诊治

（一）牛口炎的诊治

牛口炎是指牛的口腔黏膜及其深层组织炎症的总称，包括腭炎、齿龈炎、舌炎和唇炎。临床上以流涎，口腔黏膜潮红、肿胀，采食、咀嚼障碍为特征。

1. 病因

（1）原发性口炎的病因。多因饲料粗硬，如采食大麦芒、枯梗、秸秆直接刺破口腔黏膜；或投药时操作粗鲁，使用开口器不慎等机械性损伤；或误饮了热水或采食冷冻的饲料等冷热刺激；或给予了强酸或强碱等有刺激性药物；或摄取了水银制剂、砷制剂等毒物；或采食了腐败发霉饲料和有毒植物等所致。

（2）继发性口炎的病因。常见于牛的放线菌病、口蹄疫、黏膜病、坏死杆菌病、钩端螺旋体病、恶性卡他热、传染性鼻气管炎、病毒性腹泻等特殊病原疾病。

2. 症状

根据临床症状可分为卡他性、水疱性、溃疡性口炎。

（1）卡他性口炎：是一种单纯性口炎，为口腔黏膜表层轻度的炎症，表现为口腔黏膜潮红、硬腭肿胀。

（2）水疱性口炎：是一种以口腔黏膜上形成透明浆液水疱为特征的炎症。

（3）溃疡性口炎：是一种以口腔黏膜糜烂、坏死为特征的炎症。

无论是哪种类型口炎，其共同的临床症状都表现为流涎、采食困难、口腔恶臭，口腔黏膜潮红、增温、肿胀和疼痛。

3. 诊断

原发性口炎根据临床症状不难诊断。但是当临床症状较轻时，牛在咀嚼时无异常表现，具有较强的隐蔽性，因此最好借助开口器检查。

4. 治疗

临床上对于原发性口炎的治疗原则主要为消除病因，加强护理，净化口腔、收敛和消炎。

（1）消除病因：如摘除芒刺与口腔内异物等。

（2）加强护理：应改善牛的饲料结构，采用柔软的易消化饲料进行饲养，可饲喂优质甘草和青绿饲料，同时应配备清洁的饮水。

（3）净化口腔、收敛和消炎：可用1%食盐水或2%~3%硼酸溶液洗涤口腔；如口腔有恶臭，宜用0.1%高锰酸钾溶液冲洗；流涎时，可用1%明矾或鞣酸溶液；真菌性口炎或溃疡性口炎，多用5%硝酸银溶液腐蚀，再涂喷碘甘油或龙胆紫等。

5. 预防

一方面，加强饲草监管，做好牛舍清洁卫生，严禁饲喂腐败变质草料和有刺激性的食物；另一方面，加强疾病检疫，发现病患及时诊治，避免其他病原继发此病。

在我国的部分偏远山区，小规模饲养主要采用放牧模式，口炎发生的比例较高，更应该注重本病的预防工作。

（二）牛咽炎的诊治

牛的咽炎是指牛的咽黏膜及其临近部位（软腭、扁桃体、咽淋巴滤泡及其深层组织）炎症的总称，又叫咽峡炎，或扁桃体炎。

1. 病因

（1）原发性咽炎。牛原发性咽炎的病因与原发性口炎的病因非常相似，此外胃管使用不当也可引起。

（2）继发性咽炎。常继发于口炎、鼻炎、喉炎、炭疽、恶性卡他热等疾病。当机体抵抗力降低、咽黏膜防卫机能减弱时，条件性致病菌生长繁殖并产生毒素，导致咽黏膜炎症的发生。

2. 症状

牛咽部红、肿、热、痛和吞咽障碍，头颈伸展，流涎，咳嗽，触诊咽喉部敏感。按其病理变化可分为卡他性、格鲁布性或化脓性 3 种。

（1）卡他性咽炎：病情发展较缓慢，经 3~4 天后，头颈伸展、吞咽困难等症状逐渐明显。咽部视诊（用鼻咽镜），咽黏膜、扁桃体潮红、轻度肿胀。全身症状一般较轻。

（2）格鲁布性咽炎：发病较急，颌下淋巴结肿胀，鼻液中混有灰白色伪膜；咽部视诊，扁桃体红肿，咽部黏膜表面覆盖有灰白色伪膜，剥离伪膜后可见黏膜充血、肿胀，有的可见到溃疡。

（3）化脓性咽炎：病牛因痛拒食，高热，精神沉郁，呼吸急促，鼻孔流出脓性鼻液。咽部视诊，咽黏膜与扁桃体肿胀、充血，表面有黄白色脓性病灶。

重症病例，病牛体温升高，呼吸困难，全身症状明显，甚至发生窒息而死亡。

3. 诊断

根据病牛的采食表现与咽喉局部检查，结合实验室检查中白细胞核左移，基本可以确诊。在临诊中应注意鉴别：

（1）咽喉异物：发病突然，可通过咽部检查或 X 线透视鉴别。

（2）咽部肿瘤：咽部无炎症变化，触诊无疼痛，缺乏急性症状。

（3）食管阻塞：吞咽时无疼痛，瘤胃臌气，常伴有料水返流现象。

4. 治疗

治疗原则：加强护理，抗菌消炎，清热解毒、清咽利喉。

（1）加强护理。注意保暖和通风，饲养上应选择优质甘草和青绿饲料。

（2）抗菌消炎。全身肌肉或静脉注射青霉素或磺胺类药物。喉部处理，初期冷敷，后期热敷并用鱼石脂软膏等涂布。也可用 0.25% 的盐酸普鲁卡因液 50mL、青霉素 100 万 IU，混合后做咽喉部封闭治疗。

（3）清热、收敛、解毒。

①青黛散：研为细末，装入纱布袋后在水中浸湿，病牛口噙，饲喂时暂时取出，每日或隔日换药 1 次。

②复方醋酸铅散：醋酸铅 10g，明矾 5g，樟脑 5g，薄荷脑 1g，白陶土 80g，做成膏剂外敷。同时用磺胺嘧啶 10~20g，碳酸氢钠 10g，碘喉片 10~15g，研末，混合装袋，病牛口噙。

5. 预防

注重平时的饲养管理工作，注意饲料的质量和调制。在应用胃管等诊疗器械时，操作应细心，避免损伤牛的咽黏膜。做好圈舍卫生，防止牛受寒感冒。

（三）牛食管阻塞的诊治

牛的食管阻塞（见图 11-1）是由于异物阻塞于食道而导致其吞咽障碍的一种急症。根据阻塞的部位可分为颈部与胸部食管阻塞。根据阻塞的程度可分为完全阻塞与不完全阻塞。

1. 病因

（1）原发性原因。多为饲喂不规则，或饲料加工调制不当，或过劳而致。

（2）继发性原因。一般认为异食癖、食管狭窄、食管痉挛及手术麻醉后饲喂等因素可导致该病发生。

2. 症状

病牛表现为采食突然停止、骚动不安、局部隆起、摇头缩颈、头颈伸直、空口咀嚼、泡沫性流涎、料水返流等症状。

3. 诊断

（1）触诊：颈部阻塞，可摸到坚硬阻塞物；胸部阻塞，可摸到阻塞物上部食道有波动性。

（2）视诊：可见胸部食道肌肉发生自上而下的逆蠕动。

（3）胃管探诊：可发现阻塞物。

（4）全身症状：咳嗽、流涎，伸头缩颈，瘤胃臌气。

4. 治疗

治疗原则：消除阻塞物，确保食道疏通，加强护理，消炎止痛。

如果牛在吞咽后，其食管的起始部位出现阻塞，则需要安装开口器，并且徒手将阻塞物去除。如果堵塞的位置在牛的颈部和胸部的食管，则应当充分考虑阻塞物形状与实际阻塞状态，合理地采用具有针对性的治疗方式。

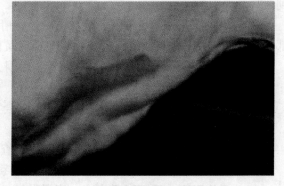

图 11-1　食管阻塞

为了有效地缓解食管痉挛，可使用 5% 的水合氯醛酒精注射液 100~200mL，植物油 50~100mL，1% 的普鲁卡因溶液 10mL，将其灌入到牛的食道之内。

消除阻塞物比较常见的方式有 3 种，即疏导法、打气法、挤压法。

（1）疏导法。在食管中插入胃管，将阻塞物抵住，缓慢地将阻塞物推入到牛的胃内。这种方法通常适用于阻塞物位于胸部情况。

（2）打气法。在使用疏导法无效的情况下，可配合使用打气法。首先插入胃管并安装胶皮球，把食管内食物残渣及唾液吸出，然后向其中灌入适量的温水，随后向管内打气并推动胃管，将阻塞物推入胃内。操作时应注意：打气不能过多，推送力度不宜过大，否则容易造成食管损伤。

（3）挤压法。若为块根饲料引起的颈部位置食管阻塞，可采用挤压法。病牛采取侧卧保定，颈部伸直，操作者用手掌将阻塞物的下部抵住，向着咽部的方向进行挤压，当阻塞物被挤压至口腔时及时取出阻塞物。

若为谷物饲料等引起的颈部位置食管阻塞，也可采用挤压法。病牛站立保定，操作者双手反向挤压阻塞物，当阻塞物被压碎或软化后，牛可自行咽下。

5. 预防

为了有效地避免该病发生，应加强饲养管理，保证饲喂的时间固定，以免牛因为过于饥饿而导致采食速度过快，同时牛的采食环境应该确保安静，以防受到惊吓。此外，如果在饲喂过程中使用块茎类饲料，应切碎后再向投喂；如果是豆饼与花生饼类的饲料，饲喂前应用水进行泡制。对于排除阻塞物的病牛，要加大护理力度，避免二次阻塞。

（四）牛前胃迟缓的诊治

前胃迟缓是由各种原因引起的前胃兴奋性降低，蠕动机能减弱，瘤胃内容物迟滞，继而导致的消化功能障碍及全身机能紊乱的一种疾病。

1. 病因

（1）饲养管理不当。饲养环境的突然改变或者管理混乱，容易引起牛的前胃迟缓。如由舍饲突然变成放牧或运输过程中产生应激；如饲料中掺杂塑料袋或尼龙绳等化纤用品，牛误食后消化机能紊乱。

（2）饲料搭配不合理。饲草搭配不当，日粮配制不合理，没有补充充足的矿物质和维生素，造成神经体液调节紊乱，也可引起牛前胃迟缓。如饲喂过量的精料而青绿多汁的饲料不足，容易造成消化不良而引起前胃迟缓。

（3）继发性前胃迟缓。牛患有口、舌、咽和食管及胃肠等消化功能障碍疾病，或骨软症、酮病和生产瘫痪等营养代谢疾病，也容易引起牛的前胃迟缓。

2. 症状

根据临床表现，牛前胃迟缓可以分为急性型和慢性型。

（1）急性型。病牛表现为食欲不定，伴随着空口咀嚼、磨牙等现象。皮毛干燥无光泽，精神萎靡，体质虚弱，个别病例会出现腹泻和便秘相互交替。如果病程过长，可导致死亡。

（2）慢性型。病牛常表现出厌食、精神不振，反刍次数减少或者停止。粪便干燥，颜色发黑。瘤胃蠕动音减弱，嗳气次数增多，并有酸臭味。如果不及时治疗，病情加剧，可导致食欲废绝、反刍停止，呼吸困难，发生自体酸中毒和脱水现象。

3. 诊断

本病应根据食欲、反刍障碍、瘤胃蠕动因减弱为依据，必要时结合瘤胃内 pH 和纤毛虫计数进行诊断。此外，牛前胃迟缓与牛瘤胃积食、瘤胃臌气症状等十分相似，因此需要鉴别诊断。前胃迟缓表现为腹围不大，不断嗳气，瘤胃内容物为粥状，瘤胃检查纤毛虫数量和活力减少；瘤胃积食的腹部胀满而坚实，叩诊浊音，压后留指痕；而瘤胃臌气则是因为饲料在瘤胃内发酵产生气体，腹部胀满而有弹性，但压后不留指痕。

4. 治疗

治疗原则为改善饲养管理，消除病因，促进瘤胃蠕动，防腐止酵，改善瘤胃内环境，防止脱水和自体中毒。原发性前胃迟缓治疗方案如下。

（1）病牛禁食 1~2 天后，饲喂适量的优质干草，饮水不限，增进消化机能。

（2）促进胃肠蠕动：可静脉注射促反刍液，具体方法是将 5% 氯化钙 200mL，10% 氯化钠 100mL，20% 安钠咖 10mL 混合后静脉注射。也可皮下注射氨甲酰胆碱 1~2mg，或新斯的明 10~20mg。

（3）防腐止酵：可用鱼石脂 15~20g，酒精 50mg，常水 1L，一次内服，每天 1 次。病初宜用硫酸钠或硫酸镁 300~500g，鱼石脂 10~20g，温水 600~1 000mL，一次内服；或用液体石蜡 1L，苦味酊 20~30mL，一次内服，以促进瘤胃内容物运转与排除。

（4）调节瘤胃 pH：当瘤胃内容物 pH 降低时，宜用氧化镁 200~400g，配成水乳剂，并用碳酸氢钠 50g，一次内服。当 pH 升高时，可选用常醋适量内服。

（5）防止脱水和自体中毒：可静脉注射 25% 葡萄糖 500~1 000mL，40% 乌洛托品 20~50mL，20% 安钠咖 10~20mL。

此外，也可进行中药治疗，针对脾胃虚弱，消化不良的病牛，以健脾和胃、补中益气为主。

5. 预防

（1）加强饲养管理。保证牛舍清洁卫生，经常通风换气，注意观察牛只情况，做好日常记录，一旦发现排便异常，要及时诊治。

（2）科学配比日粮。保证饲料的多样化，科学搭配日粮组成。注意饲料的存储，防止饲料霉变，合理搭配精粗饲料的比例。

（五）牛瘤胃臌气的诊治

牛瘤胃臌气是由于过食易发酵饲草或误食霉败饲料，在瘤胃内菌群的作用下迅速酵解并产生大量气体，从而引起瘤胃急剧膨胀的一种疾病。

1. 病因

原发性原因主要是采食了大量易发酵的饲草或发霉变质的饲料所致。泡沫性瘤胃臌气主要是采食了大量含蛋白质、果胶等物质的豆科牧草，如新鲜的豌豆叶、红三叶、紫云英，或者喂饲较多量的谷物性饲料，如玉米粉、小麦粉等也能引起泡沫性臌气。非泡沫性瘤胃臌气主要是采食了产幼嫩多汁的青草、霉败饲草、品质不良的青贮饲料等而引起的。

继发性瘤胃鼓胀常继发于前胃弛缓、创伤性网胃炎、瓣胃阻塞、食管阻塞、皱胃阻塞等疾病。

2. 症状

病牛腹围逐渐或迅速增大，尤其以左侧腰旁窝突出明显为主要特征。触诊紧张而有弹性，叩诊呈鼓音，听诊瘤胃蠕动音初期强，后期弱，最终完全消失。食欲、反刍完全废绝，站立不安，惊恐，出汗，脉搏加快，呼吸困难，口流白沫，眼球突出，黏膜发绀，体温一般正常。

3. 诊断

根据病牛临床症状表现，结合发病史，不难诊断。

（1）症状诊断：腹部膨大，左侧腰旁窝凸出，叩诊鼓音，呼吸困难。

（2）瘤胃穿刺：泡沫型鼓胀，只能断断续续地从套管针内排出少量气体和泡沫；非泡沫型臌气则排气顺畅。

4. 治疗

治疗原则：消胀、止酵、泻下。

（1）消胀。严重臌气立即穿刺放气，首先将术部消毒，部位选臌气最高点刺入，然后拔出针芯，气体自套管缓慢排出。放气不宜过快，否则大脑出现急性贫血而迅速导致休克。放气后，用注射器经套管注入或者内服止酵剂，如鱼石脂、福尔马林等药物。

（2）止酵。泡沫性臌气，用聚合甲基硅油剂 20g，加常水 500mL，一次性灌服。非泡沫性臌气，选用硫酸钠 500g，松节油 60mL，鱼石脂 15g，95% 酒精 50mL，加常水 1 500mL，一次性内服。

（3）促进瘤胃蠕动。可内服吐酒石 4g，也可静脉注射 10% 氯化钠。

（4）中药治疗。木香、陈皮、槟榔、枳壳各 50g，茴香 100g，萝卜籽 200g，煎水温后加大蒜头（捣烂）200g，食醋 200g，一次性灌服。

5. 预防

本病的预防重点是改善饲养管理。禁止饲喂霉烂草料，防止过食水分过多的青绿饲草。由舍饲转为放牧时，最初几天应限制放牧时间及采食量；在饲喂易发酵的青绿饲料时，应先饲喂干草，然后再饲喂青绿饲料；尽量不在雨后或有露水、下霜的草地上放牧。

（六）牛瘤胃积食的诊治

牛瘤胃积食是由于瘤胃内积滞过多的粗饲料，引起瘤胃体积增大，瘤胃壁扩张，瘤胃正常的消化和运动机能紊乱的疾病。

1. 病因

（1）采食了大量易膨胀的饲料，如豆类、谷物等。

（2）饲养管理方式不当，如突然更换饲料，又不限量。

（3）瘤胃弛缓、瓣胃阻塞、创伤性网胃炎、真胃炎等疾病继发。

2. 症状

病牛食欲、反刍、嗳气减少或停止，鼻镜下燥，表现为拱腰、回头顾腹、后腿踢腹、卧立不安。严重时呼吸困难、呻吟、吐粪水，有时从鼻腔流出。如不及时治疗，多因脱水、中毒或窒息而死亡。

3. 诊断

在初诊过程中，如病牛的食欲明显降低，且反刍次数明显减少，可初步判断为瘤胃积食，如要确诊需要结合视诊、触诊、听诊。①视诊：左侧腹围明显增大。②触诊：瘤胃胀满且坚硬，腹痛，按压有压痕。③听诊：瘤胃蠕动音减弱或消失。

4. 治疗

（1）按摩疗法。操作者用手对牛的左肷部瘤胃进行按摩，每次至少 5min，间隔 30min 以后再按摩一次，如灌服大量的温水效果更好。

（2）缓泻疗法。硫酸镁或硫酸钠 500～800g，与常水 1 000g 混合在一起，石蜡油 1 000～1 500mL，一次性灌服，加速排出瘤胃内容物。

（3）促进蠕动疗法。可用兴奋瘤胃蠕动的药物，新斯的明 20～60mL，10% 氯化钠 300～500mL，静脉注射。

（4）洗胃治疗。可采用胃导管洗胃治疗，可在胃管一端安装漏斗，向瘤胃内灌入 50mL 的温水，然后将漏斗拿下，使牛的头部低下，运用虹吸原理吸出瘤胃内的饲料。

（5）手术治疗。如果患牛病情严重，保守治疗无效，应及时采取手术方法，取出瘤胃内容物。

5. 预防

加强运动，降低牛瘤胃积食的发生概率。调整日粮，控制好饲料中粗纤维的含量。定时、定量饲喂，防止因过度饥饿引发暴饮暴食现象。要密切关注牛群的动态，如果发现异常牛只，要及时治疗。

（七）牛瘤胃酸中毒诊治

瘤胃酸中毒是由于牛采食过量的精料（谷物和豆类）或长期大量饲喂酸度过高的青贮饲料，瘤胃中乳酸产生过多而引起的全身代谢性酸中毒。其特征是代谢紊乱、瘫痪和休克。

1. 病因

健康牛的瘤胃内微生物菌群可正常发酵，并维持胃液 pH。但是诸多因素可引起瘤胃内的微生物菌群失调，引起严重的消化紊乱，使胃内容物异常发酵，而导致酸中毒。常见原因如下。

（1）在日常的饲养管理中，由于饲喂精料量过高，精粗料比例失调，不遵守饲养制度，突然更换饲料。造成急性瘤胃酸中毒的物质有谷类饲料，如小麦、大麦、玉米、青玉米、燕麦、黑麦、高粱、稻谷；块茎块根类饲料，如饲用甜菜、马铃薯、甘薯、甘蓝；酿造副产品，如酿酒后干谷粒、酒糟。

（2）饲喂的青贮饲料酸度过大，导致瘤胃内 pH 迅速降低。

2. 症状

本病的临床症状与牛的品种、饲料种类、性质、数量，以及发病过程的速度有关，分最急性型、急性型、亚急性型和慢性型。

（1）最急型患牛：常在采食大量精料后突然发病，高声鸣叫，甩头蹬腿，张口吐舌，从口鼻内流出粉红色泡沫，于采食后 3~5h 内突然死亡。

（2）急性型患牛：皮温不整，肌肉震颤，腹泻，脱水。腹泻先是水样便，然后出现黄褐色、暗黑色黏液粪便，干涸后呈沥青样。病牛躺卧于地，体温下降，磨牙，呻吟，兴奋不安，呼吸加快。

（3）亚急性型和慢性型：症状不明显，表现前胃弛缓，食欲不振，伴发蹄叶炎时，步态强拘，站立困难。

3. 诊断

首先采用问诊，是否有突然超量摄取谷类等富含糖的饲料后不久发病，可作为重要依据。触诊瘤胃充满而内容物稀释。全身症状明显，严重脱水，体温多不升高。尿液量少、色浓、比重高，pH 为 5 左右。

鉴别诊断要注意与瘤胃积食和生产瘫痪的区别。与瘤胃积食的鉴别要点：瘤胃内容物稀软有震荡音，脱水体征明显，血、尿、粪、瘤胃液检验显示酸中毒。与生产瘫痪的鉴别要点：瘫痪昏迷等神经症状出现于重症晚期，脱水体征明显，酸中毒检验指标突出；补钙疗效不明显。

4. 治疗

（1）轻症患牛：用碳酸钠粉 300~500g，姜酊 50mL，龙胆酊 50mL，水 500mL，一次性灌服。

（2）严重患牛：应进行洗胃，即用内径 25~30mm 粗胶管经口插入瘤胃，排除胃内液状内容物，然后用 1% 盐水反复冲洗，直至瘤胃内容物无酸臭味而呈中性或弱碱性为止。

为了纠正体液 pH，缓解酸中毒，常用 5% 碳酸氢钠注射液 2 000~3 500mL，给牛一次性静脉注射。

如果保守治疗无效，则可以采取手术治疗，切开瘤胃并取出内容物，然后向瘤胃内移植大量的健康牛瘤胃液。

5. 预防

要科学改善日粮组成，日粮结构要相对稳定，加喂精料要逐步过渡，适当调整精粗比例。精料内添加缓冲剂和制酸药，如碳酸氢钠、氧化镁和碳酸钙，使瘤胃内容物的 pH 保持在 5.5 以上。

（八）牛瓣胃阻塞的诊治

牛瓣胃阻塞是由牛前胃运动机能障碍，导致瓣胃收缩能力减弱，食物滞留瓣胃而水分被吸收，从而引起干涸阻塞的一种病症，中医称"百叶干"。

1. 病因

由于饲养管理不当，长期大量饲喂含粗纤维较多的干硬饲料或糠麸、糟粕类饲料，加之饮水不足，导致饲料滞留于瓣胃小叶里难以下行，最终形成阻塞，进而使瓣胃失去正常消化功能。

2. 症状

病牛病初精神沉郁、食欲不振、反刍减少、鼻镜干燥、粪便发干且色黑。中后期食欲废绝、反刍停止、脱水、眼窝下陷、呼吸粗重、鼻镜龟裂，口色暗红，严重的卧地不起，听诊瓣胃蠕动音减弱或消失，触诊瓣胃区疼痛。

3. 诊断

根据饲喂情况、临床症状并结合系统检查，基本可以确诊。患牛临床表现出食欲下降，瘤胃蠕动音减弱、瓣胃蠕动音消失，用手触摸瓣胃敏感区病牛表现出疼痛感，叩诊浊音区扩大。

4. 治疗

（1）西药治疗。西药的治疗原则是通过加强前胃蠕动来排出瓣胃内容物，同时配合强心补液。可给病牛皮下或静脉注射神经兴奋药或促反刍液，从而促进胃肠蠕动，使病牛胃肠功能迅速恢复。常用的前胃神经兴奋药物有毛果芸香碱、新斯的明、氨甲酰胆碱等。

（2）中药治疗。根据《牛经大全》可以给病牛内服猪膏散。其配方为滑石30g、大戟15g、续随20g、白芷15g、牵牛子30g、大黄60g、官桂15g、甘草25g、甘遂15g、地榆皮15g，研磨成粉末，用开水冲调，再加猪油500g，蜂蜜120g，一次性灌服，每天服用一剂，连用3天。

5. 预防

发生瓣胃阻塞的因素较多，除了管理不善外，前胃迟缓、瘤胃积食、真胃阻塞等均能继发，因此要注意以下几点：

（1）加强饲养管理，科学合理地调制饲料，饮水充足。

（2）当发生前胃迟缓时，要及早治疗，以防瓣胃内容物停滞。

（3）老弱病牛要分槽饲养，多给易消化的饲料，注意运动。

（九）牛创伤性网胃炎的诊治

牛创伤性网胃炎是由于饲料中混入金属异物（如铁钉、铁丝、铁片等）及其他尖锐异物，采食后所引起的网胃创伤性疾病。若异物刺穿网胃和膈肌，可引起心包炎症，称创伤性心包炎。

1. 病因

多为饲养管理不当造成，如饲料中混入铁丝、刀片、钉子等锐物，随瘤胃蠕动刺伤网胃壁。

2. 症状

病牛表现为顽固性的前胃弛缓，食欲减少，反刍停止，瘤胃臌气，病牛起卧动作谨慎，卧地时常头颈伸直，站立时常肘部外展，肘肌发抖。个别牛会出现反复的剧烈呕吐和粪水倒流的现象。病牛体温偏高。血象检查白细胞升高，核左移。

3. 诊断

本病的诊断应根据饲养管理情况，结合临床症状和病情发展过程进行诊断。姿态与运动异常，顽固性前胃弛缓，逐渐消瘦，网胃区触诊疼痛，血象变化（白细胞总数增多）以及长期药物治疗无效，是本病的基本病征。有条件的可应用 X 线检查进行确诊。

4. 治疗

创伤性网胃腹膜炎，在早期如果没有并发病，采取手术疗法，施行瘤胃切开术。从网胃壁上摘除金属异物，同时加强护理措施，有较高的治愈率。

5. 预防

（1）加强饲养管理，防止饲料中混杂金属异物。

（2）有条件的可应用金属探测器定期检查。

（十）牛皱胃变位的诊治

牛皱胃变位是由各种原因引起的皱胃解剖学位置发生变化，从而导致机体消化机能紊乱。该病可分为左方变位和右方变位，临床上以前者多见。

1. 病因

本病可由皱胃迟缓诱发，皱胃消化机能减弱，因扩张、充气而游离，已发生变位。此外母牛易发本病，多因分娩前后腹腔压力会突然改变所致。

2. 症状

（1）皱胃左方变位。发病初期，病牛发生前胃弛缓，食欲不振，拒绝采食精料，反刍减少，瘤胃蠕动减弱，伴有瘤胃膨气和腹痛。随着病程的进展，病牛消化机能失调，食欲明显不振，排出少量黑色的干燥粪便，触感坚固，外面覆盖有黏液，或者排出黑褐色的水样粪便，并散发恶臭味。听诊左侧腹壁最后 3 个肋骨和肋软骨接合区有乒乓音，叩诊可听到高朗的钢管音。

（2）皱胃右方变位，也称为皱胃扭转。急性发作时病牛的皱胃可出现 180°～270°扭转，造成幽门完全阻塞。病牛突然出现腹痛、胀气，且右腹急剧增大，有时还会造成皱胃明显扩张，因发生破裂而引起死亡。慢性发作时，皱胃扭转程度较小，幽门部还能够通过少量的内容物，症状类似于左方变位，叩诊出现钢管音和拍水音。病程后期，病牛排出黑色的糊状粪便，并散发腥臭味，此时较难治疗。

3. 诊断

本病常见于分娩 5 周以内的高产奶牛，多与妊娠毒血症和酮血症并发，容易混淆，难于确诊。在临床中应该采用叩诊和听诊相结合的方法，可听到皱胃内高朗的钢管音，结合病情可以进一步确诊。

4. 治疗

病牛发生左方变位，主要以抗菌消炎、刺激胃肠蠕动和促进胃肠排空为治疗原则，但有可能出现复发。如果发生右方变位，特别是皱胃严重扭转，要立即进行手术治疗。

5. 预防

加强母牛的饲养管理，干奶期要适当减少精料喂量，增加饲喂优质干草，适当加强运动；分娩后可给予钙制剂，以满足机体泌乳需要，同时可避免产后电解质和酸碱平衡紊乱。

（十一）犊牛消化不良的诊治

犊牛消化不良是犊牛胃肠消化机能障碍的统称，其特征表现为明显的消化机能障碍和不同程度的腹泻。多发生于初生至 3 月龄内的犊牛，具有群发性特点。

1. 病因

犊牛消化不良的发生与饲养管理、母牛营养水平以及外界环境等因素有关。

（1）饲养管理不当。主要原因是犊牛吃不到足够的初乳，导致体内免疫抗体水平较低。此外，乳头或喂乳器不清洁，人工给乳不足，由哺乳向饲料过度不当均可引起该病。

（2）妊娠母牛营养不平衡。蛋白质、维生素、矿物质缺乏致使母牛的营养代谢紊乱，犊牛表现为消化不良、体质衰弱、抵抗力下降。如母乳中缺维生素 A 引起犊牛消化道黏膜上皮角化；维生素 B 不足时可致胃肠蠕动机能障碍；维生素 C 缺乏时，犊牛胃肠分泌机能减弱。

（3）外界环境影响。温度骤降、圈舍潮湿、通风换气不良等外界环境因素可诱发本病。

2. 症状

该病以腹泻为特征，粪便呈粥状水样，黄色或暗绿色不等，肠音高亢，有臌气和腹胀表现。脱水时心跳加快，皮肤无弹性，眼球下陷，精神不振，衰弱无力，站立不稳。后期可出现神经症状，如兴奋、痉挛，严重时嗜睡昏迷。

3. 诊断

根据犊牛临床症状可进行初步诊断，腹泻和脱水是该病的主要症状，有条件的可以采取肠内容物分离培养。

4. 治疗

（1）停乳治疗。禁乳 8~10h，期间可灌服补液盐，剂量 20~50mL/kg。

（2）排除胃肠内容物。可选用缓泻剂或温水灌肠，排除胃肠内容物。为促进消化可补充胃蛋白酶，每次 20~30 片，每日 1 次，灌服。

（3）防止继发感染。可用庆大霉素 20 万~40 万 IU、细胞色素 C 注射液 15~45mg、樟脑璜酸钠 5~10mL，肌肉注射，每日两次，连用 3 天。严重病例应及时输液，防止脱水。

5. 预防

加强母乳妊娠期饲养管理，尤其妊娠后期应给予充足的营养，保证蛋白质、维生素及矿物质的供应，改善卫生条件及饲养护理措施。犊牛出生后要尽早吃到初乳。圈舍既要防寒保暖，又要通风透光，做到定期消毒，定期更换垫草。

常见呼吸系统疾病的诊治

（一）牛支气管肺炎的诊治

支气管肺炎又称小叶性肺炎、卡他性肺炎，是支气管和肺小叶群同时发生的炎症。该病作为一种肺部疾病，由诸多致病因素引起，常发于寒冷季节的犊牛和体弱牛群。

1. 病因

（1）饲养管理因素。牛只营养不良、受寒感冒、劳役过度等可导致机体抵抗力降低，极易受到病原菌的侵害。

（2）继发性病因。常见的有恶性卡他热、结核病、口蹄疫、子宫内膜炎和乳房炎等，病原菌可通过血液或淋巴侵入肺部引发炎症。此外，一些寄生虫病，例如蛔虫病、肺丝虫病等也能够引发该病。

2. 症状

发病初期表现出短咳和干咳。随着病情的发展，全身症状加重，精神沉郁，体温升高至41℃，呈弛张热，食欲减退、反刍减少或消失，呼吸困难，眼结膜潮红或发绀。发病后期，病牛往往流出脓性鼻液，有时混有血液，肺泡呼吸音明显减弱且能听到湿性啰音。

3. 剖检变化

对病死牛剖检可见，在肺实质内散在多个大小不一的肺炎病灶。肺组织变坚实，肺间质组织扩张，呈胶冻状。

4. 诊断

（1）临床诊断。根据流行特点（寒冷季节的犊牛和体弱牛群易发）、临床主症（全身症状重剧，呈现弛张热，呼吸加快，以及肺部听诊有异常呼吸音）、剖检病变（肺局部炎症呈小叶性特点，细支气管和少数肺小叶的肺泡内充满上皮细胞、白细胞等炎性渗出物），结合血象中白细胞核左移现象，即可诊断为牛支气管肺炎。

（2）鉴别诊断。该病同牛支气管炎、牛传染性胸膜肺炎、牛大叶性肺炎，以及牛流行热在临床症状上表现相似，加大了疾病的诊断难度，为此应做好诊断。

①牛支气管炎发病过程较长，没有局限性浊音区和明显的全身症状。

②牛传染性胸膜肺炎：病牛体温呈弛张热，咳嗽、呼吸困难。但此病具有传染性，多为群体发病，且发病率较高。

③牛大叶性肺炎：病牛体温升高，可达 41℃，呈稽留热，多伴有铁锈色鼻液，病程发展迅速。肺部叩诊浊音区扩大，用 X 射线检测病变部位可见明显广泛的阴影。

④牛流行热：是由牛流行热病毒引起一种急性、热性、高度接触性传染病，流行性发生。病牛体温升高至 40℃，眼结膜充血、流泪、流涎、呼吸急促，听诊肺泡呼吸音粗哑。全身肌肉和四肢关节疼痛，步态僵硬、呈现跛行。

5. 治疗

治疗原则是消炎、制止渗出、祛痰止咳、促进渗出物吸收，加强饲养管理，增强牛机体抵抗力及对症治疗。

（1）消炎。可肌肉注射青霉素 320 万 IU，配合链霉素 300 万 IU，每日 1 次，连用 5 天。

（2）止咳去痰。可肌肉注射氨茶碱 1~2g。

（3）制止渗出。可用静脉注射 100~200mL10% 氯化钙注射液，每天 1 次。

（4）防止肺水肿与酸中毒：可用 10% 葡萄糖 500mL，20% 安钠咖 20mL，10% 维生素 C 30mL，氢化可的松 60mL，混合后静脉注射，连用 3 天。

6. 预防

加强饲养管理，保持牛舍卫生和温暖、干燥，防止贼风侵袭。禁喂发霉草料和干燥的细粉状饲料。加强牛群的耐寒锻炼，提高机体抗病能力，防止牛只受寒感冒。避免机械性和化学性因素的刺激，保护呼吸道防御机能。

（二）大叶性肺炎的诊治

牛大叶性肺炎指整个肺叶发生的急性炎症，又称纤维素性肺炎。临床以高热稽留、铁锈色鼻液、肺部广泛浊音为特征。本病是养牛生产过程中的常见呼吸道病，多发于管理水平低下的牛场，严重的可造成牛只死亡。

1. 病因

本病主要为病原微生物感染肺部而引起，链球菌被认为是危害最大的细菌，除此之外，还有巴氏杆菌、金黄色葡萄球菌、大肠杆菌、绿脓杆菌、肺炎支原体等。

此外，管理混乱、过度使役、滥用药物、长途运输、饲养密度过大、气温突降等应激条件都能促使本病的发生。

2. 病理过程

大叶性肺炎以肺部纤维蛋白渗出为特征，整个疾病的发展过程分为充血水肿期、红色肝变期、灰色肝变期和临床康复期 4 个时期。

（1）充血水肿期。此期是肺炎发病的前期，通常是发病的第 1~3 天，肺部表现充血和水肿，肺叶体积增加，肺泡间隔增宽，重量增加，颜色暗红，肺组织切面光滑，表面有较多的浆液性渗出物。

（2）红色肝变期。通常发生时间是病程的第 3~5 天，肺叶持续肿大，病变的肺叶组织实质化，切面粗糙，干燥，有颗粒样组织，呈暗红色。肺表面持续渗出并覆盖一层较厚的黏液，后期可形成一层肉眼可见的白膜。

（3）灰色肝变期。一般在疾病的第 5~6 天，病变部位实质化明显，切面干燥，充血消退，红细胞大量溶解消失，实变的区域颜色变淡，成为灰白色。病变区域密度增大，放入水中后可下沉，肺泡中纤维蛋白性内容物增多。肺表面渗出的纤维组织液，在水分被吸收后留下一层黄色的纤维蛋白膜。

（4）临床康复期。一般发病 1 周后，机体逐渐产生抗体，将感染部位的病原菌杀灭，或者用药后病原菌被药物杀灭，疾病停止恶化。受伤的肺组织会启动自我修复功能，坏死的细胞逐渐凋亡，新生组织逐渐将其替代，从而进入疾病康复期。此外，如果机体持续虚弱，免疫机能低下，则疾病会恶化。

3. 症状

病牛高热稽留，铁锈色鼻液，呼吸困难且频率增加，鼻孔开张，黏膜发绀。

4. 诊断

根据临床症状高热稽留、铁锈色鼻液、肺部广泛浊音，结合 X 射线检查有较大面积的阴影时可以确诊。

5. 治疗

该病治疗原则以抗菌消炎为主，同时配合对症治疗。

（1）抗菌消炎。常用的广谱抗生素有土霉素、四环素、头孢噻呋、头孢喹肟、青链霉素等。如果有试验条件，可采用体外药敏试验来选择抗生素。

（2）对症治疗。可应用糖皮质激素类药物，如地塞米松、氢化可的松等，能较好地抑制炎症的发展。

6. 预防

大叶性肺炎属于呼吸系统疾病，临床预防时必须对环境进行净化，将饲养密度控制在合理范围内。牛舍中的粪便必须每天清理，减少氨气、硫化氢、吲哚等有害气体的产生。

牛场必须定期针对常见的呼吸道病原进行免疫，从而让牛体内保持较高滴度的抗体。药物预防也是常用的方法，最好使用广谱抗生素，但应注意药物的休药期，防止出现食品安全问题。

（三）牛胸膜炎的诊治

胸膜炎是指由各种原因引起的腔层胸膜与脏层胸膜之间的炎症，伴有渗出液与纤维素蛋白沉积，该病大多由肺部或胸部的病变继发。

1. 病因

主要为外物引起的胸膜创伤所致，或肿瘤压迫所致，或病原微生物感染所致，同时也可继发于其他疾病。

2. 症状

病牛精神沉郁，食欲减退，体温升高，呈干性咳嗽，呼吸浅表而急促，表现为腹式呼吸，触诊胸部有痛感，后期胸腔内积液时叩诊呈水平浊音，听诊有胸膜摩擦音。

3. 诊断

该病根据临床症状可以初步诊断，同时可以辅助胸腔穿刺加以确诊。

4. 治疗

该病以抗菌消炎和制止渗出为治疗原则。

（1）抗菌消炎。可用广谱抗菌素或磺胺类药有针对性的治疗。

（2）制止渗出。可静脉注射葡萄糖酸钙注射液，也可实施胸腔穿刺，缓慢排出积液后，再注射青霉素。

5. 预防

改善牛舍卫生环境，及时清理粪便，注意通风，及时治疗肺部疾病，防止继发本病。

 常见营养代谢疾病的诊治

（一）牛酮病的诊治

牛酮病又称牛酮血症，是泌乳母牛产后几天至几周内发生的一种以血液酮体浓度增高为特征的营养代谢性疾病。

1. 病因

主要是饲料中蛋白质、脂肪过高，而碳水化合物相对不足。此外，缺乏运动、前胃迟缓、肝脏疾病、维生素缺乏、消化紊乱及大量泌乳也是该病的诱因。

2. 症状

（1）神经症状。病初神经兴奋不安，常做盲目运动，对外界刺激敏感。后期精神沉郁，反应迟钝，后肢轻瘫，头颈部向后侧弯曲，呈昏睡状态。

（2）消化障碍。病牛精神不振，食欲减退，不愿吃精料，只采食少量粗饲料，反刍停止。

（3）特征症状。呼出气体、乳汁、尿液有酮味（烂苹果味）。

3. 诊断

（1）临床症状。结合病牛发病年龄，分析日粮组成，且呼出气体、尿液、乳汁有明显的烂苹果味可基本作出诊断。

（2）实验室诊断。可通过实验室对尿酮和乳酮的化验结果进行确诊。

（3）专用试剂诊断。试剂由亚硝基铁氰化钾 1g，无水碳酸钠 20g，硫酸铵 20g，混合研末即成，取出 0.2~0.5g 试剂放于滤纸或凹玻片上，加病牛血浆少许，3min 内变红者为阳性。

（4）鉴别诊断。酮病要和前胃迟缓及生产瘫痪相区别。前胃迟缓没有神经症状，无酮味，尿、乳检查无大量酮体；生产瘫痪多发生于产后 1~3 天，呼出气体、乳汁及尿液中无酮体，通过补钙治疗有效，而酮病通过补钙疗效不显著。

4. 治疗

治疗原则：补充糖或生糖物质，减少酮体生成，加速酮体氧化。

（1）调整日粮。根据病因调整日粮，增加优质干草、块根等含可溶性糖较多的日粮和饲草。

（2）补糖。静脉注射 25% 或 50% 葡萄糖注射液 500~1 000mL，配合维生素 C、维生素 A、维生素 B_1、维生素 B_{12}，可解除病症，但要注意电解质平衡。

（3）补充生糖物质。在饲养过程中适量补充甘油、丙酸钠、生糖氨基酸等生糖物质。

（4）促进糖异生。使用糖皮质激素，如氢化可的松、醋酸可的松等，可有效缓解症状，促进糖异生。

（5）补钙。静注 10% 氯化钙或葡萄糖酸钙溶液 200～300mL，可缓解慢性酮病的神经症状。

（6）解除酸中毒。静注 5% 碳酸氢钠 500～1 000mL，可解除酸中毒。

5. 预防

（1）合理配制日粮。调整日粮组成，减喂油饼类等富含脂肪类饲料，增喂优质干草等富含糖和维生素的饲料。如产奶高峰期可补充乳酸钠，每天 100g，连用 6 周。

（2）增加运动。加强对病牛的护理工作，可适当增加运动，同时给予充足的阳光照射。

（二）牛青草搐搦症的诊治

青草搐搦是放牧牛只常发疾病，主要由于镁缺乏或失调而导致的以全身肌肉搐搦为特征的营养代谢性疾病。

1. 病因

此病多发于舍饲转入放牧以后，尤其是在春季、初夏季节，幼嫩的青草中镁、钙、磷等矿物质的含量较少。镁缺乏会导致神经肌肉应激性增强，从而引起全身肌肉搐搦等一系列的病理现象。

2. 症状

一般表现为精神不振、食欲减退、行走不稳或者轻瘫。根据表现的症状，可以分为三种类型。

（1）急性型。主要以神经兴奋和过敏为主，高度敏感和惊厥。发作时表现为横冲直撞，牙关紧闭，有的会出现磨牙、流涎的症状，四肢颤抖，严重的卧地不起，出现全身性阵发性痉挛和惊厥，有类似破伤风的症状。全身症状表现为呼吸次数减少，心音亢进，频繁的排尿，死亡率较高。

（2）亚急性型。发病稍微缓和，发病 3～4 天出现轻微的食欲不振，而后出现兴奋，但程度较轻。症状较轻的病牛常出现轻瘫症状。

（3）慢性型。发病初期没有异常的症状，常常在数周或者数月以后有轻微的表现，出现运动障碍，食欲较差，生产性能降低，如及时采取措施可以痊愈。

3. 诊断

根据发病症状和病牛采食幼嫩青草的经历可以做出初步诊断。进一步确诊需要做实验室检测。

（1）血液检验。此病的主要特征性变化就是血镁的含量降低。可以采集病牛耳静脉血进行化验，病牛的血镁急剧下降为 0.1～0.5mg/100mL，而正常为 2～3mg/100mL。

（2）尿液检测。病牛的尿液透明，颜色为淡黄色，比重在 1.008～1.015，甚至更低，而正常尿液的比重在 1.025～1.05。尿蛋白表现为阳性，尿液中镁的含量明显减少。

此外，诊断此病还要和中毒、破伤风、狂犬病等相区别，中毒有采食毒物的病史，破伤风有伤口，狂犬病表现为狂躁和麻痹，没有搐搦症状。

4. 治疗

（1）补充钙镁。25% 硫酸镁注射液 400mL，5% 葡萄糖酸钙注射液 500mL，一次缓慢静脉注射。也可用氯化钙 35g，氯化镁 15g，溶于 1 000mL 生理盐水中，一次缓慢静脉注射。

（2）缓解痉挛。肌肉注射氯丙嗪，以缓解神经症状，剂量 1～2mg/kg。

（3）对症治疗。对于心脏、肝脏、肠机能紊乱的病牛，以强心、保肝、止泻为主，并加强护理工作。

5. 预防

在春季或者初夏季节，舍饲到放牧要逐步过渡，适当补充一些干草。尽量避开低洼、幼嫩草地放牧。此外，可以有目的的在日粮中添加含有镁的无机盐，镁的含量不应少于 0.2%，必要时每天补给镁 40g（相当于 60g 氯化镁或者 120g 碳酸镁中所含的镁量）与粗饲料混合饲喂。

（三）牛铜缺乏症的诊治

牛铜缺乏症是由于饲料中铜含量过低导致的疾病。临床上以贫血、腹泻、运动失调及被毛褪色和繁殖障碍为特征。

1. 病因

原发性缺铜主要是饲料或牧草中铜含量不足所致。牧草中干物质含铜低于 3mg/kg 就可以引起牛铜缺乏。一般而言 3~5mg/kg 为临界值，10mg/kg 以上可以满足牛生长需要。

继发性原因是饲料内颉颃铜的矿物质元素含量过高，如牛饲料中铜、钼比应为6：1~10：1，若降至 2：1 就会继发铜缺乏。此外，锌、锰、硫、硼过多，均对铜有颉颃作用。

2. 症状

常出现贫血、运动失调、骨与关节变形、被毛褪色等一系列变化。

（1）贫血。贫血是原发性铜缺乏症的主要症状，血液中红细胞含量显著下降。

（2）运动障碍。主要表现为骨质异常、骨骼变形、关节畸形、四肢僵硬、关节肿大等。

（3）被毛褪色。常见眼眶周围毛褪色，黄毛变灰、变红等。

（4）其他症状。缺铜可引起心力衰竭，心肌纤维变性，也可引起牛暂时生殖力下降，如发情迟、流产、产奶率下降等。

3. 诊断

根据病史调查与临床症状，如贫血，运动障碍，骨质异常，被毛褪色等症状的出现可以初步诊断，结合饲料、肝铜测定结果可确诊。

4. 治疗

内服硫酸铜，成年牛剂量 200~300mg/头，犊牛剂量 50~150mg/头，每日 1 次，服用 14~21 天后停药 7~14 天，直到症状消失。

5. 预防

尽量使用全价日粮饲料，保证饲料中的各矿物质元素含量的平衡。此外可以使用含铜的盐砖让牛只舔食。切忌硫酸铜用量过大，以免引起中毒。

（四）牛骨软症的诊治

骨软症是成年牛由于饲料中钙、磷不足或比例失调所引起的营养代谢疾病。临床上以消化机能紊乱、异嗜、跛行、骨质疏松和骨骼变形等为特征。

1. 病因

（1）钙、磷不足或比例不适。饲料中钙、磷含量不足或其比例不当以及维生素 D 缺乏，是引起骨软症的直接原因。一般要求牛饲料中钙、磷比例以 2：1 较为适当。钙、磷之间任何一种过多或者不足，都可导致骨组织代谢发生障碍。

（2）钙、磷吸收问题。牛对饲料中钙、磷的吸收能力和其需要量有很大的关系，如泌乳期的奶牛对钙、磷的吸收率显著增加。当牛发生前胃迟缓、胃肠卡他时，会导致磷酸钙、碳酸钙的吸收率降低。铁、铅、锰、铝等可以和磷酸形成不溶性的盐类，可影响磷的吸收。

2. 症状

（1）异食癖。发病初期，主要以前胃迟缓为主，表现为食欲反常，时好时差，不断的磨牙和空嚼，喜食塑料袋、编织绳、沙土等异物。

（2）跛行。病程后期可出现跛行，病牛喜卧，运动步幅短缩，步态强佝，蹄尖着地，四肢交替负重，后躯摇晃，站立时头颈伸直、拱背、肘头外展。蹄壁角质不良、生长过速、干裂，奶牛常伴发腐蹄病。当病情进一步加重，骨骼严重脱钙，脊柱、肋骨和四肢骨骼变形，两前肢腕关节外展呈 "O" 形姿势，两后肢跗关节内收呈 "X" 形姿势，骨质脆软，易发生骨折。

（3）消化机能紊乱。病牛营养不良，逐渐消瘦，被毛逆立无光泽。消化机能紊乱，反刍减少，瘤胃蠕动减弱，便秘与拉稀交替出现，下腹卷缩，泌乳量下降。

3. 诊断

根据病史、饲料调查，结合临床症状和骨骼的剖检变化，不难做出诊断。此外，诊断此病要和风湿病相区别，后者是因为受潮、受寒所致，症状会随着运动而减轻，应用水杨酸治疗效果显著。

4. 治疗

改变日粮配制，以使钙、磷含量及其比例合适。对钙缺乏的病牛，可以在饲料中添加碳酸钙、磷酸钙或者柠檬酸钙等，同时可静脉注射 10% 的葡萄糖酸钙溶液 500mL；对于磷缺乏的病牛，可以在饲料中添加磷酸钙、骨粉等，并同时静脉注射 8% 的磷酸钙溶液 300mL，为防止诱发低血钙症，后期再静脉注射 10% 的氯化钙溶液或葡萄糖酸钙溶液。

5. 预防

为了预防骨软症的发生，要确保饲料中钙、磷的含量以及其比例恰当，尽量饲喂全价饲料。也可在基础日粮中添加一定量的维生素 D，可以促进小肠对钙的吸收。此外，保证冬季舍饲期间得到足够的阳光照射和厩外活动也十分重要。

（五）牛维生素缺乏症的诊治

1. 维生素 A 缺乏症

（1）病因。

①饲料中胡萝卜素和维生素 A 含量不足。

②肠道疾病影响吸收。

（2）症状。

维生素 A 缺乏常引发干眼症和夜盲症。

干眼症是由于泪腺上皮细胞萎缩或坏死引起的鳞皮化，皮肤也呈现粗糙、干燥。夜盲症表现为每逢早晚光线较暗时，便呈现步态不稳，严重的碰撞障碍物。

（3）治疗。对于发病初期的病牛，应立即灌服或注射补给维生素 A 制剂，也可在日粮中补饲富含维生素 A 源的优质青绿饲草。

2. 维生素 E 缺乏症

（1）病因。

①原发性原因。多发生于成年牛，特别是妊娠和哺乳母牛，由于长期饲喂劣质饲料所致。

②继发性原因。多发生于犊牛，由于饲喂富含不饱和脂肪酸的混合饲料，使维生素 E 过多消耗而引起相对性维生素 E 缺乏病。

（2）症状。本病多发生于出生后到4个月龄的犊牛，病型分为心脏型（急性）和肌肉型（慢性）两类。心脏型以心肌凝固性坏死为主要特征，可突发心力衰竭而急性死亡。肌肉型以骨骼肌深部肌束发生硬化、变性和严坏死为特征，临床上呈现运动障碍。

（3）治疗。治疗上应用注射或灌服大剂量维生素E制剂，或饲喂富含维生素E的饲料，同时也应补充微量元素硒。因为硒缺乏，也会造成维生素E缺乏。

3. 维生素D缺乏症

（1）病因。

①多见于日光照射过少，长期舍饲或阴天多雾下放牧等有关。

②现代饲草多采用迅速烤干加工方法，使维生素D含量减少。

③胃肠疾病影响维生素D的吸收和有效利用。

（2）症状。

妊娠或哺乳母牛维生素D长期缺乏可导致骨软症。犊牛维生素D长期缺乏可引起佝偻病，同时伴有生长发育缓慢，食欲减退，皮毛粗乱无光泽，骨化过程受阻，抽搐等症状。

（3）治疗。增加牛群日光照射时间，调整日粮组成，补给维生素D制剂，每日1次，疗程为1周以上。注意补给维生素D时，最好同时补充维生素A。

四 常见中毒性疾病的解救

（一）牛酒糟中毒的解救

牛酒糟中毒是指一次性采食过量的新鲜酒糟或长期采食酸败酒糟引起的中毒。临床主要症状以腹痛、腹泻、流涎为特征。

1. 病因

酒糟是酿酒后的残渣，残渣中常含有相对应的毒素，同时也含有乙醇、甲醇、正丙醇以及醋酸、乳酸等酸性有毒成分，可以引起牛中毒。

2. 症状

急性中毒主要表现为胃肠炎，如食欲减退或废绝、腹泻、腹痛。严重时病牛呼吸困难，心跳加快，体温下降，卧地不起等。有的病牛出现神经症状，如兴奋或狂躁不安，横冲直撞或精神沉郁，走路摇摆，皮下气肿等。

3. 诊断

该病诊断主要根据饲喂过酒糟的病史，结合剖检时胃黏膜充血、出血，胃内容物有乙醇味及残存的酒糟，同时伴有腹泻、腹痛症状，可初步确诊。

4. 治疗

应立即停止饲喂酒糟，灌服小苏打100g，同时静脉注射高糖、维生素C、速尿等药物进行对症治疗。

（二）牛黄曲霉毒素中毒的解救

牛黄曲霉毒素中毒是指牛采食了被黄曲霉毒素污染的饲料所引起的中毒，主要引起肝细胞变性、坏死、出血及胆管和肝细胞增生。临床上以全身性出血、消化机能障碍和神经症状为特征。

1. 病因

黄曲霉毒素是黄曲霉菌和寄生曲霉菌的一种代谢产物，具有较强的毒性。黄曲霉毒素的分布范围很广，凡是污染了黄曲霉菌和寄生曲霉菌的粮食、饲草饲料等都可能存在黄曲霉毒素，如果牛大量采食这些含有大量黄曲霉毒素的饲料和农副产品，就会发病。最易被黄曲霉菌污染的饲料是花生、玉米、黄豆、棉籽饼等植物种子及其副产品。

2. 症状

黄曲霉毒素是一类肝毒物质，牛中毒后以肝脏损害为主，同时还伴有血管通透性破坏和中枢神经损伤。临床特征表现为黄疸、出血、水肿和神经症状。犊牛发病表现精神沉郁，角膜混浊，磨牙，腹泻，里急后重，个别出现惊恐或转圈运动等神经症状。成年牛多取慢性经过，消化功能紊乱，间歇性腹泻。奶牛产奶量下降，可发生流产。

3. 剖检变化

主要见肝脏质地变硬、纤维化及肝细胞瘤，胆管上皮增生，胆管扩张，胆囊扩张，胆汁浓稠，腹腔积液。

4. 诊断

首先调查饲料品种、来源及霉变情况，以及病牛的采食经历，结合临床症状和剖检变化，可作出初步诊断。要确诊必须进行毒物检验。

5. 治疗

该病无特效解毒药和疗法。应立即停止饲喂可疑的饲料，改喂新鲜全价日粮。对重症病牛，可投服泻剂，清理胃肠道内的有毒物质。同时解毒、保肝、止血、强心，应用维生素 C 制剂、葡萄糖酸钙液、青霉素、链霉素等药物进行对症治疗。

（三）牛棉籽饼中毒的解救

棉籽饼中含有多种有毒的棉酚色素，长期过量饲喂可引起牛中毒。临床症状以出血性胃肠炎、肺水肿、心力衰竭、神经紊乱、血尿和排血红蛋白尿为特征。

1. 病因

棉籽饼含有棉酚、棉紫素和棉绿素等，棉籽饼中毒往往是由于饲料中配比过量引起的，主要发生于胃肠功能尚未健全的犊牛。

2. 症状

棉籽饼中毒的共同症状是食欲下降和体重减少。犊牛中毒时表现食欲反常和呼吸困难以及视力障碍等。

3. 剖检变化

剖检变化一般多有体腔积液，胃肠出血性炎症。死后剖检可见肝脏脂肪变性、腹水，血凝时间缩短。

4. 诊断

根据病牛采食棉籽饼的病史，结合胃肠炎、视力障碍、排红褐色尿液等临床症状及相应的病理学变化，可作出诊断。

5. 治疗

该病的治疗原则是消除致病因素与加速毒物排除，同时应用对症疗法。

（1）消除病因。首先应停止饲喂棉籽饼和棉叶。

（2）加速毒物排除。可用 5% 的小苏打溶液洗胃，同时可用内服盐类泻剂配合治疗。

（3）对症治疗。如继发严重胃肠炎，可选用消炎剂、收敛剂，如磺胺脒或鞣酸蛋白等。

为了阻止渗出，增强心脏功能，补充营养和解毒，可用 25% 葡萄糖溶液 500~1 000mL、10% 安钠咖 20mL、10% 氯化钙溶液 100mL，一次性静脉注射。同时加入适量维生素 C、维生素 A 和维生素 D。

(四) 牛有机磷中毒的解救

有机磷农药是农业上常用的杀虫剂之一，如内吸磷、对硫磷、敌敌畏等在农业中使用较广泛，若牛误食了覆盖有机磷农药的农作物就会引发中毒。

1. 病因

牛中毒原因包括：①过量采食喷洒过有机磷农药的牧草或农作物；②误饮被有机磷农药污染的水；③误用过量敌百虫驱除牛寄生虫。

2. 症状

牛采食有机磷农药后几个小时内出现症状。轻度中毒表现为兴奋不安，流涎量增多，磨牙，口吐白沫，腹痛、腹泻等。重度中毒表现为狂躁，呼吸困难，瞳孔极度缩小，粪便稀薄带血等。若不及时治疗，可导致急性死亡。

3. 诊断

诊断时应针对牛的临床症状进行对比分析，结合季节因素分析牛是否属于有机磷中毒，同时应当注意现场情况，查找牛有机磷中毒原因。

4. 治疗

（1）一般措施。首先应立即停止喂饮怀疑被有机磷农药污染过的饲料和饮水，并将中毒牛只转移到通风良好的场所。

（2）洗胃。立即用 40g/L 小苏打水洗胃，洗胃后内服碳酸氢钠或木炭沫各 100～150g。

（3）特效解毒药。一次性皮下注射阿托品，剂量 0.6～1mg/kg，根据中毒轻重，每隔 10～30min 注射一次，使之达到阿托品吸收，维持剂量减半；解磷定剂量 15～30mg/kg，溶于葡萄糖或生理盐水中，采取静脉注射。

（4）对症治疗。除一般治疗和特效解毒疗法外，个别病例还应给予对症治疗和辅助治疗。

①激素：给予地塞米松 20～60mg，静脉注射，每天 1 次，连用 3 天。

②强心、补液：维持电解质及酸碱平衡。

③使用抗生素：预防继发感染。

(五) 牛有机氟化物中毒的解救

有机氟化物主要有氟乙酰胺、氟乙酸钠等，主要用于防治农林昆虫及草原鼠害等，牛过量采食后能引起中毒。

1. 病因

多由牛采食含有氟乙酰胺的饲料所致，氟乙酰胺进入体内，脱胺形成氟乙酸，可导致三羧酸循环障碍，从而使组织和血液中柠檬酸蓄积，机体三磷酸腺苷（ATP）生成受阻，引起蓄积中毒。

2. 症状

（1）突然发病型：无明显的前驱症状，采食过后几个小时内突然跌倒，剧烈抽搐，惊厥或角弓反张，迅速死亡。

（2）潜伏发病型：病牛中毒后表现食欲降低，反刍停止，有的可逐渐康复，有的可能在静卧中死去，还有些病牛在中毒次日，表现精神沉郁，反刍减少，经 3～5 天后突然发作，因呼吸抑制和心力衰竭而死亡。

3. 诊断

根据病史和临床症状作出初步诊断。

4. 治疗

（1）洗胃。先用 1∶5 000 高锰酸钾溶液洗胃，然后口服蛋清以保护胃黏膜，最后用硫酸钠导泻。

（2）特效解毒药。立即肌肉注射解氟灵（乙酰胺），剂量 0.1g/kg，每日 1 次。

（3）对症治疗。可用氯丙嗪镇静；解除呼吸抑制，可用尼可刹米；解除肌肉痉挛，可静脉注射葡萄糖酸钙或高浓度葡萄糖溶液；控制脑水肿，可静脉注射 20% 甘露醇溶液。

（六）牛氢氰酸中毒的解救

氢氰酸中毒是牛采食富含氰甙配糖体的青饲料，在胃内由于酶和胃酸的作用，产生游离的氢氰酸而发生中毒。主要特征为伴有呼吸困难，震颤、惊厥综合征的组织中毒性缺氧症。

1. 病因

主要为牛过量采食了富含氰甙的饲料。如木薯、高粱及玉米新鲜幼苗，亚麻籽榨油的残渣，桃、杏、梅、李蔷薇科植物，均含有氰甙，当喂饲过量时均可引起中毒。

2. 症状

氢氰酸中毒发病很快，当牛采食含有氰甙的饲料后 15~20min，表现腹痛不安，呼吸加快且困难，可视黏膜鲜红，流涎，呼出气体有苦杏仁味。随之全身衰弱无力，行走不稳，后肢麻痹，体温下降，肌肉痉挛，瞳孔散大，反射减少或消失，心搏动缓慢，呼吸浅表，最后昏迷而死亡。

3. 诊断

了解其病史及发病原因，可初步判断该病。根据其血液颜色为鲜红色，可与亚硝酸盐中毒的血液为酱油色相区别，可初步判断为本病，最后进行毒物分析可确诊。

4. 治疗

发病后立即用 2g 亚硝酸钠配成 5% 的溶液，静脉注射。随后再一次性注射 5%~10% 硫代硫酸钠溶液 100~200mL。

（七）牛亚硝酸盐中毒的解救

由于过量食入或饮用含有硝酸盐或亚硝酸盐的植物和水，在瘤胃内产生大量的亚硝酸盐，即可引起化学中毒性高铁血红蛋白血症。临床特征为发病突然，病程短，黏膜呈蓝紫色及其他缺氧症状。

1. 病因

在自然条件下，亚硝酸盐系硝酸盐在硝化细菌的作用下，还原为氨过程的中间产物，因此其发生和存在取决于硝酸盐的数量与硝化细菌的活跃程度。

常见富含硝酸盐的植物包括白菜、油菜、菠菜、莴苣、甜菜、牧草、野菜，各种作物秧苗等。硝化细菌最适宜的生长温度为 20℃~40℃。牛瘤胃生理条件适合大量的硝酸盐还原菌生长繁殖，食入大量的硝酸盐后可在瘤胃内转化为亚硝酸盐而中毒。

2. 症状

亚硝酸盐的毒性作用：使血中正常的氧合血红蛋白（二价铁血红蛋白）迅速地氧化成高铁血红蛋白（变性血红蛋白），从而丧失血红蛋白的正常携氧功能；具有血管扩张剂的作用，可使病牛末梢血管扩张，导致外周循环衰竭。

中毒病牛自采食后可经 1~5h 发病。急性型病例出现不安，严重的呼吸困难，脉搏疾速微弱，全身发绀，躯体末梢部位厥冷，肌肉战栗或衰竭倒地；末期则出现强直性痉挛。此外，还可能出现流涎、疝痛、腹泻等症状。

3. 诊断

根据病史，结合饲料状况和血液缺氧为特征的临床症状，可作为诊断的重要依据。

4. 治疗

特效解毒剂是美蓝（亚甲蓝），亦可用甲苯胺蓝。甲苯胺蓝按 5mg/kg 的剂量配成 5% 的溶液，静脉注射。同时，配合静脉注射 50% 葡萄糖和维生素 C、速尿等。

（八）牛尿素中毒的解救

尿素是动物体内蛋白质分解的最终产物，也是牛蛋白质的补充料，如果饲喂不当，会引起中毒。

1. 病因

主要原因为饲料中尿素添加过量，或者尿素与饲料混合不均匀，或牛偷食过量尿素。

2. 症状

尿素进入瘤胃被细菌产生的尿酶分解产生二氧化碳和氨气。如果进入肝脏的氨气超过了肝脏的解毒能力，可引起中毒。牛采食尿素后 20~30min 即可能发病。开始时呈现不安、呻吟、肌肉震颤和步态踉跄等，继而反复发作痉挛，同时呼吸困难，自口、鼻流出泡沫状液体，心搏动亢进，脉数增加。末期则出汗，瞳孔散大，肛门松弛。急性中毒病例，仅 1~2h 即窒息而亡。

3. 诊断

根据饲料中添加尿素量结合临床症状，可以做出正确诊断。

4. 治疗

早期可灌服大量的食醋或稀醋酸等弱酸类，以抑制瘤胃中酶的活力，并中和尿素的分解产物氨。成年牛灌服 1% 醋酸溶液 1L，效果较好。

此外，可试用硫代硫酸钠溶液静脉注射，作为解毒剂，同时对症地应用葡萄糖酸钙溶液、高渗葡萄糖溶液、瘤胃制酵剂等。

（九）牛黑斑甘薯中毒的解救

牛误食烂甘薯中毒，在农村耕牛常有发生。主要原因是甘薯储蓄过程中发霉变质，产生毒素所致。

1. 病因

黑斑甘薯真菌常寄生在甘薯表层，使病薯局部干硬，上有黄褐色或黑色斑块，称为黑斑甘薯。黑斑病甘薯现已发现有甘薯酮、甘薯醇、甘薯宁、4-薯醇等多种毒素，这些毒素耐高温，对外界抵抗力强。牛采食了过量发霉变质的黑斑甘薯，可引发中毒。

2. 症状

重度中毒后牛食欲废绝，反刍停止，全身颤抖，呼吸困难，呼吸数达 80~90 次/min。病牛张口伸舌，并有大量泡沫样唾液，在 1~3 天内窒息而死。轻度中毒临床症状表现较轻，只有轻微的呼吸困难和腹泻，一般对症治疗后即可痊愈。

剖检病牛血液呈暗褐色，心外膜、胸膜有出血点，肺有间质性气肿并伴有轻度水肿。

3. 诊断

根据饲喂史结合临床症状基本可以确诊，如摄食甘薯后发病，发病时牛只体温无变化，但有明显的喘气症状等。

4. 治疗

（1）用3%双氧水溶液125mL加入5%葡萄糖生理盐水500mL，缓慢静脉注射，每天1次，连用3天。

（2）用5%糖盐水500mL加入维生素C 10mL，静脉注射，每天1次，连用3天。

（3）50%葡萄糖注射液200mL，静脉注射，每天1次，连用3天。

（4）葡萄糖酸钙25g加入500mL糖盐水，静脉注射，每天1次，连用3天。

用以上方法治疗后10h左右症状有所减轻。第二天重复用药1次，第三天巩固治疗1次。

（十）牛食盐中毒的解救

食盐为重要的饲料成分，但在采食过多或饲喂不当时，易发生中毒。该病以消化道炎症和脑组织的水肿、变性为其病理基础，以神经症状和消化紊乱为临床特征。

1. 病因

饲料中添加0.3%~0.5%食盐可以增进食欲，帮助消化，保持机体水盐平衡。

中毒常见于以下情况：

（1）不正确地利用腌制食品的废水、残渣以及酱渣等。

（2）日粮中添加食盐比例过量，超过1%~2%可引起中毒。

（3）环境温度较高，饮水相对不足。

2. 症状

病牛表现为口渴、腹泻、脱水、流涎，以及粪便中带有大量黏液。中枢神经统呈现兴奋症状，体温常不升高，黏膜高度充血、发红、少尿。严重时能引起双目失明，后肢麻痹，甚至孕牛发生流产。

3. 诊断

根据有采食过量食盐或饮水不足的病史，结合体温变化和出现神经症状，可初步诊断。

4. 治疗

目前无特效解毒药，主要是促进食盐排除，恢复阳离子平衡以及对症疗法。

（1）促进毒物排出。为促进毒物的排除，可用利尿剂和油类泻剂。

（2）恢复离子平衡。可静脉注射5%葡萄糖酸钙溶液500~1 000mL或2%氯化钙250~300mL。

（3）对症治疗。为缓解脑水肿，降低颅内压，可静脉注射25%甘露醇液，配合速尿、氢化可的松或高渗葡萄糖液；为缓和兴奋和痉挛，可用硫酸镁、溴化钾等镇静解痉。

（十一）牛青冈叶中毒的解救

牛青冈叶中毒又称"水肿病""铁板黄""阴肾黄"等，是牛采食过量青冈叶而引起的一种中毒性疾病，以泌尿、消化系统机能紊乱和实质器官病变为主要特征。

1. 病因

此病的发生具有地区性和明显的季节性，多发生在农历清明至谷雨时节，这时期牧草缺乏，而栎栎、麻栎、柞栎（俗称青冈）正萌发新芽，牛易过量采食青冈叶而导致中毒。

2. 症状

中毒牛只表现为精神不振，反刍减少，鼻镜干燥，粪便干少且附有黏液，排尿少，体温变化不大。除了肛门水肿外，会阴、脐下、股内、臀部都有不同程度的水肿。

3. 诊断

根据发病特点、临床症状、牛采食青冈叶的情况，可以确诊。

4. 治疗

以解毒利尿、强心补液、消肿为原则。

（1）强心补液。10%～25%葡萄糖液1 500～2 000mL，维生素C40mL，10%安钠咖10～20mL，40%乌洛托品60～80mL，静脉注射，每天1次，连用3～4天。

（2）调节酸碱平衡。5%碳酸氢钠500mL，每天1次，静脉注射。

（3）促进排出。硫酸钠300～400g，加温水2 000mL灌服（或用油类缓泻剂）。

（4）利尿消肿。20%的甘露醇，剂量1～2mg/kg，静脉注射，每日1次；速尿，剂量2mg/kg，灌服，每日2次。

5. 预防

搞好饲养管理，尽量不在青冈林区放牧，贮存冬季干草或者制作青贮饲料，防止初春青饲料缺乏。

 任务二　常见外科疾病诊治

一　外科感染与损伤

（一）牛脓肿的诊治

在任何组织或器官内形成外有脓肿膜包裹，内有脓汁潴留的局限性脓腔称为脓肿。牛在使役过程中，受到外界机械力的作用，经常会造成局部脓肿，严重者可导致外科感染及全身败血症。

1. 病因

（1）病原菌侵入。引起脓肿的致病菌主要是葡萄球菌、链球菌、大肠杆菌及绿脓杆菌等。

（2）刺激性强的化学药。静脉内注射水合氯醛、氯化钙、高渗盐水及砷制剂等刺激性强的化学药品时漏针。

（3）转移性脓肿。致病菌由原发病灶通过血液或淋巴循环转移至某一新的组织或器官内所形成的转移性脓肿。

2. 症状

（1）浅在性脓肿：常发生于皮下结缔组织、筋膜下及表层肌肉组织内。初期局部出现肿胀，与周围组织无明显的界限。触诊时局部温度增高，坚实兼有剧烈的疼痛反应。

（2）深在性脓肿：常发生于深层肌肉、肌间、骨膜下、腹膜下及内脏器官。

（3）内脏器官脓肿：常常是转移性脓肿或败血症的结果。

3. 诊断

根据局部出现局限性、热痛性肿胀，可对浅在性脓肿确诊，深在性脓肿需进行穿刺和超声波检查后确诊。脓肿的鉴别诊断见表11-1。

表 11-1 脓肿的鉴别诊断

病名	发生速度	炎症反应	穿刺	其他
血肿	快	明显	血液	无可缩性
脓肿	慢	明显	脓汁	无可缩性
淋巴外渗	较慢	轻微	淋巴液	无可缩性
腹壁疝	突然	明显	禁用	有可缩性，见疝轮

4. 治疗

（1）早期：在脓汁尚未形成时，采用消炎、止痛，促进炎性产物吸收。可用冷疗或封闭等。

（2）中期：促进脓肿成熟。可用热疗，如热醋或鱼石脂外敷。

（3）后期：脓肿成熟后应尽早手术治疗。具体方法包括手术摘除和切开排脓。手术摘除时应注意不破膜整体切除；切开脓汁时，采用双氧水冲洗，并填塞抗生素。在治疗过程中禁止挤压或粗暴擦拭，以免脓汁破溃扩散。

（二）牛创伤的处理

创伤是由于机体局部受到外力作用而引起的软组织开放性损伤，一般由创围、创缘、创口、创壁、创底、创腔等组成。创伤的结构组成见图 11-2。

创伤可分为新鲜创和化脓性感染创。新鲜创一般多指手术创等尚未感染的创口；化脓性感染创是指创内有大量细菌侵入，出现化脓性炎症的创伤。

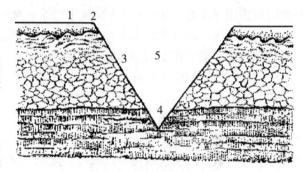

图 11-2 创伤的结构组成
1—创围；2—创面；3—创壁；4—创底；5—创腔

1. 病因

（1）新鲜创的病因。

①擦伤：是机体皮肤与地面或其他物体强力摩擦所致的皮肤损伤。

②刺创：由尖锐细长的物体刺入组织内所发生的损伤。

③切创：由各种锐利物或切割用具所致的组织损伤。

④裂创：由铁钩、铁钉等尖锐物体牵扯组织所致的损伤。

⑤挫创：由钝性物体的作用或跌倒在硬地上时肢体被拖拉所致的组织损伤。

⑥咬创：是由动物互相咬架或被野兽、毒蛇等咬伤所引起的损伤。

（2）化脓性感染创的病因。多为新鲜创发生后，病原微生物侵入伤口所致。病原微生物的种类多样，多为葡萄球菌、链球菌等革兰氏阳性菌。

2. 症状

（1）新鲜创。

①擦伤：其特点为皮肤表层被擦破，创伤部被毛和表皮剥脱，创面有少量血液和淋巴液渗出。

②刺创：其特点为创口不大，有深而窄的创道，深部组织常受损伤，一般出血较少。有

时刺入物折断于创内，如不及时取出，极易感染化脓。

③切创：其特点为创缘及创面整齐，出血较多，有时创口裂开较宽。

④裂创：其特点为组织撕裂或剥离，创缘及创面不整齐，创内深浅不一，创口裂开显著。

⑤挫创：其特点为创形不整，常有明显挫灭组织，严重时软组织被挫断或挫灭，创内常存被毛、泥土等，极易感染化脓。

⑥咬创：特点为被咬部呈管状创或近似裂创，创内常有挫灭组织，易感染或中毒。

（2）化脓感染创。其临床特点是创缘及创面肿胀、疼痛，局部温度增高，创口不断流出脓汁或形成较厚的脓痂。

3. 诊断

（1）仔细询问病史。

（2）临床检查。可综合体格检查、创伤外部检查、创伤内部探查，必要时可进行血常规、B超、X射线检查。

4. 治疗

（1）新鲜创的治疗。

①创伤止血：除压迫、钳夹、结扎等方法外，还可应用止血剂，如外用止血粉撒布创面，必要时可应用安络血、维生素K3或氯化钙等全身性止血剂。

②清洁创围：用灭菌纱布将创口盖住，剪除周围被毛，再用0.1%新洁尔灭溶液或生理盐水将创围洗净，最后用5%碘酊进行创围消毒。

③清理创腔：用镊子仔细去除创内异物，反复用生理盐水洗涤创腔，然后用灭菌纱布吸蘸创内残存的药液和污物，再于创面涂碘酊。

④缝合与包扎：创面比较整齐，可行密闭缝合；有感染危险时，可进行部分缝合；创口裂开过宽，可缝合两端；组织损伤严重或不便缝合时，可使用开放疗法。四肢下部的创伤，一般要包扎。若组织损伤或污染严重时，应及时注射抗生素。

（2）化脓性感染创的治疗。

①清洁创围：方法同新鲜创处理。

②冲洗创腔：可用0.1%高锰酸钾液，或3%双氧水，或0.1%新洁尔灭液等冲洗。

③清理创腔：扩大创口，开张创缘，除去深部异物，切除坏死组织，排出脓汁。

④引流：用10%磺胺乳剂创面涂抹或纱布条引流。

⑤抗菌消炎：有全身症状时，可适当选用抗菌消炎类药。

（三）牛窦道和瘘管的外科处理

窦道是一个病理性盲管，由深部组织通向体表，只有一个外口，多数窦道细而狭长，或直或弯，仅少数呈分支状。

瘘管是指连接体表与脏腔，或脏腔之间的一种病理性管道，有两个口。瘘管或窄或宽或弯曲，个别有分支。连通体表与脏腔的瘘管叫做外瘘，脏腔与脏腔相通的瘘管为内瘘。

1. 病因

窦道和瘘均有先天、后天之分。先天性者多为发育不正常的结果，如脐尿瘘、直肠阴道瘘等。后天性窦道和瘘管则常由各种外伤、化脓坏死性炎症、组织深部存有异物、创内存有大量的脓汁而排流不畅、不正确的长期使用引流等情况而引起。

2. 症状

窦道及外瘘在体表都有管口，管口周围皮肤内卷，并不断排出器官内容物（排泄性瘘管）、腺体分泌物（分泌性瘘管）或脓汁（化脓性窦道）。窦道及瘘的形状、长度、方向和结构，因致病的原因、发生的部位和病程长短的不同而各异。窦道及瘘的内壁多数为肉芽组织或瘢痕组织所覆盖。

3. 诊断

排查窦道及瘘管管道的长度、方向、管底状况和有无异物，必须借助金属探针或硬质细胶管进行探诊，必要时可以进行手术探查。

4. 治疗

采取手术疗法并辅以药物治疗。

（1）化脓性窦道。除去窦道内的异物和坏死组织，消除瘢痕化的病理性管壁，控制感染，促进液体排出。

（2）管道浅短的窦道。可用锐匙刮削瘢痕性管壁，夹取管内异物，也可切开管道、切除管壁，除去异物和坏死组织后，按一般创伤处理。

（3）排泄性瘘道。如腹壁粪瘘，以手术方法切除瘘管口及瘢痕组织后，对破溃的肠管作肠壁缝合。

（4）分泌性瘘管。腮腺瘘，可结扎腺管断端或摘除整个腺体。齿槽瘘，应考虑拔除患齿。

 头颈部疾病的诊治

（一）牛常见眼病的诊治

1. 结膜炎

眼结膜受外界刺激和感染而引起的以羞明、流泪、疼痛、结膜充血肿胀为特征的炎症。

（1）病因。

①异物刺激，如灰尘、芒刺、鞭伤、小昆虫叮咬、睫毛倒生等。

②继发于某些传染病或重症消化道病及邻近组织炎症。

③结膜损伤后细菌侵入感染。

④其他如化学的、光学的刺激等。

（2）症状。羞明、流泪、疼痛、结膜充血肿胀。

（3）治疗。

①去除病因、清除异物，可用生理盐水棉球黏附。

②洗眼可用 3% 硼酸液或 0.5%～1% 明矾液洗眼。

③点眼可用抗生素类眼药水或药膏加氢化可的松。

④普鲁卡因、青霉素、地塞米松 1∶1∶1 混合后穴位注射或结膜下注射。

2. 角膜炎

（1）病因。多由于外伤或异物侵入眼内引起，细菌感染、临近组织病变蔓延也可诱发该病。

（2）症状。以角膜混浊、缺损或溃疡，形成角膜翳，产生新生血管为特征，同时伴有羞明、流泪、疼痛、红肿等眼疾固有症状。角膜上出现伤痕，浅在性为点状混浊、树枝状新生血管；深在性多为片状混浊、刷状血管网；透创则房水流出、虹膜外溢。

（3）治疗。为加速浑浊吸收，可于眼睑皮下注射自家血 2～3mL；也可在眼球结膜下注射氢化可的松与 1% 盐酸普鲁卡因等量混合液，隔日 1 次，连用 2～4 次；也可向眼内吹入拨云散眼药，每天 2~3 次。

（二）牛牙齿异常的诊治

牛牙齿异常是指乳齿或恒齿数目的减少或增加，齿的排列、大小、形状和结构的改变，以及生齿、换牙、齿磨灭异常等。临床上常见牙齿发育异常、牙齿磨灭不正及龋齿。

1. 病因

（1）牙齿发育异常。

①赘生齿：在牛定额齿数以外新生的牙齿均称为赘生齿。

②换牙失常：由于乳齿未按时脱落，永久齿从下面生出。

③牙齿失位：指颌骨发育不良，齿列不整齐，导致牙齿齿面不能正确相对。

（2）牙齿磨灭不正。

①斜齿（锐齿）：下颌过度狭窄，多由经常性使用一侧臼齿咀嚼而引起的。

②剪状齿：臼齿中有一个特别长，突出至对侧，常发生在对侧臼齿短缺的部位。

③波状齿：臼齿磨灭不正而造成的上下臼齿咀嚼面高低不平，呈波浪状。

④阶状齿：比波状齿更为严重的一种磨灭不正，臼齿长度不一致，往往见于若干臼齿交替缺损，而其对应的臼齿则相对过长。

⑤滑齿：指臼齿失去正常的咀嚼面，不利于饲料的嚼碎，多见于老龄牛。

（3）龋齿。龋齿是牙釉质、牙本质和牙骨质的损伤，同时伴有牙齿硬组织的损伤。

2. 治疗

根据牙齿异常的病因及其具体情况分别选用下列疗法。

（1）过长齿：用齿剪剪去过长的齿冠，再用齿锉进行修整。

（2）锐齿：用齿剪剪去尖锐的齿尖，再用齿锉适当修整其残端。

（3）龋齿：轻度龋齿可用硝酸银饱和溶液涂擦龋齿面，以阻止其继续向深处崩解；中度龋齿应彻底除去病变组织，消毒并充填固齿粉；重度龋齿应实行拔牙术。

三 腹部外科疾病的诊治

（一）疝的诊治

疝是腹部的内脏从异常扩大的自然孔道或病理性破裂孔脱至皮下或其他解剖腔的一种常见病。

1. 疝的组成（见图 11-3）

疝孔（疝轮）：指自然孔的异常扩大（如脐孔、腹股沟环）或是腹壁上任何部位病理性的破裂孔，内脏可由此而脱出。

疝囊：由腹膜及腹壁的筋膜、皮肤等构成，腹壁疝的最外层常为皮肤。

疝内容物：为通过疝孔脱出到疝囊内的一些可移动的内脏器官。常见的有小肠、肠系膜、网膜，其次为瘤胃、真胃、肝，偶尔有子宫、膀胱等。

疝液：疝囊内含有的数量不等的浆液。

2. 疝的分类

（1）根据疝部是否突出体表分为外疝和内疝。凡突出体表的叫外疝，如脐疝；不突出体表者叫内疝，如膈疝和网膜疝。

（2）根据发病的解剖部位分为脐疝、腹股沟阴囊疝、腹壁疝、会阴疝、闭孔疝、腹膜内疝。

（3）根据发病原因分先天性疝和遗传性疝。先天性疝多发生于初生犊牛；遗传性疝可见于各种年龄的牛。

（4）根据疝内容物是否可以还纳分为可复性疝和不可复性疝。可复性疝指当改变动物体位或挤压疝囊时，疝内容物可通过疝孔还纳于腹腔；不可复性疝指不论是改变体位，还是挤压疝内容物都不能回到腹腔内。

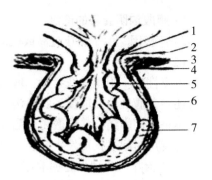

图11-3　疝的组成结构
1—疝轮；2—腹膜；3—肌肉；4—皮肤；
5—疝内容物；6—疝囊；7—疝液

3. 脐疝的诊治

（1）病因。由于脐孔闭锁不全，肠管从脐孔脱入皮下所致。

（2）症状。脐部呈现局限性肿胀，质地柔软，缺乏红、热、痛等炎性反应。病初多数能在挤压疝囊或改变体位时将疝内容物还纳到腹腔，并可摸到疝轮，听到肠蠕动音，后期由于肠管粘连往往形成不可复性疝。

（3）诊断。脐口有一局限性突出物，触诊能摸到疝轮，能听到肠蠕动音。

（4）治疗。

①保守疗法。适用于疝孔较小的脐疝。可用绷带压迫疝孔，再用95%酒精或10%氯化钠溶液在疝轮四周分点注射，促进局部炎性增生。

②手术疗法。全身麻醉或局部浸润麻醉，仰卧保定，切口在疝囊底部，呈梭形。皱襞切开疝囊皮肤，依次切开疝囊壁，检查疝内容物有无粘连和坏死。缝合前需将疝轮光滑面作轻微切削，以致形成新鲜创面，便于术后脐孔闭合。若无粘连和坏死，可将疝内容物直接还纳腹腔内，然后缝合疝轮。若发生粘连和坏死，需要仔细剥离粘连组织，然后将内容物还纳腹腔。

4. 外伤性腹壁疝的诊治

（1）病因。由于钝性外力作用，使肌肉或腱膜断裂，内脏器官随破裂口脱于皮下。

（2）症状。腹壁局部突然出现一个局限性扁平、柔软、有弹性的肿胀，触诊时有疼痛，温热感。炎症初期，疝轮及内容物不明显，消肿后明显，可听到肠音。发生嵌闭性不可复疝时，腹痛剧烈。

（3）诊断。受钝性暴力后短时间内在局部出现柔软可复性肿胀，触诊能摸到疝轮，能听到肠蠕动音，以此方法即可确诊。

（4）治疗。可采用保守疗法与手术疗法，各有其适应证和优缺点。

①保守疗法。适用于初发的外伤性腹壁疝，疝孔小，有可复性，尚不存在粘连的病牛，可采用保守疗法。具体方法是在疝孔位置安放特制的软垫，然后压迫并填塞疝孔。随着炎症及水肿的消退，疝轮即可自行修复愈合。缺点是压迫绷带有时会移动而影响疗效。

②手术疗法。手术是治疗外伤性腹壁疝的可靠方法。具体方法是将牛站立或侧卧保定，采用局部浸润或腰旁神经传导麻醉，同时配合静松灵或846合剂等药物进行全身浅麻醉。切口部位的选择取决于是否发生粘连。在病初尚未粘连的，可在疝轮附近作切口，然后依次如已经粘连在疝囊处作一皮肤梭形切口，然后依次钝性分离皮下组织，将内容物还纳入腹腔，最后缝合疝轮，闭合切口。

5. 腹股沟阴囊疝的诊治

（1）病因。由于腹压过高或腹股沟环过大，脏器可通过腹股沟管口脱入阴囊鞘膜管内。

（2）症状。

可复性疝：阴囊皮肤紧张，增大，下垂，无热、无痛，触之柔软，有弹性，无全身症状，常可还纳于腹腔内。能摸到腹股沟外环，阴囊肿大，听诊有肠音。

不可复阴囊疝：又称嵌闭性阴囊疝。阴囊皮肤紧张，水肿、发凉，阴囊肿大，摸不到睾丸。若脱出时间过长可发生粘连，触诊有热痛，疝囊紧张，可能会引发全身症状。

（3）治疗。此病只能手术疗法才能彻底治愈。阴囊疝可以在局部麻醉下进行手术，依次切开皮肤和浅、深层的筋膜，至暴露总鞘膜，然后将总鞘膜与周围组织分离出来，还纳疝内容物入腹腔。

对于已发生肠粘连的，在剥离时用浸以温热灭菌生理盐水的纱布慢慢分离粘连肠管，再将内容物还纳入腹腔。然后贯穿结扎总鞘膜并切断，伤口局部撒以消炎药，皮肤和筋膜做结节缝合。未去势的，可在手术的同时摘除睾丸。

（二）牛直肠脱的整复

直肠脱是指直肠的一部分甚至大部分向外翻转脱出肛门外，该病是牛常见的多发病。

1. 病因

多因饲养管理不善，饲料单纯，日粮配合不当，营养不全。运动或放牧过于疲乏，使牛体质虚弱，排便困难，努责过度，造成直肠韧带或肛门结构肌弛缓，失去弹性和正常的支持固定作用，引起直肠黏膜的一部分或大部分向外翻出而脱垂于肛门之外，不能自行缩回。

个别老龄牛因体弱或长期患慢性便秘剧烈努责，久泻不止，分娩努责及刺激性药物灌肠后也可继发该病。

2. 症状

病牛初期卧地或排便后，可见肛门外有圆柱状下垂的肿胀物。严重的病牛，因脱出的肠管长期暴露于体外，使水肿加剧，黏膜表面干硬，呈污秽不洁的暗紫色或褐色，并出现溃烂、坏死，可引起感染并出现全身症状。

3. 治疗

（1）整复脱出物。对症状轻的病牛，脱出部分用 0.1% 的高锰酸钾溶液冲洗干净，并用 2% 的明矾溶液收敛及热毛巾温敷，洗净消毒后，涂撒消炎药，在病牛没有努责的情况下，缓缓将其还纳于肛门内。

（2）固定肛门。为防止还纳的直肠继续脱出，应在肛门周围作袋状缝合，中央应留有二指宽的排粪孔。

（3）手术切除。脱出的肠管如果严重坏死、溃烂，不能整复，应立即施行直肠切除术。保定和麻醉后，首先清洗消毒脱出的肠管，切除坏死的肠管，进行肠管端端吻合。缝合完毕，用新洁尔灭溶液冲洗消毒后，涂撒消炎药，还纳于肛门内，一般 7 天左右可拆除缝线。

4. 预防

首先应改善饲养管理条件，增加营养，喂给全价精料及优质青干草料；其次是消除病因，积极治疗便秘、下痢、咳嗽及阴道脱等。该病应及早发现及时整复或手术，延误治疗可能导致肠管坏死而影响治疗效果。

四 常见四肢及蹄部疾病的诊治

（一）牛跛行的诊断

牛的跛行比较常见，是肢蹄或邻近部位因病态而表现出运动机能障碍。

1. 跛行的种类

根据患肢机能障碍的状态和步幅变化来判断。步幅是同一肢两蹄之间的距离，这一距离被对侧肢分为前后两半步，正常时均等，异常时出现前方或后方短步。

（1）支跛：患肢因疼痛而缩短负重时间，对侧肢蹄提前着地。症状特点：患部多在腕跗关节下；后方短步；系步直立；蹄音低蹄迹浅。口诀为"敢抬不敢踏，病痛腕跗下"。

（2）悬跛：多由上部肌肉、关节伸屈肌及其附件异常引起。症状特点：抬不高迈不远，敢踏不敢抬；运步缓慢；前方短步。口诀为"敢踏不敢抬，疼痛上段呆"。

（3）混合跛：兼有支、悬跛症状。

2. 跛行的程度

（1）轻度：能全蹄面着地，但是负重时间短或肢体举扬困难。

（2）中度：仅以蹄尖着地，负重时间短或肢体明显举扬困难。

（3）重度：患肢几乎或完全不能负重与举扬，运步时呈三肢跳或拖拉步样。

3. 跛行的诊断

（1）病史调查。在牛场进行跛行诊断时，必须先巡查该牛场，寻找可以引起跛行或蹄病的因素。如牛场的运动场地面如何？牛棚内卫生如何？日粮中钙、磷比例是否恰当？同群牛中是否有许多相似病例？

（2）视诊。牛跛行诊断时的视诊，包括躺卧视诊、驻立视诊和运步视诊。

①躺卧视诊。牛正常休息采用卧姿，卧姿的改变可能提示运动器官障碍。正常卧姿是两前肢腕关节完全屈曲，并将肢压于胸下，一侧后肢弯曲压于腹下，另一侧后肢屈曲在腹部的旁边，如图11-4（a）所示。牛脊髓损伤时，病牛常将整个体躯平躺在地上，四肢伸直，如图11-4（b）所示。牛闭孔神经麻痹时，一个或两个后肢伸直，如图11-4（c）所示。

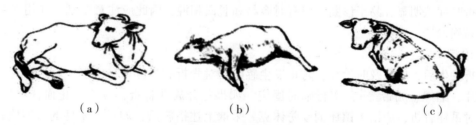

（a）　　　　　　　　　　（b）　　　　　　　　　　（c）

图11-4　牛躺卧姿势

（a）正常卧姿；（b）异常卧姿（脊髓损伤）；（c）异常卧姿（闭孔神经麻痹）

②驻立视诊。将病牛拴在柱子上，检查者站在离牛1m处绕行一周，观察负重与站立姿势。

正常牛四肢平均负重，注意有无某肢蹄频频交换负重，该肢蹄是否内收、外展、前踏、后踏、系部直立等症状。

③运步视诊。机体由于自然反射，保护有疼痛的患肢和患部，从而转移机体重心，在运步视诊时更为明显。运步视诊可选择在平地、坡地、硬地、软地等不同地点。为了促使跛行

加重，以利于准确找到患肢和患部，可以进行圆周运动、急速回转运动、软硬地运动、上坡和下坡运动。

a. 圆周运动：支跛在内围时跛行明显；悬跛在外围时跛行明显。

b. 急速回转运动：支跛在内围时跛行加重；悬跛在外围时跛行加重。

c. 软硬地运动：硬地，支跛症状明显；软地，悬跛症状明显。

d. 上坡和下坡运动：前肢悬跛；上下坡都加重；后肢支跛；上下坡都加重。

（4）触诊。

①蹄部检查。外部检查蹄形变化、钉节位置、有无刺物；蹄温检查是否有炎症；痛觉检查，敲打蹄部、钉节等部位。

②肢体各部检查。由冠关节逐步向上触摸按压，人为被动地使关节部位屈曲，观察机体疼痛情况。

（二）牛骨折的处理

在暴力作用下，骨骼的完整结构遭到破坏称为骨折。

1. 病因

引起骨折的外因很多，可概括为以下几方面：跌（如跌倒于硬地）、打（被打击和蹴踢）、压（车轮碾压）、蹩（蹄嵌入洞穴时猛力拔出）、挤（跳越障碍或围栏）。

2. 症状

主要有疼痛、肿胀，机能障碍，肢体变形，严重的跛行。

（1）疼痛。骨折时局部疼痛剧烈，严重时出现全身发抖和局限性出汗，甚至引起休克。

（2）肿胀。骨折后可能立即出现血肿。

（3）机能障碍。骨折发生后会出现不同形式和不同程度的机能障碍，在四肢部则表现为跛行，甚至丧失运动机能。

（4）肢体变形。骨折时由于骨断端离位，肌肉收缩，局部出血和炎症而引起肢体变形。活动肢体远侧端出现异常运动和骨摩擦音。

3. 诊断

骨折时症状明显，易于诊断，但有时容易和脱臼相混，因此应注意鉴别。如用 X 射线检查，很易确诊。

4. 治疗

骨折发生后，应该及时治疗，防止发生感染。对骨折病牛应保持安静，就地取材（如木板、竹片、细绳、绷带等），实行临时固定。如果是开放性骨折，应首先止血，然后包扎、固定。对重症骨折，应给予镇痛剂预防休克。采取上述措施后，如果有条件的可实施骨折内固定手术。

（三）牛关节脱位的复位

1. 病因

主要原因是由于牛突然受到强烈外力作用所引起的。其次，某些传染病、代谢病或关节发育不良等，也可诱发此病。常见的有髋关节、膝盖骨肩关节脱位。

2. 症状

（1）关节变形。脱位关节的骨端向外突出，在正常时隆起的部位变成凹陷。

（2）异常固定。脱位的关节由于被周围软组织，特别是未断裂韧带的牵张，两骨端固定于异常位置，此时运动受到限制。

（3）姿势改变。一般在脱位关节以下的姿势发生改变，肢体被固定于内收外展屈曲或伸展等状态。

（4）患肢延长或缩短。与健肢比较，一般不全脱位时患肢延长，全脱位时患肢缩短。

（5）功能障碍。于受伤后立即出现，由于疼痛和骨端移位，患肢运动功能出现明显障碍。

3. 治疗

（1）整复。可实施全身麻醉或传导麻醉，先将脱位的远侧骨端向远侧拉开，然后将其还原于正常位置。整复正确时，关节变形及异常症状消失，自动运动和被动运动有的可完全恢复。

（2）固定。为了防止二次骨折，可给予外包扎固定，也可于关节周围组织内分点注射5%食盐水或30%酒精，以诱发炎症，达到固定关节的目的。

（四）牛腐蹄病的诊治

腐蹄病是一种以真皮或角质层、蹄间皮肤及其深层组织腐败化脓为特征的局部化脓坏死性炎症。

1. 病因

（1）饲料营养不平衡。如日粮配合不平衡（钙、磷比例不当或供应不足，蛋白质或维生素缺乏）引起蹄角质发育不良。

（2）环境卫生差。牛舍阴暗潮湿，粪尿未及时清扫，运动场泥泞使牛蹄长期浸泡其中；牛床、运动场不平整或煤渣、石子、砖瓦块等坚硬异物引起蹄伤，致使蹄受细菌感染。

（3）其他疾病继发。某些重要的传染病可以继发牛的腐蹄病，如牛的口蹄疫。

2. 症状

病初表现轻度跛行，喜卧，强行站立时频频提举病肢，患蹄刨地，系部和球节屈曲。趾（指）间皮肤和蹄冠呈暗红色、发热、肿胀、敏感，皮肤裂开，有恶臭味。蹄底不平整，角质呈黑色。全身症状表现为牛体温升高，食欲下降，精神沉郁，机体逐渐消瘦等。严重者病蹄角质分离，甚至整个蹄匣脱落。

3. 治疗

（1）保定。一般采用六柱栏内站立保定，用绳将牛患肢固定于同侧柱栏上，距离地面70cm左右。在没有保定架的情况下将牛放倒在牛床上侧卧保定，患肢在上方，其余三肢用绳子捆在一起。

（2）清创。用0.1%高锰酸钾或0.1%新洁尔灭溶液洗净患蹄后，将蹄底修平，彻底清除坏死组织后，用3%双氧水和生理盐水冲洗创腔。

（3）局部用药。用10%碘酒涂擦创腔后将高锰酸钾粉撒在创面上，然后用无菌纱布填在创腔内，最后用绷带将患蹄包扎好。重症病牛可局部封闭注射普鲁卡因、青霉素。全身症状明显者，采用对症疗法。

4. 预防

该病应加强饲养管理，合理调整日粮配比，保持钙、磷比例平衡，保证蛋白质或维生素含量丰富；及时清理粪尿，保证圈舍清洁干燥；便做好蹄部卫生保健。牛病后应尽早治疗，防止病情恶化。

任务三 常见的产科疾病的诊治

一 常见妊娠期疾病的诊治

（一）牛流产的诊治

流产即是妊娠的中断，该病发生于各种母牛。

1. 病因

流产的原因非常复杂，其大致分为传染性流产及非传染性流产两类。

（1）传染性流产。传染性流产是由传染病和寄生虫病所引起。其又分为自发性和症状性两种。

①自发性流产。胎膜、胎儿及母牛生殖器官，直接受微生物或寄生虫侵害所致。如布氏杆菌病、胎毛滴虫病、衣原体病、黏膜病毒病等。

②症状性流产。流产只是某些传染病和寄生虫病的一个症状。如结核、附红体病等。

（2）非传染性流产。

①胎儿及胎膜异常。包括胎儿畸形或胎儿器官发育异常，胎膜水肿，胎水过多或过少，胎盘炎，胎盘畸形或发育不全，以及脐带水肿等。

②母牛的疾病。包括重剧的肝肾、心、肺、胃肠和神经系统疾病，生殖器官疾病或异常（子宫内膜炎、子宫发育不全、子宫颈炎、阴道炎、黄体发育不良）等。

③饲养管理不当。包括母牛因长期饲料不足而过度瘦弱，饲料单纯而缺乏某些维生素和无机盐，饲料腐败或霉败等。

④机械性损伤。包括剧烈的跳跃、跌倒、抵撞、蹴踢和挤压，以及粗暴的直肠或阴道检查等。

⑤药物使用不当。使用大量的泻剂、利尿剂、麻醉剂和其他可引起子宫收缩的药品等。

2. 症状

牛流产症状有以下五种表现。

（1）隐性流产。妊娠初期，胚胎的大部或全部被母体吸收。常无临床症状，只在妊娠后期又重新恢复而发情。

（2）排出未足月胎儿。分为小产和早产。小产是排出未经变化的死胎，胎儿及胎膜很小，常在无分娩征兆的情况下排出，多不被发现。早产是排出不足月的活胎，有类似正常分娩的征兆和过程，早产的胎儿，虽活力很低，仍应尽力救养。

（3）胎儿干尸化。胎儿死于子宫内，死胎未被排出，胎儿及胎膜的水分被吸收后体积缩小变硬，呈棕黑色，犹如干尸。

（4）胎儿浸溶。胎儿死于子宫内，由于子宫颈开张，非腐败性微生物侵入，使胎儿软组织液化分解后被排出，但因子宫颈开张有限，因此骨骼存留于子宫内。病牛表现为精神沉郁，体温升高，食欲减退，腹泻，消瘦。随努责见有红褐色或黄棕色的腐臭黏液及脓液排出，且常带有小短骨片。黏液玷污尾及后躯，干后结成黑痂。

（5）胎儿腐败分解。胎儿死于子宫内，由于子宫颈开张，腐败菌侵入，使胎儿内部软组织腐败分解，产生的硫化氢、氨、丁酸及二氧化碳等气体积存于胎儿皮下组织、胸腹腔及阴囊内。病牛表现为腹围膨大，精神不振，呻吟不安，频频努责，从阴门流出污红色恶臭液体，食欲减退，体温升高。阴道检查时产道有炎症，子宫颈开张，触诊胎儿有捻发音。

3. 诊断

流产发生突然，流产前一般没有特殊的症状，或有的在流产前几天有阴门流出羊水、努责等症状。

4. 治疗

针对不同情况，采取不同措施。

（1）胎儿存活的治疗。应全力保胎，以防流产。可用黄体酮注射液，50~100mg，肌肉注射，每天1次，连用2~3次。亦可肌肉注射维生素E。

（2）胎死腹中的治疗。胎儿已死，若未排出，则应尽早排出死胎，并剥离胎膜，以防继发病的发生。

（3）胎儿干尸化的治疗。灌注灭菌石蜡油或植物油于子宫内后，将死胎拉出，再冲洗子宫。当子宫颈口开张不足时，可肌肉或皮下注射前列腺素或己烯雌酚，促使宫颈开张。

（4）胎儿浸溶及腐败分解的治疗。应尽早将死胎组织和分解产物排出，并按子宫内膜炎处理，同时应根据全身状况配以必要的全身疗法。

5. 预防

加强对怀孕母牛的饲养管理，注意预防该病的发生。如有流产发生，应详细调查，分析病因和饲养管理情况，疑为传染病时应取羊水、胎膜及流产胎儿的胃内容物进行检验，深埋流产物，消毒污染场所。

（二）牛卵巢囊肿的防治

卵巢囊肿可分为卵泡囊肿和黄体囊肿。

1. 病因

该病与母牛内分泌功能失调、促黄体素分泌不足、排卵功能受到破坏有关。

2. 症状

卵泡囊肿时，病牛一般发情不正常，出现持续而强烈的发情现象，又称为慕雄狂。母牛极度不安，大声哞叫，食欲减退，频繁排粪、排尿，经常追逐或爬跨其他母牛。病牛性情凶恶，有时攻击人畜。

黄体囊肿的主要表现是母牛不发情。

3. 诊断

（1）卵泡囊肿。直肠检查时，通常可发现卵巢增大，在卵巢上有1个或2个以上的大囊肿，略带波动。

（2）黄体囊肿。直肠检查时，卵巢体积增大，可摸到带有波动的囊肿。

为了鉴别诊断，可间隔一定时间进行复查，如超过一个发情期以上没有变化，母牛仍不发情，可以确诊。

4. 治疗

近年来多采用激素疗法治疗囊肿，效果良好。

（1）促性腺激亲释放激素。肌肉注射促性腺释放激素，400~600ug/次，每天1次，可连用1~4次，但总量不得超过3 000ug。一般在用药后15~30天，囊肿逐渐消失而恢复正常发情排卵。

（2）垂体促黄体素。肌肉注射垂体促黄体素，1次性肌肉注射200~400IU，一般3~6天后囊肿症状消失，形成黄体，15~30天恢复正常发情周期。

（3）绒毛膜促性腺激素。注射绒毛膜促性腺激素，静脉注射2 500~3 000IU，或肌内注射0.5~1万IU。具有促进黄体形成的作用。

（三）牛子宫内膜炎的治疗

牛子宫内膜炎是在母牛分娩时或产后由于微生物感染所引起的，是奶牛不孕的常见原因之一。根据病程可分为急性和慢性两种。

1. 病因

细菌感染、病原微生物的感染是引起子宫内膜炎的主要原因。

（1）兽医和配种人员在工作过程中，消毒不严或动作粗鲁给子宫内膜造成损伤。

（2）母牛患有其他疾病，如结核病、布氏杆菌病、乳房炎、产后瘫痪、胎衣不下等。

（3）运动缺乏、过度催乳等使母牛全身张力降低，造成产后子宫弛缓，恶露蓄积，子宫内膜感染。

2. 症状

（1）隐性子宫内膜炎。母牛发情周期正常，但配种不易受孕。常无明显临床症状。

（2）慢性卡他性子宫内膜炎。周期、发情、排卵正常，但是屡配不孕，或配种受孕后发生流产。子宫颈阴道部肿胀、充血，阴道内含有絮状物的透明黏液。

（3）慢性化脓性子宫内膜炎。母牛精神不振，食欲减少，久不发情或发情持续。从阴道内排出大量恶臭的灰白色或黄褐色脓性分泌物，附在尾根处并结痂。

3. 诊断

可根据临床症状、阴门排出分泌物的性状，以及阴道与直肠检查的结果，结合发情、配种情况等，进行综合分析，加以确诊。

4. 治疗

（1）子宫内灌注法。

①灌注抗生素。土霉素、庆大霉素、青霉素、链霉素及磺胺类药物均可。其作用是抗菌消炎。其中以土霉素效果较好，剂量是1~3g，隔日1次。

②灌注碘溶液。取5%碘溶液20mL，加蒸馏水500~600mL，一次性灌入子宫内。因碘具有较强的杀菌力，达到活化子宫与净化炎症的作用。

③灌注鱼石脂溶液。取纯鱼石脂8~10g，溶于1 000mL蒸馏水中，每次灌入100mL，一般用1~3次即可，其作用是使子宫软化。

（2）中草药治疗。中草药治疗多采用一些具有抗菌消炎、清热解毒、活血祛瘀作用的药物，如金银花、连翘、黄芩、当归、益母草、红花、赤芍、冰片等。

此外，还有激素疗法也具有一定的治疗效果。

5. 预防

加强饲料配合，供应全价饲料，促使母牛健康，增强其体质。配种时加强消毒措施，严格执行操作规程，尽量减少子宫感染机会，对于长期治疗无效的种用牛要及时淘汰。

二　常见分娩期疾病的诊治

（一）母牛难产的救助

难产又称异常分娩，是由于母体或胎儿异常引起的胎儿不能顺利通过产道的分娩性疾病。

难产是牛最常见的产科疾病，往往由于得不到及时救助或救助方法不当引起母子双亡，给畜主造成重大损失。

1. 概述

（1）胎向。胎向指胎儿在母体的方向，即胎儿体纵轴与母体纵轴的关系，包括纵向、横向和竖向。

纵胎向是指胎儿体纵轴与母体纵轴一致，即互相平行，为正常胎向。横胎向是指胎儿横卧于子宫内，胎儿体纵轴与母体纵轴垂直，为异常胎向。竖胎向是指胎儿体纵轴与母体纵轴垂直，为异常胎向。

（2）胎位。指胎儿在母体的位置，即胎儿的背部与母体的背部或腹部的关系，包括上胎位、下胎位和侧胎位。上胎位是胎儿伏卧在子宫内，背部在上，靠近母体的背部和荐部，为正常胎位。下胎位是胎儿仰卧在子宫内，背部在下，靠近母体的腹部和耻骨，为异常胎位。侧胎位是胎儿侧卧在子宫内，背部侧向母体的腹壁，为异常胎位。

（3）胎势。指胎儿的姿势，即胎儿的各部分是伸直的或屈曲的。

（4）前置。指胎儿各部分与产道的关系，哪部分朝向产道即称为哪部分前置。

2. 病因

引起母牛难产的病因主要分为母牛的因素和胎儿因素。

（1）母牛的因素。包括产道狭窄、产力不足、营养状况不良或母牛患有其他疾病等因素，其中最主要的因素是产道狭窄和产力不足。

（2）胎儿因素。包括胎向、胎位、胎势的异常，胎儿过大，胎儿畸形，胎儿浮肿等因素。

3. 症状

产期已到，母牛出现长时间阵缩和努责，不见胎膜和胎儿任何部分露出，或露出胎儿口部和头部，不见双蹄露出，或露出一腿不见另一腿露出，或露出两条前腿，不见头部露出。

4. 诊断

（1）询问病史。

①产期：向畜主询问母牛是否到了产期，判断母牛是否属于流产、早产或难产。

②胎次及年龄：询问母牛是初产或经产，判断母牛产道是否狭窄，或胎儿是否异常。

③分娩过程：询问什么时间出现阵缩，是否破水，有什么异常表现。

④患病史：母牛是否发生过影响分娩的疾病。

（2）母畜检查。

①全身检查：特别要注意母牛的精神状态和能否站立，判断母牛是否能够经受住复杂的手术，还要检查荐坐韧带后缘是否松弛，荐骨后端的活动性。

②产道检查：检查产道是否狭窄，子宫颈口开张情况，产道干湿度。

③产力检查：观察母牛阵缩和努责情况，判断产力是否正常。

（3）胎儿检查。检查胎向、胎位和胎姿是否异常，胎儿大小、胎儿死活、胎儿进入产道深浅，从而决定采用哪种方法救助。

5. 救助

（1）救助原则。

①力争母子双全，保全母牛以后的生育能力，防止继发感染。

②救助手术应尽早施行，利用母牛体力尚好、产道润滑、胎儿尚活的有利时机，尽快将

胎儿拉出。

③术前要进行周密检查，根据具体情况制定正确的救助方案，切忌盲目手术。

（2）救助方法。

①产力不足：产力是由子宫肌的收缩力和腹壁肌肉的收缩力组成的，产力不足一般用药物治疗，肌肉注射催产素 40~80IU。

②骨盆腔狭窄：施行剖腹产术或截胎手术。

③子宫颈狭窄或子宫颈口不开：施行子宫颈切开手术或剖腹产手术。

④胎向异常：施行胎向矫正手术。横胎向和竖胎向时，先用产科绳拴住胎儿头部，再用产科挺抵住胎儿膝部，助手拉产科绳，将胎儿头部向产道方向拉，术者用产科挺把胎儿的臀部向里推，将胎儿矫正后拉出。

⑤胎位异常：施行胎位矫正手术。对于下胎位和侧胎位的胎儿，先将头推回子宫中，把两前肢从产道中拉出。在两前肢间夹一根横棍棒，用绳子将两前肢和木棍棒拴牢。术者两手握棍棒两端，朝一个方向用力旋转，胎位即能够矫正，矫正后将胎儿拉出。

⑥胎势异常：胎势异常的情况复杂，先将胎儿露出部分推回子宫中，再对异常胎势进行矫正，矫正后将胎儿拉出，不可在没矫正胎势前强行外拉。

6. 预防

（1）加强饲养管理。不可配种过早，避免因母牛发育不成熟，造成骨盆腔狭窄。妊娠期母牛多喂富含矿物质和维生素的饲料，进行适当运动，提高母牛子宫肌收缩力。

（2）定期临产检查。当母牛出现临产征兆时，及时对母牛和胎儿进行认真检查，发现异常问题及时处理，防止难产的发生。

（二）母牛胎衣不下的诊治

胎衣不下是胎儿产出后，在正常时间内胎衣没有排出，以胎衣滞留、胎衣悬挂在阴门外为特征。牛的胎衣正常排出时间为 12h 以内，超过这个时间范围，即应视为胎衣不下，要及时进行治疗。

1. 病因

（1）产后子宫收缩无力。饲料单纯，母牛体质衰弱，运动不足，羊水过多或分娩时间过长都能引起产后子宫收缩无力。

（2）绒毛膜与子宫黏膜粘连。妊娠期母牛慢性子宫内膜炎可引起绒毛膜与子宫黏膜粘连。

2. 症状

（1）完全胎衣不下。少部分胎衣悬挂于阴门外，产道检查可摸到大部分胎衣仍滞留在阴道及子宫内，进一步检查可发现胎衣与子宫内膜子叶粘连。病牛弓腰拘尾，不断努责做排尿状。体温升高至 39.5℃ 以上，食欲减退，饮水正常，产道与子宫内蓄积有炎性产物及发臭的胎水。

（2）部分胎衣不下。大部分胎衣悬挂于阴门之外，病牛食欲正常，体温变化不明显，偶有努责现象。入手检查，可摸到少部分胎衣紧紧扣住母体胎盘子叶上或仅有孕角顶端极小部分粘连在子宫母体胎盘上。露垂于阴门外的胎衣为浅灰色，阴道内不断地流出恶臭的褐色分泌物。

3. 治疗

治疗原则：促进子宫收缩，加速胎衣排出，防止继发感染。

（1）西药治疗。肌肉注射催产素40~80IU，促进子宫肌收缩，子宫灌注5%~10%氯化钠溶液2 500~3 000mL，促进胎盘与母体分离。

（2）内服中药。党参90g、灵脂30g、生蒲黄30g、当归100g、川芎30g、益母草40g、黄芪50g，煎汁后加红糖50g，一次性灌服。

（3）胎衣剥离术。将尿膜绒毛膜与子宫黏膜分离。用0.1%高锰酸钾液消毒外阴与术者手臂，以左手拉紧外露的胎衣，右手沿胎膜表面伸入子宫。用拇指、食指和中指捏住胎膜，连续抖动或挤捏，将胎膜剥下。用同样的方法，由近及远逐步分离，直至胎膜完全剥离。胎衣剥离后用0.1%高锰酸钾液冲洗子宫。待高锰酸钾液排出后，向子宫内投入红霉素300~600万IU。

4. 预防

（1）加强饲养管理。增加妊娠后期母牛的运动和光照，在日粮配制中注意钙、磷、硒、维生素A和维生素E等的补充。产前2~3周，日粮中应适当提高蛋白质水平，降低钙的水平。产前1周对年老体弱及有过胎衣不下病史的牛，肌肉注射维生素D_3。

（2）防止感染。分娩助产过程中要严格执行消毒措施，防止产后发生感染。

（三）母牛阴道及子宫脱的处理

阴道或子宫的一部分或全部脱出于阴道或阴门之外，叫作阴道脱或子宫脱。该病多见于孕牛，年老体弱的母牛发病率较高，奶牛比其他牛多见。

1. 病因

该病主要由于母牛怀孕后期腹压增大，分娩或胎衣不下时努责过强，助产时强拉胎儿等而引起的。同时饲养管理不善，运动不足，矿物质缺乏，体质虚弱及子宫周围的组织、韧带弛缓也可引起发病。

2. 症状

阴道脱或子宫脱暴露于体外，常呈现充血、出血、溃烂等不同变化，易引起感染或化脓。通常全身症状不明显。

（1）阴道脱。阴道脱分为部分脱出和完全脱出。部分脱出是阴道壁部分松弛脱出于阴门之外，为大小不等的半圆形粉红色脱出物体，卧地后露出脱出物，但母牛站立后则回纳阴道内，表面光滑无孔道。完全脱出则体积较大，在脱出物背后上方见有一孔道，为脱出的子宫颈外口，脱出物前下方有时发现也有一个小孔道，为尿道口外露所致。

（2）子宫脱。子宫脱多发生于孕牛产后，其体积很大，呈袋状。脱出物表面有数十个大小相似，呈半个乒乓球大小的突出物，称绒毛叶阜（或称母体胎盘）。

3. 诊断

该病极易确诊，在牛会阴部发现阴门外有脱出物，但必须分辨出是阴道脱（部分脱或全脱）或子宫脱（多为一侧子宫角脱出）。

4. 治疗

应及早进行整复固定，并配以药物治疗。

（1）药物冲洗。病牛采取前低后高位保定，如努责强烈，可肌内注射镇静剂，或用2%普鲁卡因20~50mL深部浸润麻醉，然后选用0.1%高锰酸钾液清洗脱出部。

（2）整复。术者四指并拢，将脱出的部分顶进阴道腔内。当子宫全脱时，可由多人配合，反复推送，将子宫复原。

（3）固定。为防止再努责脱出，必须加以固定。可用缝合线在阴门上做2~4针结节缝合，然后再围绕阴唇四周的软组织皮下做荷包缝合。在缝合阴唇时，必须留下阴门缝隙，便于排尿。

5. 预防

应加强饲养管理，给予富含营养的饲料，以提高牛的体质和抵抗能力。奶牛适当运动，役牛合理使役。此外，助产时要讲究技巧，不能粗暴地牵拉难产的胎儿。

（四）牛剖腹产术

牛的剖腹产术是采用手术的方法切开腹壁和子宫并取出胎儿，是母牛难产救助的重要方法。

1. 适应证与禁忌证

（1）适应证。

①难产中的胎儿姿势、位置与方向严重反常，推退矫正拉出无望。

②胎儿过大，双胎难产，胎儿畸形。

③骨盆腔狭窄，助产不当引起产道高度水肿，子宫扭转，母牛分娩无力，分娩过程中子宫破裂等。

④母牛年龄较大发生产力性难产。牛的剖腹取胎术治愈率达 65% 以上。

（2）禁忌证。

①母牛患病高度虚弱、衰竭，水、电解质与酸碱平衡严重紊乱，全身症状明显恶化，应慎重手术。

②难产时间较长，胎儿腐败气肿，应谨慎采用手术。

2. 术前准备

（1）保定。左侧卧保定，两前肢和两后肢分别用保定绳固定，颈部垫高，以利于口鼻分泌物流出。

（2）麻醉。肌肉注射用 846 合剂，再用 2% 盐酸普鲁卡因局部浸润麻醉。也可使用腰旁神经传导麻醉。

3. 术式

切口定位于髋结节到腹中线的垂线与右侧乳静脉 10~15cm 处的平行线交点，向前作一切口，切口长度约 40cm。

（1）建立手术通路。术者用手术刀分层切开皮肤、肌肉和腹膜层，暴露腹腔。助手用纱布堵塞切口，防止肠管涌出和胎水流入腹腔。术者将手伸入腹腔，将大网膜连同肠管推向切口前方，同时用手隔着子宫壁握住胎儿某一肢体，连同子宫壁缓慢向切口外牵引。

（2）取胎。确定子宫角大弯后，避开子宫阜，手术刀切透子宫壁，充分止血，分离切口附近的胎膜。用灭菌纱布将胎膜切口两侧创缘分别垫好，用舌钳外翻固定，沿着子宫切口最适合的方向拉出胎儿，正生时抵住两前肢，拨正胎头；倒生时还应握住下颌间隙将胎头拉出。清理血污及吸出胎水，剥离胎膜。

（3）闭合腹腔。子宫壁缝合前可于子宫腔内放入大剂量抗生素以防感染。子宫壁切口采用双层缝合，第一层连续全层缝合，经抗生素生理盐水冲洗后用，再做浆膜肌层连续水平褥式内翻缝合。将子宫还纳入腹腔内，经检查网膜和肠管无异常后，关闭腹壁。

4. 术后护理

术后要定期为牛消毒伤口，肌肉注射抗生素，防止发生感染。为了促进子宫收缩，可注射麦角新碱、脑垂体后叶素及内服益母草浸膏等药物，以利于子宫内胎水胎衣与子宫内分泌物的排出，同时对子宫切口愈合和子宫恢复均有利。

常见哺乳期疾病的诊治

（一）牛乳房炎的诊治

乳房炎是由病原菌感染引起的乳腺炎症，是奶牛常见疾病。临床上以乳房肿大、疼痛、泌乳减少或停止和乳汁变性为特征。根据症状可分为最急性乳房炎、临床性乳房炎和隐性乳房炎。

1. 病因

（1）病原微生物感染。传染性乳房炎主要是无乳链球菌、停乳链球菌和金黄色葡萄球菌感染；环境致病菌主要是大肠杆菌、乳房链球菌、化脓性棒状杆菌等。

（2）管理不当。因管理不善引起的擦伤、刺伤、挤乳损伤等。

（3）继发于其他疾病。如子宫内膜炎、布氏杆菌病等。

2. 症状

病牛全身体温升高，食欲减退，反刍减弱或停止，泌乳减少或停止。乳房局部红、肿、热、痛。乳汁变性，呈棕红色或黄褐色；有的乳汁稀薄，内有絮状物；有的乳汁混有血液或脓汁。

隐性乳房炎时，乳腺结缔组织增生，乳腺硬肿，丧失泌乳功能。

3. 诊断

根据临床症状可作出诊断，隐性乳房炎时需作实验室检查确诊。

4. 治疗

治疗原则：抗菌消炎和对症治疗。

（1）抗菌消炎。青霉素 160 万 IU，1% 普鲁卡因 10mL，鱼腥草注射液 40mL，混合后注入乳头管内，注射后轻轻按摩乳房 1~2min，1~2 次/天。

（2）对症治疗。全身症状明显时，用抗生素、磺胺类药物作治疗。乳房化脓感染时，按脓肿处理。

5. 预防

（1）加强饲养管理。保持牛舍卫生及牛体卫生，减少感染机会。

（2）规范挤奶操作。加强对挤奶员的技术训练，严格遵守挤奶操作规程，防止因粗暴挤奶引起牛乳头损伤。

（3）干乳期预防。青霉素 160 万 IU，链霉素 1g，硬脂酸铝 2~3g，溶于花生油中，注入乳头管内，一个干乳期注入 1~2 次。

（二）牛产后瘫痪的诊治

牛产后瘫痪是指母牛分娩后突然发生的急性代谢性疾病，以产后昏迷和四肢瘫痪为特征。该病为母牛产后常发疾病。

1. 病因

该病主要原因为产后血钙浓度剧烈下降所致。血钙降低的原因一般认为是因产后母牛开始泌乳，大量钙质进入乳汁中，血钙得不到及时补充，导致母牛发病。

2. 症状

牛产后 1~2 天内发病。轻者，精神沉郁，食欲减退，后肢发软，走路不稳。重症者卧地不起，精神委顿，全身抽搐，食欲废绝，反刍停止，瞳孔散大。乳牛头颈呈"S"状弯曲。头抵于胸部，四肢发凉。

3. 诊断

（1）临床检查。根据临床症状可初步诊断。

（2）实验室检查。血钙浓度在 8% 以下，甚至降至 2%～5%。

（3）鉴别诊断。该病在临床上需与酮血症和产前截瘫相区别。酮血症初期病牛兴奋，乳汁及呼出气体有水果香味，向乳房打气送风无反应。产前截瘫精神和食欲正常。

4. 治疗

（1）药物治疗。静脉注射葡萄糖酸钙 500mL，或 5%～10% 氯化钙 80～100mL，每天 1 次，连用 3 天。

（2）乳房送风疗法。用乳房送风器向乳房内打气。打气前先向乳房内注入青霉素 120 万 IU，链霉素 0.25g。打气时 4 个乳区均应打满空气，打气量要掌握适中。乳房皮肤紧张，乳腺基部边缘清楚，轻敲乳房呈鼓音时，表明打气适度。打气后用纱布条将乳头轻轻扎住，待病牛起立后，将纱布拆除。

5. 预防

（1）加强饲养管理。在母牛干奶期，从产前两周开始，饲喂含低钙高磷的饲料，减少从日粮中摄入的钙量，是预防生产瘫痪的有效方法，这样可以激活母牛的甲状旁腺机能，促进其甲状旁腺素的分泌，从而提高钙的吸收和动用钙的能力。待母牛分娩后适当增加摄入的钙量。

（2）药物预防。产前 5 天肌注维生素 A 和维生素 D。分娩后立即一次性肌注 10mg 双氢速变固醇。

思 考 题

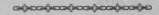

1. 分析口炎、咽炎、食管阻塞的临床症状及发病原因。

2. 分析前胃迟缓的发病原因及防治措施。

3. 如何鉴别诊断牛的瘤胃积食和瘤胃臌气？

4. 制定牛创伤性网胃炎的手术方案。

5. 如何用穿刺方法诊疗牛的瓣胃阻塞？

6. 如何区别牛的大叶性肺炎和支气管肺炎？

7. 简述奶牛酮病的发病机理。阐述如何从营养代谢的角度防治奶牛酮病？

8. 各种矿物质缺乏分别会导致牛的哪些症状？饲养管理中应该如何补充？

9. 牛常见中毒的种类有哪些？临床上应该如何抢救？

10. 如何鉴别诊断牛的脓肿与疝气？

11. 针对牛的腐蹄病应该采取哪些治疗措施？

12. 牛发生角膜炎时有哪些症状？临床上应该如何治疗？

13. 请制定牛剖腹产的手术计划。

14. 导致奶牛乳房炎的致病菌有哪些？

15. 简述引起母牛流产的各种原因。

16. 简述牛胎衣不下的手术剥离方法。

17. 简述奶牛乳房送风疗法的操作步骤。

18. 简述牛阴道及子宫脱的整复方法。

19. 牛子宫内膜炎的发病原因有哪些？临床上应该如何治疗？

20. 简述牛发生创伤的处理方法。

项目十二 牛常见传染病的防治

学习目标

知识目标：

1. 掌握牛结核病、巴氏杆菌病、布氏杆菌病、副结核、炭疽、恶性水肿、破伤风、坏死杆菌、牛肺疫、放线菌、大肠杆菌、传染性角膜炎等常见细菌性传染病的病原特点、流行病学特点、临床症状及剖检变化等相关理论知识。

2. 掌握牛口蹄疫、黏膜病、水泡性口炎、流行热、恶性卡他热、流行性感冒、牛瘟、疯牛病、轮状病毒、传染性鼻气管炎、蓝舌病等常见病毒性传染病的病原特点、流行病学特点、临床症状及剖检变化等相关理论知识。

3. 掌握牛附红细胞体、钩端螺旋体、钱癣等常见其他病原体传染病的病原特点、流行病学特点、临床症状及剖检变化等相关理论知识。

技能目标：

1. 能够合理运用各种临床基本诊断方法及病理剖检技术，对牛常见传染病进行初步诊断与鉴别诊断。

2. 能够运用现代兽医诊疗设备，开展病原学检测、抗原抗体检测、血清学检测及金标卡检测，为确诊疫情提供临床依据。

3. 能够根据养牛场的实际情况，合理制定免疫程序、消毒及防疫计划。

4. 能够针对各种慢性传染病提出合理的治疗与净化方案。

5. 能够熟知动物传染病防疫法规，发现疫情及时上报，并能配合当地兽医主管部门进行及时隔离和封锁疫点。

任务一 常见细菌性传染病的防治

一 牛结核病的防治

牛结核病是由结核分枝杆菌引起的一种人畜共患的慢性传染病。其病理特征是多种组织器官形成结核性肉芽肿（结核结节），继而结节中心干酪样坏死或钙化。

该病在世界各地分布很广，多种动物容易感染，为人畜共患病，其中奶牛最易感染。

（一）病原

1. 细菌形态

结核分支杆菌共有三种类型，即人型、牛型和禽型。人型结核杆菌细长而稍弯曲；牛型略短而粗；禽型小而粗，具多形性。无芽孢和荚膜，无鞭毛，不能运动。革兰氏染色阳性。常用的方法为 Ziehl-Neelsen 抗酸染色法，所以又叫作抗酸性菌。

2. 培养特性

结核杆菌为严格需氧菌，牛型结核菌生长最适 pH 为 5.9~6.9，最适温度为 37℃~38℃。可用劳文斯坦-钱森二氏培养基培养，经 10~14 天长出菌落。

3. 抵抗力

该菌在自然环境中生存力较强，对干燥和湿冷的抵抗力很强。在土壤、干燥的痰中能存活 10 个月。对一般消毒剂有耐受力，在 5% 来苏儿和石炭酸中能存活 24h，4% 甲醛中能存活 12h。对高温、紫外线、日光和酒精较敏感。结核杆菌对链霉素、卡那霉素、异对氨基水杨酸等药物敏感。

（二）流行特点

1. 传染源

病牛是主要传染源，其痰液、粪便、尿液、乳汁和生殖道分泌物中都可带菌，可通过污染的饲料、食物、饮水、空气和环境而散播传染。

2. 传播途径

该病主要经呼吸道、消化道感染。病菌随咳嗽、喷嚏排出体外，飘浮在空气飞沫中，吸入后即可感染。饲养管理不当与该病的传播有密切关系，牛舍通风不良、缺乏运动，圈舍拥挤、潮湿，最易患病。

3. 易感动物

该病可侵害人和多种动物，家畜中牛最易感，特别是奶牛。

4. 流行特点

该病一年四季都可发生，舍饲的奶牛发生较多。

（三）症状

潜伏期长短不一，短的十几天，长的可达数月甚至数年。

1. 肺结核

牛常发生肺结核，病初食欲、反刍无变化，常发生短而干的咳嗽，呼吸次数增多或气喘。病牛日渐消瘦、贫血，有的牛体表淋巴结肿大。病情恶化后可发生全身性结核，即粟粒性结核。胸膜、腹膜发生结核病灶即所谓的"珍珠病"，胸部听诊可听到摩擦音。

2. 乳房结核

多数病牛乳房常被感染侵害，见乳房上淋巴结肿大，无热无痛，泌乳量减少，乳汁初无明显变化，严重时呈水样稀薄。

3. 肠结核

肠道结核多见于犊牛，表现消化不良，食欲不振，顽固性下痢，迅速消瘦。

4. 生殖器官结核

生殖器官结核，可见性机能紊乱。母牛发情频繁，性欲亢进，慕雄狂与不孕，孕牛流产；

公牛副睾丸肿大，阴茎前部可发生结节、糜烂等。

5. 神经结核

主要是脑与脑膜发生结核病变，常引起神经症状，如癫痫样发作或运动障碍等。

（四）剖检变化

结核病的剖检病变特点，在器官组织发生增生或渗出性炎症，抑或两者混合存在。常在牛肺脏或其他器官见有很多突起的白色结节。切面为干酪化坏死，有的见有钙化，切开时有砂砾感。有的坏死组织溶解和软化，排出后形成空洞。

胸膜和腹膜发生密集结核结节，呈粟粒大至豌豆大的半透明灰白色坚硬的结节，形似珍珠状。

胃肠黏膜可能有大小不等的结核结节或溃疡。

乳房结核多发生于进行性病例，剖开可见有大小不等的病灶，内含有干酪样物质，可见到急性渗出性乳房炎的病变。

子宫病变多为弥漫干酪化，黏膜及黏膜下组织或肌层组织内有的发生结节、溃疡或瘢痕化。子宫腔含有油样脓液，卵巢肿大，输卵管变硬。

（五）诊断

（1）根据渐进性消瘦、咳嗽和肺部听诊啰音，体表淋巴结肿大，剖检发现结核性结节可确诊。

（2）结核菌素变态反应试验是最准确的诊断方法，可对病牛、疑似病牛、隐性病牛确诊。

（六）防治

1. 预防

（1）加强饲养管理，培养健康牛群，提高机体抵抗力。

（2）定期检疫，每年 1～2 次。对检出的阳性病牛淘汰处理。购买新牛时，要先进行检疫。

（3）对病牛圈舍、用具和污染物、病变组织、粪便进行无害化处理。

（4）受威胁的犊牛可用卡介苗预防接种，在出生一个月后皮下注射，免疫期 12～18 个月。以后每年免疫接种一次。

2. 治疗

用链霉素 500 万 IU 肌肉注射，每天两次，连续治疗 3 个月，或用卡那霉素、异烟肼等敏感药物治疗。

 牛巴氏杆菌病的防治

巴氏杆菌病主要由多杀性巴氏杆菌引起的多种家畜共患的一种传染病的总称。主要特征是败血症和炎性出血，牛感染该病，简称"牛出败"。

（一）病原

1. 菌体形态

多杀性巴氏杆菌为革兰氏阴性、两端钝圆、中央微凸的短杆菌。菌体无芽孢，无鞭毛，无运动性。病料涂片用瑞氏、吉姆萨氏法或美蓝染色镜检，见菌体多呈卵圆形，呈两极着色似双球菌状，因此称"双极杆菌"。

2. 培养特性

本菌为需氧或兼性厌氧菌，对营养要求较高，普通培养基上生长不旺盛；在血液琼脂上，形成灰白、湿润而黏稠的菌落，不溶血。肉汤培养，均匀浑浊，最后形成黏稠沉淀。

3. 抵抗力

本菌对环境理化因素的抵抗力比较弱，在干燥空气中或直射阳光下 2~3 天死亡。常用消毒剂都有很好的消毒作用。

（二）流行病学

1. 传染源

巴氏杆菌是家畜的常在菌，当饲养环境恶劣，机体抵抗力下降时，病菌可乘机经淋巴进入血液发生内源感染。

2. 传播途径

（1）消化道。病牛的排泄物或分泌物带菌，可污染饲料、饮水、用具和外界环境。

（2）呼吸道。由咳嗽、喷嚏排出病菌，通过飞沫传染。

（3）其他途径。吸血昆虫、皮肤、黏膜的伤口可发生传染。

3. 易感动物

对各种畜、禽、野生动物和人均有致病性。家畜中以牛最常见。各种年龄的牛均可发病，其中犊牛较严重。

4. 流行特点

该病的发生一般无明显的季节性，每年的 9、10、11 月份常见。且多为散发性，有时可呈地方流行性。

（三）症状

潜伏期为 2~5 天。病状可分为败血型、浮肿型和肺炎型。

1. 败血型

病牛病初高热，体温达 41℃~42℃，随之出现全身症状。稍经时日，病牛开始下痢，粪便初为粥状，后呈液状，其中混有黏液、黏膜片及血液，并且恶臭。有时鼻孔、尿中有血。拉稀开始后，体温随之下降，迅速死亡。病程多为 12~24h。

2. 浮肿型

除呈现全身症状外，在颈部、咽喉部及胸前的皮下结缔组织，出现炎性水肿，病牛呼吸高度困难，皮肤和黏膜发绀，往往因窒息而死。病程多为 12~36h。

3. 肺炎型

主要呈纤维素性胸膜肺炎症状。病牛便秘，有时下痢，并混有血液。病期较长的一般可达一周左右。

（四）剖检变化

1. 败血型

内脏器官出血，在黏膜、浆膜以及肺、舌、皮下组织和肌肉都有出血点。肝脏和肾脏实质变性，淋巴结显著水肿，胸腹腔内有大量渗出液。

2. 浮肿型

在病牛咽喉部或颈部皮下组织有浆液浸润，切开水肿部位流出深黄色的透明液体。咽周围组织和会咽软骨韧带呈黄色胶样浸润，咽淋巴结和前颈淋巴结高度急性肿胀，上呼吸道黏膜潮红。

3. 肺炎型

主要表现胸膜炎和格鲁布肺炎。胸腔中有大量浆液性纤维素性渗出液。整个肺有不同肝变期的变化，肺切面呈大理石状。病程进一步发展，可出现坏死灶，呈污灰色或暗褐色，通常无光泽。个别出现纤维素性心包炎和腹膜炎，心包与胸膜粘连，内含有干酪样坏死物。

（五）诊断

（1）根据临床症状和流行特点可作出初步诊断。

（2）实验室诊断：细菌学检查发现巴氏杆菌，即可确诊。

（六）防治

1. 预防

加强饲养管理，避免各种应激，增强抵抗力，定期接种疫苗。发病后对病牛立即隔离，及时消毒圈舍，粪便无害化处理。

2. 治疗

可选用敏感抗生素对病牛注射，如氧氟沙星，肌肉注射，剂量 3~5mg/kg，连用 2~3 天；恩诺沙星，肌肉注射，剂量 2.5mg/kg，连用 2~3 天。

 牛布鲁氏菌病的防治

该病是由布鲁氏菌引起的人畜共患慢性传染病。在家畜中，牛、羊、猪最常发生。牛感染后主要侵害机体的生殖系统，以母牛发生流产和不孕，公牛发生睾丸炎和不育为特征。

（一）病原

1. 细菌形态

布鲁氏菌属有 6 种，即马耳他布鲁氏菌、流产布鲁氏菌、猪布鲁氏菌、林鼠布鲁氏菌、绵羊布鲁氏菌和狗布鲁氏菌。它们及其生物型的特征，相互间各有些差别。习惯上称流产布鲁氏菌为牛布鲁氏菌。各个种与生物型菌株之间，形态及染色特性等方面无明显差别。布鲁氏杆菌为革兰氏阴性，柯式染色呈红色。

2. 抵抗力

布鲁氏菌对外界环境的抵抗力不强。如巴氏灭菌法 10~15min 可杀死，1%来苏儿、2%福尔马林或 5%生石灰乳 15min 即可杀灭。

（二）流行病学

1. 传染源

传染源病牛和带菌者，病菌主要存在乳汁、粪便、尿液、胎儿、胎衣、乳房、阴道分泌物、精液中。

2. 传播途径

主要是消化道，其次是皮肤、黏膜及生殖道。吸血昆虫也可以传播该病。

3. 易感动物

流产布鲁氏菌主要宿主是牛，其他动物也可以感染。

4. 流行特点

有一定季节性，牛多在夏秋季节发病，呈地方性流行。

（三）症状

该病潜伏期 2 周至半年。母牛最显著的症状是流产、排出死胎或不足月胎儿。流产可以发生在妊娠的任何时期，最常发生在妊娠后 6~8 个月。流产后常继续排出污灰色或棕红色分泌液，有时恶臭。如流产胎衣未能及时排出，则可能发生慢性子宫炎，导致长期不育。但大多数流产牛经两个月后可以再次受孕。

公牛有时可见阴茎潮红肿胀，更常见的是睾丸炎及附睾炎。急性病例睾丸肿胀疼痛，触之坚硬。此外，临床上常见的症状还有关节炎。

（四）剖检变化

胎衣呈黄色胶冻样浸润，皮下呈出血性浆液性浸润。公牛生殖器官精囊内可能有出血点和坏死灶，睾丸和附睾可能有炎性坏死和化脓灶。

（五）诊断

根据流行特点和发病症状可作出初步诊断，最后确诊靠实验室诊断。

布鲁氏菌病实验诊断，除流产病料的细菌学检查外，主要是血清凝集试验及补体结合试验，其中虎红平板凝集检测可以进行初步筛选。

（六）防治

1. 预防

（1）提倡自繁自养，实行人工授精，培育无病健康牛群。

（2）应从非疫区引进牛。新购进的牛需隔离观察 2 个月以上，并进行检疫，待确认无病时才能合群饲养，防止引入传染源。

（3）对健康牛群要定期检疫，每年检疫 1~2 次。

（4）对牛舍与用具进行定期消毒。可选用 2~3% 来苏儿、10% 石灰乳等。

（5）对病牛的排泄物、污染物、流产胎儿进行无害化处理。

（6）北方牧区定期免疫接种疫苗，提高牛体免疫力。南方牧区以淘汰为主。

2. 治疗

（1）用 0.1% 高锰酸钾溶液或 0.2% 呋喃西林溶液冲洗阴道，每天两次，直到无分泌物为止。

（2）选择对革兰氏阴性菌敏感的抗生素治疗，可选用卡那霉素或氯霉素，肌肉注射，每天两次，连续 7 天为一疗程。

四 牛炭疽病的防治

炭疽病是由炭疽杆菌引起的人和动物共患的一种急性、热性、败血性传染病，常呈散发或地方性流行。家畜中以牛、羊等草食动物最易感染。其特征是血液凝固不良，天然孔出血，死后尸僵不全，脾脏肿大，皮下和浆膜胶样浸润。

（一）病原

1. 菌体形态

炭疽杆菌为两端平直的革兰氏阳性大杆菌。在体内细菌呈单个、成对或短链排列，有荚膜，不产生芽胞。在体外细菌呈长链排列，无荚膜，产生芽胞。本菌无鞭毛。

2. 培养特性

炭疽杆菌为需氧菌，在 37℃ 时生长良好。在普通琼脂培养基上生长成不透明、灰白色、扁平、表面粗糙的菌落，边缘不整齐，能形成几个或数十个菌体相连的长链，用低倍显微镜观察呈卷发状。在血液琼脂平皿培养基上，生长出湿润黏稠的菌落。在宿主标本涂片中呈单个或短链，在有氧条件下形成椭圆形芽孢，位于菌体中心，囊孢不膨大。

3. 抵抗力

炭疽杆菌对外界理化因素的抵抗力不强，但芽孢抵抗力很强，在污染的土壤、皮毛及掩埋炭疽尸体的土壤中能存活数年至数十年，在粪便和水中能长期存活。干热消毒 150℃60min 灭活，高压蒸汽灭菌 15min 可杀死芽孢。常用的化学消毒药物有 20% 漂白粉、2%~4% 甲醛、0.5% 过氧乙酸等。

（二）流行病学

1. 传染源

病牛是主要的传染源。病原存在于病牛的分泌物、排泄物和组织器官中。

2. 传播途径

由消化道、呼吸道和创伤感染。吸血昆虫也可以成为传播媒介。

3. 易感动物

牛、羊等草食动物最易感染，其他动物和人都可感染。

4. 流行特点

该病多呈散发，也可呈地方性流行，在夏秋多雨季节多发。

（三）症状

该病的潜伏期一般为 1~5 天，最长 14 天。按病程可分为最急性型、急性和亚急性型三种。

1. 最急性型

突然发病，倒卧，呼吸困难，可视黏膜发绀，全身战栗，心悸。有的牛突然倒毙，无典型症状死亡。濒死期天然孔出血，病程为几个小时。死后机体血液凝固不良，尸僵不全。

2. 急性型

本型临床最常见，体温升至 40℃~42℃。精神沉郁，食欲废绝，呼吸困难，黏膜发绀。病初便秘，后期腹泻带血，尿中混有血液，呈暗红色。有的病牛初兴奋不安，顶撞人畜或物体。濒死期会气喘，痉挛，天然孔流血，一般 1~2 天死亡。

3. 亚急性型

病情较缓，在喉部、颈部、前胸、腹下、肩胛、乳房等部位的皮肤或口腔黏膜等处发生局限性炎性水肿。初期较硬且有热痛，后变冷而无痛，中央部可发生坏死，有时可形成溃疡，称"炭疽痈"。如不及时治疗可转为急性，病程数日至 1 周左右。

（四）剖检变化

该病一般不准剖检。急性败血型尸体迅速腐败而膨胀，尸僵不全，天然孔流出呈黑紫色的煤焦油状血液，不易凝固。脾脏高度肿大。淋巴结肿大、出血。

（五）诊断

可根据发病急、天然孔道出血、血液凝固不良症状进行初步诊断，确诊应做细菌学检测。

（六）防治

1. 预防

（1）有发病史的牛场要定期免疫接种，用无毒炭疽芽孢菌苗或炭疽芽孢Ⅱ号菌苗皮下注射。无毒炭疽芽孢菌苗，1岁以下的牛0.5mL/头，1岁以上的牛1mL/头。疽芽孢Ⅱ号菌苗，不论大小均每头牛1mL，免疫期一年以上。

（2）病死牛的尸体、污染的环境、用具要彻底消毒和作无害化处理。消毒可用20%漂白粉或10%烧碱溶液喷洒。

（3）疫点内所有牛只都要进行检疫，针对健康牛只紧急免疫接种。

2. 治疗

（1）该病可用青霉素或磺胺类药物进行治疗。肌肉注射青霉素，犊牛每头牛160万IU，成年牛每头牛320万IU，肌肉注射10%磺胺嘧啶，犊牛每头牛20~40mL，成年牛每头牛50~100mL，每天3次，连用3~5天。

（2）有条件的可使用抗炭疽血清皮下注射，剂量每头牛100~300mL，12h后再注射一次。

五 牛气肿疽的防治

气肿疽又称黑腿病，是由气肿疽梭菌引起反刍动物的一种急性、热性、败血性传染病。其特征为肌肉丰满部位发生炎性气性肿胀，肌肉呈乌黑色，用手压之有捻发音，并伴有跛行。

（一）病原

1. 菌体形态

气肿疽梭菌为严格厌氧两端钝圆的革兰氏阳性大杆菌，有周身鞭毛，在体内外均可形成中立或近端芽胞，呈纺锤状。在接种豚鼠腹腔渗出物中，单个存在或呈3~5个菌体形成的短链，这是与能形成长链的腐败梭菌在形态上的主要区别之一。

2. 培养特性

本菌在普通琼脂培养基上为边缘不整齐的扁平菌落；在葡萄糖鲜血琼脂表面上形成圆形灰白色、中央有乳头状突起和周围有溶血的特征性菌落；在肉汤内培养12~24h，呈均匀混浊并产生气体，至48h上清液透明，管底有疏松的白色沉淀。

3. 抵抗力

本菌繁殖体对外界环境抵抗力不强，一般消毒药在20min内可杀死，而芽孢的抵抗力较强，土壤中5年以上不死，干燥病料内室温可生活10年以上。3%福尔马林15min可杀灭芽孢。

（二）流行病学

1. 传染源

该病传染源为病牛，病牛接触过的土壤常含有病菌和芽孢。

2. 传播途径

以消化道传播为主，伤口及黏膜（产犊、断尾、剪毛、去势等）容易引发接触性传播，吸血昆虫叮咬也可传播该病。

3. 易感动物

气肿疽主要侵害黄牛，其次是乳牛、牦牛，而水牛少见。肥壮牛比瘦弱牛更易感染。

4. 流行特点

该病多生于夏季，常呈地方性流行。

（三）症状

潜伏期为3~5天，最长7~9天。病牛发病多为急性经过，早期即出现跛行，随后在肌肉较多部位发生肿胀。肿胀多发生在腿上部、臀部、腰部、后肢上部、颈部及胸部。患部皮肤干硬呈暗红色或黑色，有时形成坏疽。触诊有捻发音，叩诊有明显鼓音。切开患部，从切口流出污红色带泡沫并有酸臭味的液体。严重的病牛因呼吸困难而死亡。病程一般为1~3天。

（四）剖检变化

尸体迅速腐败和臌胀，天然孔常有带泡沫血样的液体流出，患部肌肉呈黑红色，肌间充满气体，有酸败气味。局部淋巴结充血、出血或水肿。肝、肾呈暗黑色，常因充血稍肿大，还可见到大小不等的坏死灶；切面有带气泡的血液流出，呈多孔海绵状。

（五）诊断

根据流行病学资料、临床症状和剖检变化，可作出初步诊断。进一步确诊需采集肿胀部位的肌肉、肝、脾及水肿液，作细菌分离培养和动物试验。

气肿疽易与恶性水肿混淆，也与炭疽、巴氏杆菌病有相似之处，应注意鉴别。

（六）防治

1. 预防

（1）注意水源，草场清洁，严防污染，减少到低洼地放牧。

（2）加强饲养管理，对于产犊、断尾、剪毛、去势引起的创伤要及时消毒。

（3）疫苗预防接种是控制该病的有效措施，可注射气肿疽、巴氏杆菌病二联疫苗，对两种病的免疫期各为1年。

（4）该病的发生有明显的地区性。对病牛应立即隔离治疗，尸体应深埋或焚烧。病牛圈栏、用具，以及被污染的环境用3%福尔马林溶液消毒。粪便、污染的饲料和垫草等均应焚烧销毁。

2. 治疗

早期可用抗气肿疽血清，同时应用青霉素和四环素。局部治疗可用青霉素与普鲁卡因溶液混合后分点封闭注射。

六 牛恶性水肿的防治

恶性水肿是由以腐败梭菌为主的多种梭菌引起家畜的急性传染病。特征为创伤局部发生急性炎性水肿，并伴有发热和全身毒血症。

（一）病原

恶性水肿的病原为梭菌属中的腐败梭菌、诺维梭菌及魏氏梭菌等。

1. 菌体形态

腐败梭菌为两端钝圆的革兰氏阳性，无荚膜，能形成芽胞的严格厌氧菌，菌体有鞭毛，在动物腹膜或肝脏表面上的菌体常形成无关节、微弯曲的长丝或长链状。

2. 抵抗力

本菌广泛分布于各种动物的粪便和土壤表层。强力消毒药如10%~20%漂白粉溶液、3%~5%硫酸、3%~5%氢氧化钠等可于短时间内杀灭菌体。本菌的芽胞抵抗力很强，一般消毒药需长时间作用才能将其杀死。

（二）流行病学

1. 传染源

多为病牛肠道中的病菌和土壤中的菌体。

2. 传播途径

以伤口黏膜接触传播为主。外伤如去势、断尾、采血、助产等消毒不严格、污染本菌芽胞而引起感染，尤其是创伤深并存在坏死组织，造成缺氧更易发病。

3. 易感动物

在自然条件下，牛、绵羊、猪、山羊等都可发病。

（三）症状

潜伏期一般12~72h。病初食欲减退，体温升高，伤口周围出现气性炎性水肿，并迅速扩散蔓延，有轻度捻发音；切开肿胀部，可见皮下和肌间结缔组织内流出红褐色并带有气泡的酸臭液体；随着炎性气性水肿的急剧发展，全身症状严重，表现高热稽留，呼吸困难，黏膜发绀，偶有腹泻，多在1~3天死亡。

（四）病变

剖检可见局部的弥漫性水肿，皮下和肌肉间结缔组织有黄色液体浸润，常含有少许气泡，其味酸臭。肌肉呈白色，煮肉样，易于撕裂，有的呈暗褐色。

（五）诊断

根据该病临诊特点，结合外伤的情况可初步诊断。如需要确诊可作细菌性诊断或免疫荧光抗体检测。

（六）防治

1. 预防

在梭菌病常发地区，常年注射多联苗，可有效预防该病发生。平时注意防止外伤，当发生外伤后要及时进行消毒和治疗，还要做好器械的消毒灭菌和术后护理工作。

2. 治疗

局部治疗应尽早切开肿胀部，清除异物和腐败组织，吸出水肿部渗出液，再用0.1%高锰酸钾或3%过氧化氢冲洗，然后撒上青霉素粉末，并施以开放疗法。同时还要注意对症治疗，如强心、补液、解毒。

七 牛破伤风的防治

牛破伤风又名"强直症"，是由破伤风梭菌引起的急性、中毒性人畜共患传染病，以全身肌肉强直性收缩为特征。

（一）病原

1. 病原形态

破伤风梭菌为革兰氏阳性厌氧菌，具有周身鞭毛，能运动，无荚膜，能形成芽孢，芽孢位于菌体顶端，形似鼓槌。能产生毒性极强的外毒素，即痉挛毒素、溶血毒素和非痉挛性毒素三种。

2. 抵抗力

芽孢的抵抗力极强，煮沸需1~3h，3%福尔马林24h、5%石炭酸15h、10%碘酊10min、高压蒸汽灭菌15~20min才能杀死。在干燥的环境下可存活十多年。

（二）流行病学

1. 传染源

病原体广泛存在于自然界中，淤泥中可存在大量的致病菌，成为破伤风的传染源。

2. 传播途径

常见的传播途径为伤口接触传播，如手术、断尾、去势、各种外伤等都易感染。

3. 易感动物

各种家畜对破伤风梭菌均敏感。

4. 流行特点

本病多为散发，无明显的季节性。

（三）症状

病牛全身肌肉强直性收缩，四肢僵硬，行走强拘，如木马状，开口困难，两耳竖立，尾向上举，头颈伸直，肚腹蜷缩。病牛一般食欲和体温正常，但采食和下咽会出现困难。

（四）剖检变化

脊髓膜常有充血，灰质有点状出血。四肢和躯干肌肉间结缔组织呈浆液性浸润，有出血点。

（五）诊断

根据流行病学、临床症状和剖检变化及实验室化验可对该病做出诊断。该病需与急性风湿症、马钱子中毒以及脑炎、狂犬病等类似疾病进行鉴别诊断。

（六）防治

1. 预防

（1）在常发病地区，每年定期进行破伤风类毒素免疫接种，成年牛每头 1mL，犊牛减半，皮下注射，可免疫一年。第二年再注射一次，可免疫 4 年。

（2）受伤后立即用破伤风抗毒素皮下或肌肉注射，注射剂量为犊牛 1 万~2 万 IU，成年牛 2 万~4 万 IU。

（3）加强管理，避免家畜受伤，对犊牛脐带和成年牛伤口及时用碘酊消毒。

2. 治疗

（1）中和毒素。发病后用破伤风抗毒素皮下、肌肉或静脉注射，为该病的特异性疗法。首次 30 万~40 万 IU，总量 60 万~100 万 IU。

（2）处理创伤。及时扩创、清创，扩创后用 1%高锰酸钾溶液或双氧水冲洗。

（3）局部封闭。创腔周围分点注射。用青霉素 240 万~400 万 IU，0.5%普鲁卡因溶液 100~150mL，一天两次，连用 5~7 天。

（4）对症治疗。

①解痉镇静：25%的硫酸镁注射液加入糖盐水中静脉注射，或用氯丙嗪、安定肌肉注射。

②解除酸中毒：5%碳酸氢钠注射液静脉注射每头牛 1 000~2 000mL。

③利尿与通便：便秘时用泻药缓泻，排尿障碍时用利尿药利尿。

八 牛放线菌病的防治

牛放线菌病是由牛放线菌和林氏放线杆菌引起的一种慢性传染病，其特征为下颌骨出现放线菌肿，又叫大颌病。

（一）病原

1. 病原形态

牛放线菌，革兰氏染色为阳性，其中心菌体为紫色，周围辐射状菌丝为红色。

2. 抵抗力

对外界环境抵抗力不强，80℃5min 即可杀死，对一般消毒药抵抗力弱，对青霉素、磺胺等药物敏感，但药物不易渗透到脓肿病灶，较难起杀菌作用。

（二）流行病学

1. 传染源

放线菌是牛口腔和胃肠道常在菌群，广泛分布于污染的土壤、饲料、饮水、料槽和栏舍等处，但多是以非致病性的方式寄生。病牛和带菌牛是该病的主要传染源。

2. 传播途径

可通过病灶产物、唾液和粪便向外排出大量病菌，严重污染食槽、栏舍、饲料、水源和运动场。当牛的皮肤或黏膜破损处被污染后即发病。

3. 易感动物

该病主要侵害牛，2~5 岁牛易感染，换牙时多发。

4. 流行特点

该病无明显季节性，呈零星散发。

（三）症状

由牛放线菌致病的病牛，多见于下颌肿大。一般肿大进度很慢，界限明显。有时皮肤破口流出脓汁，形成瘘管，经久不愈。林氏放线杆菌致病多见于舌咽部位，舌肿大坚硬，俗称"木舌病"。病牛流涎，咀嚼、吞咽、呼吸困难。颌下及腮腺部分淋巴结和皮下组织形成局限性硬肿，无热痛感。

（四）剖检变化

病牛下颌部肿块破溃有黄色脓汁，颌下淋巴结肿大；肝脏肿大，切面呈黑红色瘀血，肝门淋巴结肿大，质地坚硬。心包积液，心肌呈茶褐色煮熟状，呈碎片状，易脱落。

（五）诊断

该病根据临床症状下颌肿大可以初步诊断，如需确诊需要进行细菌性诊断。

（六）防治

1. 预防

（1）加强饲养管理。避免带刺粗硬草料，防止皮肤和黏膜损伤，发现外伤及时治疗。

（2）隔离病牛。被污染的草料应及时销毁，用具煮沸或化学药物浸泡消毒。

2. 治疗

（1）药物治疗。

①青霉素 2 万~5 万 IU/kg、剂量链霉素 20mg/kg，每日 1 次，连用 5 天。

②内服碘化钾溶液，成年牛每次用量 6~8g，犊牛 2~4g，每日 2 次，至肿胀消失为止。

（2）手术治疗。手术可以将软组织上的放线菌肿完整地摘除，术中应注意止血，术后预防感染。骨组织上的放线菌肿手术操作难度较大，不建议实施。

九 牛肺疫的防治

该病又名传染性胸膜肺炎，俗称烂肺疫，是由牛型丝状霉形体引起的一种接触性传染病。以浆液性纤维素性胸膜肺炎为特征。

（一）病原

1. 细菌形态

牛肺疫丝状霉形体，曾被称为星球丝菌。细小，常见球形，革兰氏染色阴性。多存在于病牛的肺组织、胸腔渗出液和气管分泌物中。

2. 抵抗力

日光、干燥和热力均不利于本菌的生存。对青霉素具有抵抗力，1%来苏儿、5%漂白粉、1%~2%氢氧化钠或0.2%升汞均能迅速将其杀死。

（二）流行病学

1. 传染源

病牛和带菌牛是该病的主要传染来源。

2. 传播途径

该病主要通过呼吸道感染，也可经消化道或生殖道感染。

3. 易感动物

在自然条件下主要侵害牛类，包括黄牛、牦牛、奶牛等，其中3~7岁牛多发，犊牛少见。

4. 流行特点

该病常年均可发生，但以冬、春季发生为多。在我国西北、东北、内蒙古自治区和西藏自治区部分地区曾流行。

（三）症状

潜伏期为2~4周，长的可达4个月。病初体温上升，短促干咳，食欲减少，反刍迟缓，逐渐消瘦。中期体温升高达40℃~42℃，呈稽留热型，呼吸困难，牛不愿卧地，胸部按压有痛感。听诊有湿啰音、支气管呼吸音和摩擦音。流黏脓性鼻液。发病后期胸前、腹下等处水肿。腹泻与便秘交替发生。最终因呼吸极度困难导致窒息而死。

（四）剖检变化

胸腔积液，内有纤维素块，肋部区域胸膜出血、肥厚，并与肺粘连，肺胸膜上有大量的纤维素性附着物。肺呈肝变，在肺实质切面上可见到红黄相间的肝变区，肺间质高度水肿、增宽，呈典型的大理石样变化。

（五）防治

1. 预防

（1）不从疫区购买牛只，对新购买的牛必须严格检疫。

（2）在该病常发地区，每年定期注射牛肺疫兔化弱毒菌苗。

（3）发生疫病时，封锁疫区，对病牛隔离治疗；受威胁牛可注射牛肺疫弱毒菌苗。牛舍、用具及场地用3%来苏儿或20%石灰水进行彻底消毒。

2. 治疗

（1）新胂凡纳明1g/kg，盐酸四环素2~3g，溶于500mL生理盐水中，静脉注射，间隔

5~6 天再重复 1~2 次。

（2）链霉素 20mg/kg，肌内注射，每天 2 次。

 牛传染性角膜炎的防治

该病又叫红眼病，牛摩勒氏杆菌感染是主要病因。其特征是眼结膜和角膜发生明显的炎性症状。

（一）病原

1. 细菌形态

牛摩勒氏杆菌是牛传染性角膜结膜炎的主要病菌，是一种长 $1.5\sim 2\mu m$，宽 $0.5\sim 1\mu m$ 的革兰氏阴性杆菌，多成双排列，也可成短链状，有荚膜，无芽孢，不能运动。

2. 抵抗力

本菌对理化因素的抵抗力不强，病愈牛的眼和鼻分泌物中的病菌可存活数月，但病菌离开牛体后，在外界环境中存活一般不超过 24h，且对化学消毒剂敏感。

（二）流行病学

1. 传染源

病牛或带菌牛是引起该病的重要传染源。

2. 传播途径

主要为直接或间接接触传染。例如牛只相互摩擦、打喷嚏、咳嗽可直接传播；被病牛分泌物污染的饲草可间接传播。同时蝇类等昆虫媒介也可传播本病。

3. 易感动物

该病不分年龄和公母，均易感染，但以犊牛发病较多。

4. 流行特点

夏、秋季多见，呈散发和地方性流行。

（三）症状

初期患眼怕光、流泪，眼睑肿胀，角膜凸起，周围血管充血，结膜和瞬膜红肿，角膜上发生白色或灰白色小点，角膜出现混浊；严重者角膜增厚，发生溃疡。发病初期常为一只眼患病，后为双眼感染。病牛一般无全身症状，间有轻度微热。多数病牛可自然痊愈，有的病牛会形成角膜翳。

（四）诊断

该病可根据临床症状初步诊断，如需确诊应做细菌学检查。在临床上应该注意和其他眼病的鉴别诊断。

（五）防治

1. 预防

（1）隔离病牛，及早治疗，彻底清除污染饲草，消毒栏舍。

（2）夏、秋季需注意扑灭蝇虫，以防扩散传播。

（3）将病牛隔离于僻静黑暗处，避免阳光刺激，有利于促进眼病痊愈。

2. 治疗

（1）用 2%~4% 硼酸溶液冲洗，再外涂金霉素或四环素眼膏，每日 1~2 次。

（2）用四环素 100 万~200 万 IU 溶于生理盐水中作静脉注射，每日 1 次，连用 2~3 天。

 牛副结核病的防治

牛副结核病是由副结核分枝杆菌引起的一种慢性增生性肠炎，其特征是出现卡他性肠炎，病牛进行性消瘦，间歇性或持续性下痢。

（一）病原

1. 细菌形态

病原为副结核分枝杆菌，革兰阳性菌，不形成芽孢，无运动性，抗酸染色良好。

2. 抵抗力

病原体对外界环境和化学药物的抵抗力很强。在泥土中可以存活数月至 1 年以上。对消毒药的抵抗力也较强，3% 的甲醛溶液 30min，20% 的漂白粉 20min 才可以将其杀死。

（二）流行病学

1. 传染源

病牛和带菌牛是该病的主要传染源。副结核分枝杆菌主要存在于病牛的肠道黏膜和肠系膜淋巴结中，通过粪便排出体外，污染周围环境。

2. 传播途径

该病主要通过消化道传播，母牛可以通过胎盘垂直传播给犊牛。

3. 易感动物

主要侵害牛，尤其是奶牛，犊牛的易感性高于成年牛。偶尔见于羊、骆驼和鹿。

4. 流行特点

该病流行缓慢，呈地方性流行。

（三）症状

该病潜伏期很长，可达 1~2 年。发病初期为间歇性腹泻，粪便稀薄，恶臭并带有黏液和气泡，精神、食欲、体温正常；后期为持续性、顽固性腹泻，粪便稀如水，消瘦贫血，眼窝下陷，胸垂和腹下水肿，泌乳减少，最后衰竭死亡。病程 3 个月以上，最长可达 1~2 年。

（四）剖检变化

空肠、回肠和结肠前段的肠壁比正常的增厚 5~20 倍，形成纵横交错如脑回状的皱褶。肠黏膜呈黄白色或灰黄色，并附有黏液，肠系膜淋巴结肿大。

（五）诊断

根据临床症状和剖检结果可初步诊断。如采集粪便涂片，抗酸染色镜检，可发现细小的丛状或成团的红色杆菌即可确诊。

对于隐性的牛群可用副结核菌素 0.2mL 注于颈侧皮内，48h 后出现弥漫性肿胀，皮肤增厚 1 倍以上，可判为阳性。对于可疑和阴性者，隔数日后再于原部位注射相同剂量副结核菌素，经 24h 检查判定结果。

（六）防治

1. 预防

目前此病并无有效的疫苗，防控此病的关键是做好综合预防措施。

（1）定期检疫。首先要加强饲养管理，做好生物安全防控措施，定期进行检疫检测，及时淘汰阳性病牛，净化牛群。

（2）提高牛群免疫力。科学调制饲料，饲料的品种要多样化，营养要全面，尤其是矿物质、微量元素以及维生素要丰富，以提高牛群的免疫力。

（3）淘汰病牛。不从疫区引进牛只，对可疑病牛应隔离饲养，对于发病牛要及时淘汰。

（4）圈舍消毒。被污染的场所和用具用 20% 石灰乳、10% 漂白粉或火碱消毒。粪便、垫草堆积发酵或焚烧，防止疫源扩散。

2. 治疗

目前尚无有效的治疗方法。使用氯苯吩嗪、异烟肼利福霉素、丁胺卡那霉素等药物可以暂时控制病情，但不易根治。

十二 牛坏死杆菌病的防治

牛坏死杆菌病是由坏死杆菌引起牛的趾间及其周围软组织变性坏死的一种慢性传染病。

（一）病原学

1. 细菌形态

一般认为坏死杆菌为该病的主要病原，该细菌为革兰氏染色阴性菌，呈多形性，着色不均匀，呈串珠状。

2. 抵抗力

本菌对理化因素的抵抗力不强，化学消毒剂普遍对本菌有较好的效果。

（二）流行病学

1. 传染源

带菌牛和病牛是该病的主要传染源。可通过粪便和病灶炎性产物向外界环境中排出大量病菌，严重污染土壤、垫草、饲料、运动场、圈舍、牧场、水源等。

2. 传播途径

易感牛经皮肤或黏膜创口感染发病。新生犊牛也可经脐带感染。

3. 易感动物

多种畜禽和野生动物对该病易感。其中绵羊和奶牛最易感染，幼畜比成年动物易感。

4. 流行特点

一般呈地方性流行，以春、夏两季多见。本病分布于世界各地，是牛群的一种常见病，发病率高，约占蹄病的 50%。

（三）症状

潜伏期为 1~3 天。成年牛喜卧，跛行，蹄肿大，趾间或蹄后部坏死、溃烂，甚至蹄匣脱落。溃疡灶充满灰黄色恶臭脓汁和污黑臭水。犊牛表现为坏死性口炎，又称为白喉。病初厌食，体温高，流涎。有时咳嗽，呼吸困难。齿龈、舌、上颚、颊内面及喉头有界线明显的硬肿，上覆盖坏死物质，坏死物质脱落后可见溃疡灶。

（四）剖检变化

剖检病死犊牛可见口腔黏膜坏死、溃疡，坏死灶深达 2~3cm，溃疡底部有肉芽增生。食管、瘤胃、瓣胃、鼻腔、皮肤、趾间、大肠等也可见类似病变。病情泛及全身时，还可见纤维素性胸膜炎，肝肿大，表面有圆形淡黄色坏死灶。

（五）诊断

根据典型的临床表现和剖检病变可怀疑该病，确诊需进行病原分离鉴定。

（六）防治

1. 预防

（1）消除影响蹄部创伤因素，发现外伤及时处理。

（2）改善环境卫生条件，防止圈舍和运动场积水、积尿、积粪，保持地面清洁干燥，牛舍定期消毒。

（3）加强饲养管理，防止营养不良，定期护蹄。

（4）发病后，隔离治疗病牛，全场紧急消毒。

2. 治疗

（1）局部处理。用0.1%高锰酸钾溶液、2%来苏儿或10%硫酸铜溶液彻底清洗患部，清除创内坏死组织后，涂抹抗菌药，包扎后置干燥清洁的厩舍进行精心护理。

（2）全身治疗。消除炎症，防止病灶扩散。常用药物有磺胺、四环素、土霉素等。同时配合对症治疗，如补液、解毒、强心等。

十三　犊牛大肠杆菌病的防治

犊牛大肠杆菌病又称犊牛白痢，是由一定血清型的大肠杆菌引起的一种急性传染病。

（一）病原

1. 细菌形态

由多种血清型的病原性大肠杆菌所引起。致病性菌株一般能产生内毒素和肠毒素。本病菌是两端钝圆的中等大小的杆菌，无芽胞，有鞭毛，能运动。一般不形成荚膜，革兰氏染色阴性，为兼性厌氧菌。

2. 抵抗力

本病菌对外界环境抵抗力不强，一般常用消毒药均易将其杀死。

（二）流行病学

1. 传染源

大肠杆菌广泛地分布于自然界，可随乳汁或食物进入胃肠道，成为正常菌。当新生犊牛抵抗力降低或发生消化障碍时，可引起发病。

2. 传播途径

主要是经消化道感染。

3. 易感动物

大肠杆菌为条件致病菌，可引发多种动物内源性感染。该病多发生于2周龄以内的新生犊牛。

（三）症状

该病的潜伏期很短，仅几个小时。

1. 败血型

病犊表现发热，精神不振，间有腹泻，常于症状出现后数小时内急性死亡。有的发病犊牛未见腹泻即死亡。

2. 中毒血型

病程稍长，可见到典型的中毒性神经症状，先是不安、兴奋，后来沉郁、昏迷，以至于死亡。

3. 肠炎型

病初体温升高达40℃，数小时后开始下痢，体温降至正常。粪便初为黄色粥样，后呈灰白色水样。病程末期，发病犊牛肛门失禁，常有腹痛。

（四）剖检变化

剖检病死犊牛，可见皱胃内有大量黄色积液，内含有凝乳块，黏膜充血、水肿。十二指肠和小肠呈卡他性炎症变化，部分黏膜上皮脱落，皱褶部有散在针尖状出血点。直肠黏膜也有充血或出血，肠内容物常混有血液和气泡或充满水样物，气味恶臭。肠系膜均有不同程度的出血性炎症，淋巴结肿大。

（五）诊断

牛大肠杆菌病多发于1~2周龄内的犊牛，其皱胃、小肠和直肠黏膜充血或出血等卡他炎症变化，再结合排便的性状即可做出初步的临床诊断。实验室检查需要做细菌学检查和血清型鉴定。

（六）防治

1. 预防

控制该病关键在预防，怀孕母牛应加强产前及产后的饲养和护理，犊牛应及时吮吸初乳。因本菌的血清型较多，人工免疫问题至今尚未完全解决。在预防过程中，可使用经药敏试验对分离的大肠杆菌血清型有抑制作用的抗生素和磺胺类药物。

2. 治疗

该病的治疗原则是抗菌、补液、调节胃肠机能和调整肠道微生态平衡。

（1）抗菌。可用氯霉素、土霉素、链霉素或新霉素，肌肉注射，每天2次。

（2）补液。5%葡萄糖生理盐水或复方氯化钠液1 000~1 500mL，静脉注射。发生酸中毒时，可用5%碳酸氢钠液80~100mL。补液时应加温，减少对肠管刺激，速度宜慢。

（3）调节胃肠机能。可用乳酸2g、鱼石脂20g，加水90mL调匀，每次灌服5mL，每天2~3次。

（4）调整肠道微生态平衡。待病情有所好转时可停止应用抗菌药，内服调整肠道微生态平衡的生态制剂。如促菌生6~12片，配合乳酶生5~10片，每天2次。

任务二 常见病毒性传染病的防治

一 牛口蹄疫的防治

口蹄疫是由口蹄疫病毒引起的主要发生于偶蹄兽的一种急性、热性、高度接触性传染病。临床上以口腔黏膜、蹄部及乳房皮肤发生水疱和溃烂为特征。民间有"口疮""蹄癀"之称。

该病有强烈的传染性，曾造成大流行，被国际组织确定为 A 类传染病之首。

（一）病原

1. 病原形态

口蹄疫病毒（FMDV）属于微核糖核酸病毒科中的口蹄病毒属，是已知最小的动物 RNA 病毒，呈球形、圆形或六角形，无囊膜，结构简单，直径 20~25nm。

2. 血清型

口蹄疫病毒具有多型性、易变性的特点，根据其血清学特征可分为 7 个血清型，即 A 型、O 型、C 型、南非Ⅰ型、南非Ⅱ型、南非Ⅲ型和亚洲Ⅰ型。每个主型又有若干亚型，亚型内又有众多抗原差异显著的毒株，但彼此均无交叉免疫性。病毒的这种特性，给该病的检疫、防疫带来很大的困难。我国常见 A、O 和亚洲Ⅰ型。

3. 抵抗力

口蹄疫病毒对外界环境抵抗力很强，不怕干燥。在自然情况下，含毒组织和污染的饲料、饲草、皮毛及土壤等可保持传染性达数天，甚至数月之久。在 50% 甘油生理盐水中，温度保持在 5℃时能活 1 年以上，因此可用于保存病毒。酸和碱对口蹄疫病毒都有很好的作用，所以 1%~2% 氢氧化钠或 1%~2% 甲醛溶液等均是口蹄疫病毒的良好消毒剂，短时间内即能杀死病毒。

（二）流行病学

1. 易感动物

口蹄疫病毒主要侵害偶蹄兽。家畜中以牛最易感，其次是猪，再次是羊。性别与易感性无关，但幼龄动物较成年动物更易感。

2. 传染源

在牛口蹄疫中，病牛是最危险的传染源，包括隐性感染病牛。其排泄物、分泌物带病毒，甚至呼出的气体均含有病毒。病牛口腔中的舌皮含病毒量最高，其次是水疱液、内脏、分泌物和排泄物。

3. 传播途径

主要经消化道传播，直接接触和间接接触均可传播。也可经损伤的黏膜以及呼吸道传播。

4. 流行特点

该病的发生没有严格的季节性，但其流行却有明显的季节规律。一般冬、春季较易发生大流行。本病具有流行快、传播广、发病急、危害大等特点，犊牛死亡率较高。

（三）症状

由于多种动物的易感性不同，病毒的数量和毒力以及感染途径不同，潜伏期的长短和病状也不完全一致。

潜伏期平均 2~4 天，最长可达一周左右。临床症状表现为口腔、鼻、舌、乳房和蹄等部位出现蚕豆粒大小水泡，后期破溃腐烂形成溃疡。病牛体温升高达 40℃~41℃，精神沉郁，食欲减退，脉搏和呼吸加快，流涎呈泡沫状。口腔水泡破溃，导致采食困难。乳头上水泡破溃，挤乳时疼痛不安。蹄水泡破溃，蹄痛跛行，蹄壳边缘溃裂，重者蹄壳脱落。

该病一般取良性经过，约经一周即可痊愈。成年牛病死率很低，一般不超过 1%~3%。但在发病犊牛中，主要表现为心肌炎和出血性肠炎，因此死亡率很高。

（四）剖检变化

除口腔和蹄部的水疱和烂斑外，在咽部、气管、支气管和前胃黏膜有时可见到圆形烂斑和溃疡，真胃和肠黏膜可见出血性炎症。具有重要诊断意义的是心脏病变；心包膜有弥散性及点状出血，心肌松软，心肌切面有灰白色或淡黄色斑点或条纹，如同老虎皮上的斑纹，因此称"虎斑心"。

（五）诊断

根据流行特点和症状可作出诊断，为了有目的地选用疫苗进行免疫，可对病原进行分型，采集病料做实验室诊断。实验诊断可选用补体结合反应、琼脂扩散试验、乳鼠中和试验、交叉免疫试验等方法确定毒型。

（六）防治

1. 预防

（1）新购进的牛要隔离观察，确认无病后方可合群饲养。

（2）发病时按"早、快、严、小"的原则立即上报，封锁疫区，尽快扑灭疫情。

（3）疫点以3%～5%的烧碱溶液或20%石灰乳彻底消毒。

（4）发病数量较少时，应就地扑杀病牛，对尸体和污染物作无害化处理，防止疫情扩散。对疑似病牛隔离观察。对受威胁区或假定健康牛立即进行紧急接种。

2. 治疗

治疗原则是防止继发感染，促进病牛尽快采食，提高其次机体抵抗力。

（1）口腔治疗：用0.1%～0.2%的高锰酸钾溶液、2%～3%明矾或2%～3%醋酸或食醋洗涤口腔，然后在溃烂面上涂抹10%～20%碘甘油，也可散布冰硼散、豆面及各种抗菌药物软膏。

（2）蹄部治疗：用3%来苏儿、1%福尔马林或3%～5%的硫酸铜溶液浸泡蹄子。也可洗净后涂以抗菌软膏或20%的碘甘油，然后用绷带包扎。

（3）乳房治疗：挤奶时要常规消毒，温水清洗，然后涂以青霉素软膏。

（4）全身治疗：如果病牛症状严重，除局部对症治疗外，必要时用葡萄糖或生理盐水加抗生素输液治疗。

二 牛病毒性腹泻-黏膜病的防治

牛病毒性腹泻又称为牛黏膜病。其特征为黏膜发炎、糜烂、坏死和腹泻。

（一）病原

1. 病原形态

病原属于黄病毒科、瘟病毒属的牛病毒性-黏膜病病毒，为有囊膜的RNA病毒。该病毒各毒株间没有明显的抗原性差异，但与猪瘟病毒、羊边界病病毒为同属病毒，有密切抗原关系。

2. 培养特性

本病毒能在牛肾、睾丸、肌肉、鼻甲、气管等细胞培养物中增殖传代。

（二）流行病学

1. 易感动物

该病可感染牛、猪、绵羊、山羊等多种动物。

2. 传染源

带毒动物和患病动物是本病的主要传染源。病牛的排泄物和分泌物中含有病毒。康复牛可带毒6个月。

3. 传播途径

主要通过消化道和呼吸道而感染，也可通过胎盘感染。

4. 流行特点

该病常年均可发生，通常多发生于冬末和春季。舍饲牛发病容易引起爆发式流行。

（三）症状

潜伏期为7~14天，根据临床表现可分为急性型和慢性型。

1. 急性型

病牛突然发病，体温升高至40℃~42℃，精神沉郁，食欲下降。其鼻眼有浆液性分泌物，2~3天可能有鼻镜及口腔黏膜糜烂，舌面上皮坏死，呼气恶臭，流涎增多。常发生严重腹泻，开始水样腹泻，后期带有黏液和出血，可持续1~3周，是该病型的典型症状。有些病牛常有蹄叶炎，从而导致跛行。急性病例恢复的少见，通常发病后1~2周死亡。

2. 慢性型

慢性病牛，出现间歇性腹泻，病程较长，一般2~5个月，表现消瘦、生长发育受阻，有的出现跛行。

此外，母牛在妊娠期感染该病时常发生流产或产下有先天性缺陷的犊牛，最常见的缺陷是小脑发育不全，患犊可能出现轻度共济失调等神经症状。

（四）病变

主要病变在消化道和淋巴结，口腔黏膜、食道和整个胃肠道黏膜充血、出血、水肿和糜烂，整个消化道的淋巴结发生水肿。

（五）诊断

可根据其发病史、症状及剖检变化初步诊断，最后确诊须依赖病毒的分离鉴定及血清学检查。

病毒分离应于病牛急性发热期间，采取血液、尿、鼻液或眼分泌物，剖检时采内脏、骨髓等病料。血清学试验目前应用最广的是血清中和试验，还可应用免疫荧光抗体技术、琼脂扩散试验等方法来诊断该病。

该病应注意与口蹄疫、牛瘟、恶性卡他热、牛传染性鼻气管炎及水疱性口炎、牛蓝舌病等区别。

（六）防治

1. 预防

为控制该病的流行，必须采取检疫、隔离、净化等综合措施。对于常发病的地区和牛场可以免疫接种该病的弱毒疫苗（OregonC$_{24}$V）。

2. 治疗

该病目前尚无有效疗法。应用收敛剂和补液疗法可有效缓解症状，使用抗生素和磺胺类药物可减少继发性感染。

三 牛流行性感冒的防治

牛流行性感冒，简称"牛流感"，它是由牛流行性感冒病毒引起的一种牛常见的急性、热性、高度接触性的呼吸道传染病。临床上以短期高热、鼻眼黏膜发炎、咳嗽和上呼吸道炎症为特征。

（一）病原

1. 病原性质

流行性感冒病毒属于正黏病毒科流感病毒属，病毒能凝集牛的红细胞。

2. 抵抗力

该病毒对外界的抵抗力不强，对紫外线、甲醛、乙醚等敏感，肥皂、去污剂和氧化剂都可使病毒灭活，但对低温抵抗力较强。

（二）流行病学

1. 传染源

病牛是主要的传染源，已经康复的牛和隐性感染牛在一定时间内也能排毒。

2. 传播途径

可直接或间接接触传染。病毒主要存在于呼吸道黏膜细胞内，随呼吸道分泌物排向外界，通过空气飞沫传播。

3. 易感动物

各年龄阶段的牛均可感染发病，无性别和品种差异。

4. 流行特点

该病多突然发生，传播迅速猛烈，2~3 天即可传染全群。常呈地方流行性，传播快，发病率高，死亡率低。有明显的季节性，多发生于气温骤变的初春季节和秋冬季节，尤其是潮湿多雨时更易发病。

（三）症状

突然发病，体温升高达 40℃~42℃，呈稽留热型。出现鼻镜干燥、呼吸迫促、食欲下降、皮温不匀、结膜发红、两眼流泪、鼻流清涕、口角流涎、四肢无力等症状。少数病牛表现瘤胃臌胀，跛行，常卧地不起，日久发生瘫痪。病程约 7 天，若无并发症，一般预后良好。

（四）剖检变化

急性死亡病例，上呼吸道黏膜肿胀、充血和点状出血。肺出现肝变区，多数病例有间质性气肿，常蔓延至纵隔、颌下部和腰部。

（五）诊断

根据病牛的临床表现结合流行特点，可做出初步诊断。确诊可采取病牛的血液和鼻分泌物等作病毒分离和鉴定。

（六）防治

1. 预防

（1）平时加强饲养管理，增强牛只机体抵抗力，避免牛群拥挤，注意防寒保暖，保持牛圈清洁、干燥、通风。

（2）发现病牛立即隔离治疗。搞好牛舍清洁卫生，栏舍和用具等可用 2% 烧碱水或 20%~30% 草木灰水消毒。

2. 治疗

该病无特效疗法。一般采取解热镇痛，强心补液，恢复胃肠机能，防止继发感染等对症治疗。

（1）西药疗法。青霉素 640 万~800 万 IU，氨基比林 10~20mL，病毒灵 10~20mL，柴胡注射液 10~20mL，一次性肌肉注射，每日两次，连用 3 天。

严重病例，要强心补液。可用生理盐水 500mL，青霉素 100 万 IU，链霉素 150 万 IU，鱼腥草 20~40mL，地塞米松 5~10mL，混合后一次性静脉注射；5% 葡萄糖溶液 500mL，10% 氯化钙 50mL，混合后一次性静脉注射；水杨酸钠溶液 100~200mL 一次性静脉注射。以上药物每日 1 次，连用 3 天。

（2）中药疗法。大黄 100g、苦参 50g、柴胡 50g、苍术 30g、黄芩 30g、煎水灌服，1 日 1 剂，连服 3~5 剂。

四 牛水泡性口炎的防治

该病是一种由病毒引起的急性传染病。特征为口腔黏膜发生水泡并流泡沫状口涎。

（一）病原

1. 病原性质

病原为水泡性口炎病毒，属弹状病毒科，有 2 个主型和若干亚型。

2. 抵抗力

本病毒对外界环境抵抗力较弱，对常用消毒药的抵抗力较弱。2% 氢氧化钠或 1% 甲醛溶液能在数分钟内杀死病毒。

（二）流行病学

1. 传染源

病牛是主要的传染源。

2. 传播途径

病毒随水泡液和唾液排出，通过健康牛损伤的皮肤黏膜和消化道而感染。污染的饲料、饮水和昆虫可以成为该病的传播媒介。

3. 易感动物

该病能侵害多种动物，主要感染牛，人亦可感染。

4. 流行特点

该病有明显的季节性，常在 5~10 月间流行，与传播媒介昆虫的活动有关。

（三）症状

该病与口蹄疫相似，但比口蹄疫轻，潜伏期为 1~9 天。病初体温升高，食欲不振，在舌面、口腔黏膜及鼻镜发生水泡，偶尔见于蹄部和乳房部。水泡不久即破裂，舌面和口腔黏膜形成鲜红色烂斑，流涎、3~4 天后迅速痊愈，极少死亡。

（四）诊断

局部水泡是该病的典型特征，但要与口蹄疫相区别。确诊要依靠血清学诊断。

（五）防治

1. 预防

平时加强饲养管理，消灭蚊蝇等传播媒介，注意保持环境卫生，增强机体抵抗力。发病时严格封锁疫区，被污染的场地和用具用 2% 氢氧化钠或 1% 福尔马林溶液消毒。

2. 治疗

该病发病快、病程短、症状轻、死亡率低，治疗需要加强护理并适当局部用药。如口腔内涂抹冰硼散或 50% 碘甘油，配合利巴韦林肌内注射，以提高其免疫力。此外应给予柔软易消化的食物防止口腔再遭损伤，促进患部痊愈。

五 牛流行热的防治

牛流行热又称三日热、暂时热，是牛的急性和热性传染病。主要特征是突然高热、呼吸急促、流泪和消化器官的卡他炎症及运动障碍。该病发病率高，但多呈良性经过，轻症 2~3 天即可恢复正常。

（一）病原

1. 病原性质

牛流行热病毒为单股负链 RNA 病毒，属于弹状病毒科，暂时热病毒属，呈子弹形或圆锥形。该病毒的大小平均为 140nm×80nm。发热期病毒存在于病牛的血液、呼吸道分泌物及粪便中。

2. 培养特性

分离牛流行热病毒时，适宜接种动物是初生乳鼠或仓鼠，进行脑内接种时，可分离出病毒。

3. 抵抗力

本病毒耐寒不耐热，对低温稳定，对酸碱均敏感。

（二）流行病学

1. 传染源

该病的传染源为病牛。

2. 传播途径

该病多经呼吸道感染。此外，还可能通过吸血昆虫的叮咬，以及与病牛接触的人和用具的机械传播。

3. 易感动物

该病主要发生于 3~5 岁的黄牛和奶牛。黄牛、高产奶牛和杂交牛最容易感染，哺乳母牛症状较严重，犊牛发病率较低。

4. 流行特点

该病流行具有明显的季节性，多发生于雨量多和气候炎热的 6~9 月。流行迅猛，呈地方流行性或大流性，有一定周期性，3~5 年大流行一次。病牛多为良性经过，在没有继发感染的情况下，死亡率为 1%~3%。

（三）症状

病牛发病初期，恶寒战栗，体温升高到 40℃ 以上，食欲废绝、反刍停止，流鼻液，泡沫性流涎，粪便干燥，有时下痢。四肢关节浮肿、跛行。妊娠母牛可发生流产、死胎，乳量下降或泌乳停止。该病大部分为良性经过，病死率一般在 1% 以下，个别病牛可因呼吸困难而死亡。

（四）剖检变化

急性死亡多因窒息所致。剖检可见气管和支气管黏膜充血和点状出血，气管内充满大量泡沫黏液。肺显著肿大，有程度不同的水肿和间质气肿，压之有捻发音。全身淋巴结充血、肿胀或出血。真胃、小肠和盲肠黏膜呈卡他性炎和出血。

（五）诊断

可根据临床症状、流行特点、剖检变化做初步诊断，如要确诊需做病毒血清学检查。该病应与传染性鼻气管炎、茨城病、牛副流感、牛恶性卡他热加以鉴别。

（六）防治

1. 预防

加强环境卫生，保持牛栏清洁、干燥、通风，做好防暑降温工作。供给易消化且营养丰富的优质饲料，以提高机体抗病力。发生疫情后，及时隔离病牛，并进行严格消毒。消灭蚊蝇等吸血昆虫。疫情严重的，可以紧急接种该病的弱毒疫苗。

2. 治疗

该病无特异疗法。为阻止病情恶化和继发感染，应采取对症治疗。

（1）对轻状病牛，可肌内注射复方氨基比林 20~40mL，或 30% 安乃近 20~30mL。

（2）对重症病牛给予大剂量的抗生素，防止继发感染，并静脉内补液、强心、解毒。常用葡萄糖氯化钠注射液 2 000~3 000mL、10% 安钠咖 20mL、维生素 C20~30mL，肌内注射维生素 B_1、维生素 B_{12}30~50mL，每天 2 次。对四肢关节疼痛的病牛，可静脉注射复方水杨酸钠溶液 200mL。

六 牛传染性鼻气管炎的防治

牛传染性鼻气管炎是牛的一种急性、接触性传染病，又称"坏死性鼻炎"或"红鼻子病"。临床特征是鼻道、气管黏膜发炎，出现发热、咳嗽、流鼻液和呼吸困难等症状。有时伴发结膜炎、阴道炎、龟头炎、脑膜脑炎、乳房炎，也可发生流产。

（一）病原

1. 病原性质

牛传染性鼻气管炎病毒为疱疹病毒科水痘病毒属的病毒。呈圆形，有囊膜，基因组为双股 DNA。

2. 培养特性

该病毒在犊牛肾或睾丸原代细胞培养中生长良好，可形成细胞丛状或网状聚集。

（二）流行病学

1. 传染源

病牛是主要传染源，隐性带病毒牛往往是最危险的传染源。

2. 传播途径

易感牛可通过呼吸道或生殖道感染。

3. 易感动物

该病主要感染牛，尤其是肉用牛最易感，其次是奶牛。肉用牛群又以 20~60 天龄的犊牛最为易感。

4. 流行特点

该病多发于冬春季舍饲期间。当存在应激因素，如长途运输或饲养环境发生剧烈变化时，牛群发病率为 10%~90%，病死率多在 1%~5%。

（三）症状

潜伏期一般为 4~6 天，有时达 20 天以上。根据侵害的组织不同，本病有 6 种临床类型。

1. 呼吸道型

本型在临床上较为常见，通常发生于寒冷季节。病牛高热 40℃ 以上，咳嗽，呼吸困难，流泪，流涎，流脓性鼻液，鼻黏膜高度充血，有散在的灰黄色小脓疱或浅而小的溃疡。鼻镜发炎充血，呈火红色，因此有"红鼻子病"之称。病程 10~14 天，发病率高达 75% 以上，但病死率不高，通常在 10% 以下。犊牛发病症状较重，常因窒息或继发感染而死亡。

2. 生殖器型

本型主要见于成年牛，多由交配而感染。母牛患病时，尾巴常竖起，频尿，阴门流黏和液脓性分泌物，外阴道黏膜充血肿胀，散在有灰黄色粟粒大的脓疱或溃疡，甚至发生子宫内膜炎。公牛患病时，龟头、包皮内层和阴茎充血，形成小脓疱或溃疡，康复后可长期带毒。

3. 脑膜脑炎型

本型主要发生于犊牛。病犊体温升高达 40℃ 以上，开始表现为流鼻液、流泪、呼吸困难等症状，3~5 天后可见肌肉痉挛和视力有障碍，最后出现惊厥、共济失调、角弓反张、口吐白沫，直至死亡，病死率在 50% 以上。

4. 眼炎型

本型多与上呼吸道炎症合并发生。主要症状是结膜炎和角膜炎，表现结膜充血，眼睑水肿，大量流泪，角膜上形成云雾状白斑，眼、鼻有浆液性或脓性分泌物，很少引起死亡。

5. 流产型

妊娠牛可在呼吸道和生殖器症状出现后的 1~2 个月内流产。非妊娠牛则可因卵巢功能受损导致短期内不孕。

6. 肠炎型

本型多见于 2~3 周龄的犊牛，在发生呼吸道症状的同时出现腹泻，甚至排血便。病死率为 20%~80%。

（四）诊断

根据呼吸道疾病的临床症状可进行初步筛选，然后进行鉴别诊断，病理剖检可见鼻、喉、气管黏膜发炎、坏死和溃疡，并有假膜。如需要确诊必须进行实验室检验，以血清中和试验最为常用。

（五）防治

1. 预防

预防该病的关键是防止传染源侵入牛群，引进牛只时，一定要先隔离检疫，对种公牛要采精检验，确认健康后方可混群。在流行区域和受威胁地区，用牛传染性鼻气管炎弱毒疫苗或灭活疫苗进行免疫接种。

2. 治疗

该病目前无特效药物治疗，为阻止继发感染，可应用广谱抗生素或磺胺类药物，配合对症治疗以减少死亡。

七 牛瘟的防治

牛瘟是由牛瘟病毒所引起的一种急性、高度接触传染性传染病，又称烂肠瘟。其临床特征表现为体温升高，病程短，消化道黏膜发炎、出血、糜烂和坏死。世界动物卫生组织（OIE）将其列为 A 类疫病。

（一）病原

1. 病原性质

牛瘟病毒为副黏病毒科麻疹病毒属病毒，多形性，有囊膜，大小为 120～30nm，属于 RNA 病毒。

2. 抵抗力

该病毒抵抗力不强，60℃即很快失去传染性。普通消毒药如石炭酸、石放乳等均易将病毒杀死，但在甘油中稳定。

（二）流行病学

1. 传染源

病牛和带毒牛是该病的传染源。病毒主要存在于病牛的血液、内脏及体液中，并随分泌物和排泄物排出体外。

2. 传播途径

主要经消化道传染，也可经损伤的皮肤或吸血昆虫传播。

3. 易感动物

黄牛、水牛和牦牛最易感染，奶牛次之，其他偶蹄兽也可感染。

4. 流行热特点

该病一旦发生，传播迅速，常呈暴发性流行，发病率可达 100%，死亡率可达 90% 以上。

（三）症状

潜伏期一般不超过 10 天，特殊情况可达两周。病牛体温升高至 40℃ 以上，精神沉郁，结膜潮红，有脓性分泌物，眼睑肿胀。鼻镜干燥，甚至龟裂，附有棕黄色痂状物。

典型症状：口腔流涎，口腔黏膜出现弥漫性充血，并于舌下、齿龈、唇内和颊内出现数量不等的灰黄色的米粒大小病灶，如同麸皮撒在黏膜上，形成假膜，易被剥脱，后期形成边缘不整的红色烂斑。病牛表现为剧烈的腹泻，粪便带血或混有坏死脱落的肠黏膜碎片。病牛迅速消瘦，一般经过 8～10 天死亡。

（四）剖检变化

消化道表现为出血性、坏死性炎症，口腔黏膜糜烂，上皮坏死崩解，形成假膜。皱胃、小肠、大肠黏膜出血，并有溃疡。

（五）诊断

根据流行病学、临床症状结合剖检变化可以初步诊断，如不能确诊，需要进行实验室检查。

本病应注意与口蹄疫、牛病毒性腹泻、黏膜病、牛传染性鼻气管炎、恶性卡他热、水泡性口炎、副结核、沙门氏菌病及砷中毒鉴别。

（六）防治

当前主要应加强口岸检疫，防止境外传入。发生该病时，应立即上报，做好封锁、检疫、隔离工作，尸体烧毁或深埋。被污染的牛舍、用具进行彻底消毒。在曾发生过的疫区，应连续 3 年普遍进行牛瘟弱毒疫苗的预防接种。一般不主张治疗，以免造成疫情的进一步蔓延。

八 牛恶性卡他热的防治

牛恶性卡他热是由恶性卡他热病毒引起的一种急性、热性、非接触性传染病，又称坏疽性鼻卡他。其特征为发热，眼、口、鼻黏膜剧烈发炎，角膜混浊，并伴有脑炎症状。

（一）病原

1. 病原性质

病原体为疱疹病毒科的牛疱疹病毒 3 型。

2. 抵抗力

病毒对外界环境的抵抗力不强，该病毒在体外只能存活很短的时间，常用消毒药都能迅速将其杀灭。

（二）流行病学

1. 传染源

隐性感染的绵羊是该病的主要传染源。病牛的血液、分泌物和排泄物中含有病毒，但是病牛与健康牛接触一般不发生传染。

2. 传播途径

传播途径多为呼吸道，吸血昆虫可能也有传播作用。

3. 易感动物

各种牛均易感，但以 2 岁左右的牛最易感。绵羊和鹿呈隐性感染，牛发病都与接触绵羊有关。

4. 流行特点

该病除非洲外各地区都呈散发，以冬季和早春发生较多，病死率很高，犊牛可达 100%。

（三）症状

该病自然感染潜伏期平均为 3~8 周。病初高热，体温达 40℃~42℃，精神沉郁，眼、口及鼻黏膜发生病变。临床上分头眼型、肠型、皮肤型和混合型四种。

1. 头眼型

病牛眼结膜发炎，羞明流泪，之后角膜浑浊，眼球萎缩、溃疡及失明。鼻腔、喉头、气管、支气管及颌窦卡他性炎症，呼吸困难，炎症可蔓延到鼻窦、额窦、角窦，角根发热，严重者两角脱落。鼻镜及鼻黏膜先充血，后坏死、糜烂、结痂。口腔黏膜潮红肿胀，出现灰白色丘疹或糜烂。病死率较高。

2. 肠型

病牛先便秘后下痢，粪便带血、恶臭。口腔黏膜充血，常在唇、齿龈、硬腭等部位出现伪膜，脱落后形成糜烂及溃疡。

3. 皮肤型

在颈部、肩胛部、背部、乳房、阴囊等处皮肤出现丘疹、水泡，结痂后脱落，有时形成脓肿。

4. 混合型

此型多见，病牛同时有头眼症状、胃肠炎症状及皮肤丘疹等。有的病牛呈现脑炎症状。一般经 5~14 天后死亡，病死率达 60%。

（四）剖检变化

鼻窦、喉、气管及支气管黏膜充血肿胀，有假膜及溃疡。口、咽、食道糜烂、溃疡，第四胃充血水肿、斑状出血及溃疡，整个小肠充血出血。头颈部淋巴结充血和水肿，脑膜充血，呈非化脓性脑炎变化。肾皮质有白色病灶是该病特征性病变。

（五）诊断

根据典型临床症状和剖检变化可做出初步诊断，确诊需进一步做实验室诊断。

该病与牛瘟、黏膜病、蓝舌病和传染性角膜结膜炎有相似之处，但根据恶性卡他热眼、口、鼻黏膜发炎及与绵羊接触史，散发、高致死率等特征，能很容易地把它们区分。

(六) 防治

1. 预防

(1) 加强饲养管理和环境卫生，增强牛群抗病能力。

(2) 发病地区，注意避免牛与羊同群饲养和放牧，以防传染。

2. 治疗

及时隔离病牛并酌情进行综合治疗。

(1) 局部治疗。可用 0.1% 高锰酸钾溶液冲洗病牛的眼和鼻腔。

(2) 防止继发感染。磺胺甲基嘧啶或二甲基嘧啶，剂量 0.2g/kg 静脉注射，每天一次。

(3) 强心补液。使用 10% 葡萄糖溶液 1 000mL、5% 小苏打溶液 250mL、10% 安钠加 20mL 合用，静脉注射。

九 牛海绵状脑病的防治

牛海绵状脑病是由朊病毒引起牛的以中枢神经系统损害为特征的传染病，俗称"疯牛病"。临诊特征为颤抖，感觉过敏，行动反常，共济失调，狂躁，终因衰竭而致死。

(一) 病原

1. 病原性质

该病的病原为朊病毒或朊蛋白 (PrP)，是一种不含核酸但具有感染性的蛋白粒子。虽有病毒的某些特性，但不形成包涵体，也不引起宿主免疫反应。PrP 有两类：一类是正常的，用"PrPe"表示；另一类有致病性，分子组成结构异常，用"PrP"表示。

2. 抵抗力

朊病毒可低温或冷冻保存。病原在土壤中可存活 3 年。常用消毒剂及紫外线消毒无效，高压蒸汽 30min 可使大部分病原灭活，焚烧是最可靠的杀灭办法。

(二) 流行病学

1. 传染源

目前一致认为该病的传染源是含有朊病毒的肉骨粉。

2. 传播途径

该病主要通过被污染的饲料经口传染，饲喂含感染该病的反刍动物肉骨粉的饲料可引发。

3. 易感动物

易感动物为牛科动物，易感性与品种、性别、遗传等因素无关。

4. 流行特点

该病的流行没有明显的季节性。最早发现于英国，随后由于英国感染的牛或肉骨粉的出口，将该病传给其他国家。由于该病潜伏期较长，被感染的牛到 2 岁才有少数开始发病，3 岁时发病明显增加，4 岁和 5 岁达到高峰，6~7 岁发病开始明显减少。

(三) 症状

该病平均潜伏期为 4~5 年。病牛临床表现为精神异常、运动障碍和感觉障碍。

1. 神经症状

病牛主要表现为不安、恐惧、狂暴等，当有人靠近或追逼时往往出现攻击性行为。

2. 运动障碍

表现为共济失调、颤抖或倒下。病牛步态呈"鹅步"状，四肢伸展过度，后肢运动失调、麻痹、轻瘫，有时倒地，难以站立。

3. 感觉障碍

病牛对触摸、声音和光过度敏感，这是病牛很重要的临床诊断特征。用手触摸或用钝器触压牛的颈部、肋部，病牛会异常紧张颤抖。病牛听到敲击金属器械的声音，会出现震惊和颤抖反应。

(四) 病理变化

无肉眼可见的剖检变化，血液也异常变化。典型的组织病理学变化集中在中枢神经系统，有 3 个典型的非炎性剖检变化。

（1）出现双边对称的神经空泡，包括灰质神经纤维网出现微泡，即海绵状变化，具有重要的诊断价值。

（2）星型细胞肥大常伴随空泡的形成。

（3）大脑淀粉样病变。

(五) 诊断

根据临床症状只能做出疑似诊断，确诊需进一步做实验室检查。具体包括病料的采集和保存、病原的分离鉴定、脑组织病理学检查及电镜检查等。

(六) 防治

该病尚无有效治疗方法。发现可疑病牛，应立即隔离并报告当地动物防疫监督机构，力争尽早确诊。确诊后扑杀所有病牛和可疑病牛，并根据流行病学调查结果进一步采取措施。

十 牛蓝舌病的防治

蓝舌病是反刍动物的一种非接触性传染病，主要发生于绵羊、山羊、牛和鹿。其特征是发热，白细胞减少，口腔、鼻腔和胃肠黏膜发生溃疡性炎症，因病牛的舌呈蓝紫色，该病也因此而得名。

(一) 病原

1. 病原性质

该病由蓝舌病病毒引起，蓝舌病病毒属于呼肠孤病毒科环状病毒属蓝舌病病毒亚群的成员。病毒颗粒呈圆形，已知病毒有 24 个血清型，各型之间无交互免疫力。

2. 抵抗力

该病毒具有血凝素，对乙醚、氯仿等消毒剂有一定的抵抗力。

(二) 流行特点

1. 传染源

该病传染源为病羊，疫区健康的牛也有带毒。

2. 传播途径

主要通过库蠓类传播，库蠓吸病牛血后，病毒于其体内繁殖，在叮咬其他动物时即可传染该病。

3. 易感动物

绵羊易感，牛和山羊的易感性较低，多为隐性感染。

4. 流行特点

该病发生有严格的季节性，在 5~10 月份库蠓活动季节易发该病，低洼地区易流行该病。

(三) 症状

潜伏期为 5~7 天。病牛食欲不振，体温升高，口唇轻微水肿，鼻镜和口腔先充血、瘀血，后转为溃疡。有的牛出现跛行，妊娠母牛可引起流产。个别病牛突然出现咽喉头麻痹和吞咽困难的症状，极易引起继发性死亡。该病死亡率一般在 10% 左右。

(四) 诊断

根据典型临床症状和剖检变化可做出初步诊断，确诊需进一步做病毒学诊断与血清学实验。

(五) 防治

1. 预防

从外地购入牛时要严格检疫，不从有蓝舌病的疫区购入牛。在夏季尽量不到低洼地区放牧，做好防蠓等吸血昆虫的工作。定期药浴，驱除体外寄生虫。

2. 治疗

该病无特效疗法，可参照口蹄疫的方法，处理口、蹄部病变，防止继发感染。病情严重的要强心补液，同时对症治疗，提高病牛抵抗力。

十一 牛白血病的防治

牛白血病是牛的一种慢性肿瘤性疾病，其特征为淋巴样细胞恶性增生，进行性恶病质和高度病死率。

(一) 病原

该病的病原为牛白血病病毒，属于反录病毒。病毒粒子呈球形，外包双层囊膜，病毒含单股 RNA，能产生反转录酶。该病毒能凝集绵羊和鼠的红细胞。

(二) 流行病学

1. 传染源

病牛和带毒牛是该病的传染源。

2. 传播途径

该病经口、鼻、生殖道途径传播，乳汁、粪便、产道分泌物和精液等含有病毒。近年来证明吸血昆虫也是该病传播的重要因素。

3. 易感动物

该病主要发生于牛和绵羊，尤以 4~8 岁的成年牛最常见。

4. 流行特点

该病季节性不明显，一般呈现地方散发。

(三) 症状

牛发病后因肿瘤侵害的脏器不同，其临床表现也不一样。一般可见病牛消瘦、贫血、体表淋巴结肿大。有的病牛可见前胃弛缓，瘤胃膨胀，排恶臭血便，呼吸急促，皮肤肿瘤和全身浮肿等。

(四) 剖检变化

病牛全身各种脏器均可见肿瘤，其中淋巴结、真胃、子宫和网膜最为多见。胸腺、脾脏、肝、肠腔、心肌、肾、骨髓、神经、皮肤、肌肉也常被侵害，病变组织呈弥漫性肿大。淋巴结为白色或灰红色，结构模糊，呈粥样或干酪样病变。

血液检查：白细胞总数明显增加，淋巴细胞比例超过 75%。

（五）诊断

该病根据流行特点、临床症状及剖检变化可初步列为疑似病例，临床检查中，具有诊断意义的是腹股沟和髂部淋巴结的增大。如要确诊需要进行病理组织学检测、病原学诊断及血清学诊断。此外，可以结合血常规检查红细胞和白细胞的变化，对该病的确诊也有一定意义。

（六）防治

该病尚无特效疗法，只能以预防为主。

（1）严格检疫，防止引进病牛，加强饲养管理，增强牛群体质，扑灭吸血昆虫。

（2）平时注意牛只健康检查，发现病牛，立即淘汰，以防病原扩散。

十二　牛乳头状瘤病的防治

牛乳头状瘤病为牛的体表皮肤或黏膜的慢性增生性疾病，又称为疣，为良性肿瘤。

（一）病原学

该病由牛乳头瘤病毒引起。病毒属乳多空病毒科、乳头状瘤病毒属。该病毒有 6 个血清型，不具有免疫交叉反应性。

（二）流行病学

1. 传染源

病牛是该病的主要传染源。

2. 传播途径

主要通过伤口感染，如吸血昆虫、采血针、耳标、挤乳、栏杆及其他尖锐异物引起皮肤、黏膜的损伤，也通过交配传播而发病。

3. 易感动物

人和多种动物均易感染该病，肉牛发病多于奶牛。

4. 流行特点

该病呈散发或地方性流行。

（二）症状

牛的疣常见于头、颈、肩、背、腹部和乳房，特别是眼和耳的周围。形状由肉柱状或毛状的小结节发展为菜花状，表面凹凸不平，呈鳞状或棘状，直径大小不等，由局部可扩展到全身，经 4~6 个月后，病灶基部发生干燥坏死，自然脱落而消失。

乳房的疣呈多型性，侵害乳腺的病变，因此常引起乳房炎的发生。

（三）诊断

病牛皮肤上出现的疣，因其有特征性肉柱，从外观上即可确诊。病牛阴道和阴茎上的疣，必须仔细检查才能发现。

（四）防治

1. 预防

该病为接触性传染性疾病，应采取积极有效的措施予以防治。

（1）发现病牛应及时隔离，阻止病原继续扩散。

（2）加强兽医防疫制度，减少医源性传播机会。严格执行挤乳卫生规程。

（3）加强饲养管理，防止发生机械性损伤。牛舍饲养密度不能过大，尽量不要拥挤；及时清除牛栏、圈舍内的尖锐异物，减少皮肤外伤的发生。

2. 治疗

多数疣可自然脱落，病情较轻的不需要治疗。严重病例，为了控制其继续发展，促使其尽快消退，可应用手术切除和烧烙方法，术后要有防止局部感染的措施。

十三 新生犊牛病毒性腹泻

新生犊牛病毒性腹泻是以多种病毒感染引起的以犊牛顽固性腹泻为特征的传染病。

（一）病原

该病按病原学分析，又可分为三种疾病：①冠状病毒性腹泻；②环状或轮状病毒性腹泻；③细小病毒性腹泻。病原体分别为冠状病毒、环状病毒或细小病毒。临床特征都表现顽固性腹泻，用一般治疗胃肠炎的药物治愈率偏低，而死亡率较高。

（二）流行特点

多发生于1~3周龄的新生犊牛。该病多为散发性，偶有地方流行。

（三）诊断

病犊有顽固性腹泻、衰弱无力、流涎、绝食、消瘦、脱水，体温稍高或正常的表现。细小病毒感染时，日龄稍偏大，常腹泻带血，通常经5~6天死亡。

（四）剖检变化

剖检病牛，发现其胃肠有黏膜充血、水肿等炎性病变。

（五）诊断

根据是否为新生犊牛、是否发生顽固性腹泻，用一般性抗生素治疗无效、死亡率较高等特征，可以初步诊断。但应与犊牛缺硒性腹泻和细菌性腹泻及消化不良性腹泻等胃肠病加以鉴别。

（六）防治

1. 预防

在预防措施中，以增强母牛和犊牛的抵抗力为主，改善饲养管理，注意卫生和消毒工作。人工喂乳要定时、定量、定温，以保持犊牛胃肠功能的良好适应性。

2. 治疗

该病尚无特效疗法。可以使用生物工程制剂——维迪康，剂量0.02~0.08g/kg，灌服，每天2次，连用3~5天；同时可配合肌内注射维生素E-硒注射液；投服收敛剂，如鞣酸蛋白或次硝酸铋。以上方法有一定的效果。

十四 牛副流感的防治

牛副流感是由牛副流感病毒引起的一种急性呼吸道传染病。以高热、呼吸困难和咳嗽为其临床特征。该病多发生于运输后的牛，因此又称运输热或运输性肺炎。

（一）病原

1. 病原性质

该病病毒为副粘病毒科的牛副流感病毒3型。巴氏杆菌等常与其混合感染并使病情恶化。该病毒能凝集豚鼠、鸡、牛、猪和人的红细胞。

2. 抵抗力

该病病毒不耐热，常用消毒药能迅速将其杀灭。

（二）流行特点

1. 传染源

病牛是主要的传染源，病毒随鼻分泌物排出。

2. 传播途径

该病主要通过呼吸道感染，也可通过胎盘感染胎儿，引起死胎和流产。

3. 易感动物

成年肉牛和奶牛最易感，犊牛在自然条件下很少发病。

4. 流行特点

该病一年四季均可发生，但以冬季发病较多。长途运输、天气骤变、寒冷和疲劳等不利因素可促使发病。

（三）症状

潜伏期为 2~5 天。病牛高热，精神沉郁，厌食，咳嗽，流浆液性鼻液，呼吸困难，发出呼噜声。听诊可闻湿啰音，肺脏实变时则肺泡音消失，有时听到胸膜摩擦音。有的病牛发生黏液性腹泻。病程不长，重者可在数小时或 3~4 天内死亡。

（四）剖检变化

该病病变主要在呼吸道，呈现支气管肺炎和纤维素性胸膜炎的变化，肺泡和细支气管上皮细胞肥大增生，形成合胞体，胞浆内出现嗜碱性包涵体。

（五）诊断

可根据流行病学、临床症状、剖检变化作为初步诊断，确诊该病需要进行病毒学诊断或血清学诊断。

（六）防治

1. 预防

尽可能地消除不利环境因素，保持牛舍清洁干燥和通风凉爽。发生疫情后，及时隔离病牛，并进行严格消毒，有条件的可接种疫苗预防。

2. 治疗

该病无特效疗法，以防止继发细菌感染为主。常以青霉素和链霉素联合使用。重症病牛要强心补液，对症治疗。

任务三 其他病原微生物疾病的防治

一 牛钩端螺旋体病的防治

该病是由钩端螺旋体引起的一种人畜共患的急性传染病，属自然疫源性疾病。临床症状以短期发热、黄疸、尿血、出血、流产以及皮肤黏膜坏死为特征。

（一）病原

1. 病原性质

钩端螺旋体属于螺旋体目、密螺旋体科、钩端螺旋体属。钩端螺旋体呈细长圆形、螺旋状、一端或两端弯曲呈钩状，在暗视野检查时，常呈细小的珠链状。革兰氏染色阴性。

2. 抵抗力

钩端螺旋体对热、酸、干燥和一般消毒剂都敏感。但对低温有较强的抵抗力，对干燥非常敏感，数分钟即可死亡。常用的消毒剂，如来苏尔、石炭酸、漂白粉均能将其杀死。

（二）流行病学

1. 传染源

病牛和鼠类是该病主要传染源。

2. 传播途径

该病多经消化道传播，多因污染的水和饲料而感染，也可经皮肤和黏膜传染。昆虫也是一种传播媒介。

3. 易感动物

家畜、野兽和人均能感染。

4. 流行特点

该病具有一定的季节性，以雨水较多、鼠类活动频繁的季节多发，呈地方性流行或散发。

（三）症状

根据发病缓急可分为急性型、亚急性型及慢性型。

（1）急性型：犊牛容易发病，体温突然升高到40℃~41.5℃，呈稽留热，食欲废绝，精神萎靡。心跳加快，呼吸困难。可视黏膜黄染，有出血斑点。排出红色的血红蛋白尿。1~2月龄的犊牛很快死亡。

（2）亚急性型：病牛体温突然升高到39℃~40.5℃，食欲不振，反刍减少或停止，产奶量迅速减少，机体消瘦。乳房松软，乳汁成红色或褐黄色，常有凝乳块。排出红色血红蛋白尿，可视黏膜黄染。妊娠母牛发生流产。

（3）慢性型：体温呈间歇热，病牛食欲减少，呼吸浅表，消瘦，呈现黄疸和贫血症状，黏膜坏死。反复发作导致病牛长期消瘦，病程3~5个月或更长。

（四）剖检变化

病牛皮下组织发黄，内脏有广泛性出血点。肾脏表面有散在的红棕色或灰白色病灶，肝肿大有坏死灶。膀胱内有红色尿，奶内带血，淋巴肿大，皮肤和黏膜坏死或溃疡。

（五）诊断

该病仅靠临床症状和病理剖检难于确诊，临床鉴别诊断需要注意与牛流行性流产和牛血梨虫病的区别。必要时做组织镀银染色和病原学检查。

（六）防治

1. 预防

（1）牛场及周围要消灭鼠类和野犬。

（2）注意饮水卫生，隔离病牛，饲料污染场地和用具可用1%的石炭酸或0.1%升汞或

5%的福尔马林溶液消毒。

（3）常发病地区，可注射钩端螺旋体菌苗。接种菌苗时必须在病原定型后进行。

2. 治疗

青霉素、链霉素、先锋霉素、四环素、土霉素对该病都有一定疗效，每天肌内注射2次，连续5天为一疗程。配合强心补液，对症治疗，疗效更好。对可疑感染的牛，可在饲料中混入适量的土霉素。

 牛附红细胞体病的防治

附红细胞体病，是由专性血液寄生物——附红细胞体引起的人畜共患的一种疾病。该病是以高热、贫血、黄疸为特征的一种血液传染性疾病，奶牛发病较为严重。

（一）病原

附红细胞体是一种多形态的致病微生物，属于立克次氏体，呈环形、球形、卵圆形等形态，附着在红细胞上或存在于血浆中。

（二）流行病学

1. 传染源

病牛和带菌牛是主要传染源。

2. 传播途径

主要传播途径是吸血昆虫叮咬、血源性传播，以及经胎盘传播。

3. 易感动物

多种动物都可感染，该病发生不受年龄限制。

4. 流行特点

该病一年四季均有发生，在高温高湿季节多发，以地方性流行和散发为主。

（三）症状

该病的潜伏期为6~10天，有的长达40天，不同年龄的牛都易感。感染后多数呈隐性经过，在应激因素作用下突然发病。急性病牛主要表现为高烧，体温达41℃~42℃，呼吸加快，心悸。慢性病牛表现精神沉郁、营养不良、贫血、黄染、消瘦、大便带血及黏膜出血。断奶小牛发病主要表现为高烧。检查牛体表有时可见少量蜱寄生。

（四）剖检变化

病牛剖检可见结膜和皮下水肿、黄染，腹腔和胸腔有积液，心内外膜有出血点，肺水肿且间质宽厚，脾肿大且表面有出血点，胃肠黏膜出血。

（五）诊断

根据临床症状、流行特点及病理剖检可以初步诊断。但应注意与泰勒焦虫病、巴贝西虫病、边虫病进行鉴别诊断。确诊应进行血液学检查，检查方法如下：

（1）鲜血压片。取病牛耳血1滴，加少量的生理盐水，加少许3.8%柠檬酸钠液，压片镜检，可查到球形、短杆形、星状闪光的小体。

（2）血抹片检查。取末梢血涂片，甲醇固定，吉姆萨染色，镜检可见红细胞表面附椭圆形、半月形、杆状、逗点状的红细胞体，色呈淡紫色。

（六）防治

1. 预防

杀死蚊、蝇、蜱等吸血昆虫，阻断传播媒介。在每年发病季节前，用贝尼尔或黄色素按常规剂量进行预防注射，每隔半月注射 1 次。

2. 治疗

（1）四环素：剂量 8mg/kg，静脉注射，2 次/天，连用 3 天。

（2）贝尼尔：剂量 5mg/kg，肌肉注射，1 次/天，连用 3 天。

（3）对于病情严重的，可强心补液和对症治疗。

三　牛钱癣的防治

牛钱癣病主要是由毛癣菌属或小孢子菌属的真菌引起的一种皮肤真菌感染传染病，又称脱毛癣、秃毛、匐行疹和皮肤霉。

（一）病原

1. 病原性质

病原体是疣毛癣菌、须毛癣菌和马毛癣菌。它能产生抵抗力很强的孢子。

2. 抵抗力

真菌孢子抵抗力较强，在皮肤鳞屑或毛内能存活很久，需要使用高浓度的消毒液。

（二）流行特点

1. 传染源

带菌牛为该病的主要传染源。

2. 传播途径

该病的传播方式为接触性传播。直接接触主要指与病牛进行摩擦，间接接触主要通过污染工具经皮肤传染给健牛。潮湿、污秽、阴暗的牛舍会促进该病的传播。

3. 易感动物

冬季舍饲的牛较易发生，幼龄牛比成年牛易感。

（三）症状

潜伏期为 2~4 周。初期仅呈豌豆粒大小的结节，逐渐向四周呈环状蔓延，呈现界限明显的秃毛圆斑，形如古钱币。癣斑上被覆灰白色或黄色鳞屑，有时保留一些残毛，病变多局限于颜面部，也可发生于颈部、肛周，甚至蔓延到身。此时病牛瘙痒，日渐消瘦。

（四）诊断

1. 实验室检查

可在病、健皮肤交界处拔取些毛根或刮取少许鳞屑，进行显微镜检查。方法是将病料浸泡于 20% 氢氧化钾溶液中，微微加热 3~5min 后，用毛细吸管取少量病料置于载玻片上，再加 1 滴蒸馏水，然后加盖玻片镜检，可在毛根周围发现排列整齐的真菌孢子。

2. 鉴别诊断

牛螨病可形成不规整的秃斑，但无特征性的圆形癣斑，镜检可检出螨虫。

（五）防治

1. 预防

发现该病后最好进行全群检疫，将病牛隔离，污染的圈舍用具用2%氢氧化钠溶液消毒。圈舍保持干燥和通风，饲养人员应注意自身防护。

2. 治疗

局部治疗时先备皮与消毒，然后刮去患病部位的痂皮，再涂抹抗真菌药物。如10%水杨酸乙醇或10%碘酒溶液等，也可选择使用中药涂抹。对于出现全身症状的病牛，应对症治疗并防止继发感染。

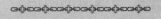

思 考 题

1. 针对牛场突发口蹄疫，应该采取哪些综合防治措施？

2. 布氏杆菌病主要危害牛的哪个系统？临床上应该如何进行诊断？

3. 针对牛的结核病如何开展结核菌素诊断？

4. 牛出败的病原是什么？如何制定该病的免疫计划？

5. 如果某牛场疑似发现炭疽病应该如何处理？

6. 牛肺疫病原是什么？病理剖检有什么特点？应该采取哪些综合防治措施？

7. 牛破伤风的典型症状是什么？它的感染途径有哪些？

8. 牛的副结核与结核病有哪些共同特点？

9. 针对牛的放线菌病应该采取哪些治疗措施？

10. 疯牛病的病原有哪些特点？病理剖检有什么变化？

11. 牛传染性鼻气管炎表现出哪些临床症状？如何进行鉴别诊断？

12. 牛流行热的发病有什么特点？在生产上应该如何防治？

13. 牛病毒性腹泻的典型症状有哪些？病理剖检有哪些变化？

14. 如何鉴别诊断牛的恶性水肿、炭疽与巴氏杆菌病？

15. 新生犊牛病毒性腹泻的病原包括哪些？对发病严重的犊牛应如何治疗？

16. 如何防治牛的传染性角膜炎？

17. 如何鉴别诊断牛水泡性口炎与口蹄疫？两种疾病的综合防治措施有什么不同？

18. 如何有效防治牛的钩端螺旋体疾病？牛发病后有哪些临床表现？

19. 牛附红细胞体病的病原是什么？有哪些临床症状？如何进行有效的治疗？

20. 牛钱癣的病原有什么特点？发病后应该采取哪些综合防治措施？

项目十三 牛常见寄生虫病的防治

🎯 学习目标

知识目标：

1. 掌握牛肝片吸虫、阔盘吸虫、前后盘吸虫、双腔吸虫、日本血吸虫等常见吸虫病的病原形态、流行特点、生活史及病牛的临床症状与剖检变化等相关理论知识。

2. 掌握牛莫尼茨绦虫、囊尾蚴、多头蚴等常见绦虫病的病原形态、流行特点、生活史及病牛的临床症状与剖检变化等相关理论知识。

3. 掌握牛犊新蛔虫病、肺丝虫、消化道线虫、眼线虫等常见线虫病的病原形态、流行特点、生活史及病牛的临床症状与剖检变化等相关理论知识。

4. 掌握牛伊氏锥虫、泰勒焦虫、巴贝斯虫、弓形虫、球虫、胎毛滴虫等常见原虫病的病原形态、流行特点、生活史及病牛的临床症状与剖检变化等相关理论知识。

5. 掌握牛蜱病、螨虫、牛虱子、牛皮蝇等常见体外寄生虫病的病原形态、流行特点、生活史及病牛的临床症状与剖检变化等相关理论知识。

技能目标：

1. 能够灵活运用临床基本诊断方法及病理剖检技术，对牛常见各种寄生虫病进行初步诊断与鉴别诊断。

2. 能够根据实际情况开展寄生虫病的病理剖检、显微镜检查、虫卵检查、血清学检查，为确诊疫情提供临床依据。

3. 能够根据牛场实际情况，合理制定寄生虫的药物驱虫和保健方案。

4. 能够根据各种寄生虫病的传播规律，开展流行病学调查与研究，合理制定综合防制措施。

任务一 牛常见吸虫病的防治

一 牛肝片吸虫病的防治

牛肝片吸虫病是肝片吸虫寄生于牛肝脏胆管中的一种吸虫病，该病可引起急性或慢性肝炎和胆管炎，并伴发全身性中毒现象和营养障碍。

（一）病原及流行特点

病原为肝片吸虫，虫体扁平叶状，长 20~25mm，宽 8~13mm。口吸盘位于体前端，腹吸盘位于前端腹面，口孔开口于口吸盘。

该病分布于世界各地，尤以中南美、欧洲、非洲等地比较常见，我国各地广泛存在。可侵害牛、羊、马、驴、驼、狗、猫、猪、兔、鹿，以及多种野生动物和人。

（二）传播途径

肝片吸虫寄生在牛的肝脏和胆管内产出虫卵，虫卵随胆汁进入消化道，与粪便混合后一起排出体外，入水后经 10~25 天孵化出毛蚴。毛蚴可在水中游走，并钻入中间宿主椎实螺内，在螺内依次发育成胞蚴、雷蚴和尾蚴。尾蚴在水中游动时即附着于水草上并脱去尾部形成囊蚴。牛只在吃草或饮水时一同将囊蚴吞入，其后囊蚴的被膜在消化道内溶解，幼虫沿胆管或穿过肠壁进入肝实质在胆管内寄生。

（三）临床症状

多呈慢性经过，犊牛症状明显，成年牛一般不明显。病牛逐渐消瘦，被毛粗乱易脱落，食欲减退，反刍异常，继而出现瘤胃膨胀或前胃弛缓、下痢、贫血、水肿，母牛不孕或流产，乳牛产乳量下降，如不及时治疗，可因恶病质而死亡。

（四）剖检变化

主要病变在肝脏，表现为肝脏肿大，实质变硬，胆管增粗，常凸出于肝表面，胆管内有磷酸（钙、镁）盐等沉积，用刀切有"沙沙"声。

（五）诊断

根据牛渐进性消瘦、贫血、食欲不振等临床特点及在有水草的地方放牧经过可进行初步诊断，确诊需从粪便中检出虫卵。

（六）防治

1. 预防

（1）预防性驱虫。针对急性病例，可在夏、秋季选用三氯苯唑等药物预防。针对慢性病例，全年可进行两次驱虫，第一次在冬末初春，由舍饲转为放牧之前进行；第二次在秋末冬初，由放牧转为舍饲之前进行。

（2）消灭中间宿主椎实螺。可采用化学灭螺法，用氨水或生石灰等。

（3）保证饮水和饲草卫生。最好饮用清洁无污染的水，低洼潮湿地的牧草在收割后晒干再饲喂。

2. 治疗

（1）硫双二氯酚：剂量 80~100mg/kg，灌服。

（2）溴酚磷：剂量 12mg/kg，灌服。对成虫和幼虫均有良好的驱杀效果，可用于治疗急性病例。

（3）丙硫咪唑：剂量 10mg/kg，灌服。对成虫有良效，但对幼虫效果较差。

二　牛前后盘吸虫病的防治

牛前后盘吸虫病是由前后盘科的吸虫寄生于牛瘤胃所引起的疾病。

（一）病原及流行特点

前后盘科吸虫的外形呈圆锥状，腹吸盘发达，位于体后端。成虫寄生在牛的瘤胃和网胃壁上，危害不大，幼虫则因在发育过程中移行于真胃、小肠、胆管和胆囊，可造成较严重的疾病，甚至导致死亡。该病遍及全国各地，南方较北方更为多见。

（二）传播途径

中间宿主是淡水螺。虫卵随粪便排出并孵化出毛蚴，毛蚴钻入淡水螺体内发育成尾蚴，尾蚴离开螺体后形成囊蚴。牛通过消化道摄入囊蚴，囊蚴到达肠道后，幼虫从囊内游出，在小肠、胆管、胆囊和皱胃内寄生并移行，最后到达瘤胃并发育为成虫。

（三）临床症状

该病发生于夏、秋两季。病牛主要症状是顽固性拉稀，粪便常有腥臭。体温有时升高，消瘦，贫血，颌下水肿，黏膜苍白。后期则可能因极度消瘦衰竭死亡。

（四）剖检变化

成虫造成的损害轻微，但幼虫移行中可使小肠、真胃黏膜水肿，发生出血性肠炎，黏膜发生坏死和纤维素性炎症。盲肠、结肠淋巴滤泡肿胀、坏死和溃疡。小肠内充满腥臭的稀粪。胆管和胆囊膨胀，内有幼虫。

（五）诊断

依据其症状表现及流行病学情况，对可疑病牛进行病原检查。生前诊断常用粪便水洗沉淀法或直接涂片法镜检虫卵。死后诊断则可依据剖检的病变情况并发现相应的成虫或幼虫而确诊。

（六）防治

1. 预防

根据当地的具体情况和条件，制定以驱虫为主的预防措施。

2. 治疗

（1）氯硝柳胺：剂量 75~80mg/kg，灌服。

（2）硫双二氯酚：剂量 80~100mg/kg，灌服。

（3）溴羟替苯胺：剂量 65mg/kg，制成悬浮液后灌服。

三 牛胰阔盘吸虫病的防治

胰阔盘吸虫病是由胰阔盘吸虫寄生于反刍动物的胰管内而引起贫血和营养障碍的一种寄生虫病。

（一）病原及流行特点

该病的病原为胰阔盘吸虫。虫体长 5~16mm，宽 2~6mm；呈棕红色的扁平椭圆形，口吸盘大于腹吸盘。

该病多发生在比较低洼潮湿的草场上，多在 8~9 月份感染，第二年 2~3 月份发病。

（二）传播途径

成虫在胰管产卵，虫卵随胰液进入肠道，然后随粪便排到体外。虫卵被陆地蜗牛吞食，在其体内经毛蚴和母胞蚴发育成子胞蚴。子胞蚴离开蜗牛体，被第二中间宿主草螽或针蟀吞食，子胞蚴在其体内形成尾蚴，最后发育成囊蚴。牛因吞食了含有整蚴的第二中间宿主后被感染。

（三）症状

由于阔盘吸虫寄生在牛的胰管中，因机械刺激和毒素作用，病牛日渐消瘦、贫血和衰弱，颈部和胸部皮下水肿。时有下痢，粪便带有黏液。最后病牛常因恶病质而死亡。

（四）剖检变化

病牛剖检时，可见胰表面散在界限不明显的褐色或暗褐色区域，质地较实在，切面上胰管增厚，管腔里充满胰阔盘吸虫和黏稠物质。

（五）诊断

粪便检查发现虫卵，剖检检查在胰管中找到虫体即可做出诊断。

（六）防治

1. 预防

加强饲养管理，不在低洼潮湿的牧场放牧，牛粪无害化处理。消灭中间宿主蜗牛和草螽等。定期驱虫，在秋末、初春对牛群进行两次驱虫。

2. 治疗

本病无特效药物，可选用吡喹酮或六氯对二甲苯治疗。

（1）吡喹酮：剂量 35~45mg/kg，腹腔注射。

（2）六氯对二甲苯：剂量 120mg/kg，灌服。

四 牛双腔吸虫病的防治

牛双腔吸虫病是由寄生在牛胆管及胆囊内的双腔吸虫引起的寄生虫病，该病在我国感染率很高，危害严重。

（一）病原及流行特点

病原主要为矛形双腔吸虫。矛形双腔吸虫虫体长 5~15mm，宽 1.5~2.5mm。比片形吸虫小，色棕红，扁平而透明，前端尖细，后端较钝，因呈矛形而得名。

该病常和片形吸虫混合感染，主要发生于牛、羊、骆驼等反刍动物。发病具有明显的季节性，一般感染在夏秋，而发病多在冬春，呈明显地方性流行。

（二）传播途径

双腔吸虫从感染至发育成熟需 72~85 天。随粪便排出的虫卵被蜗牛吞食，并在其体内经毛蚴、母胞子胞蚴发育为尾蚴。在蜗牛体内发育时间为 82~150 天，成熟的尾蚴从蜗牛体内逸出，被蚂蚁吞食并在体内发育为囊蚴，牛食入带有囊蚴的蚂蚁而受到感染。

（三）症状

双腔吸虫病常流行于潮湿的放牧场所，病牛后期可出现可视黏膜黄染，腹泻或便秘等消化功能障碍，病牛逐渐消瘦，皮下水肿，最后因体质衰竭而死亡。

（四）剖检变化

剖检可见胆管和胆囊黏膜卡他性炎症，切开胆管时可见到虫体。

（五）诊断

采用粪便沉淀法检查虫卵，剖检可从肝脏和胆管检查出大量虫体。

（六）防治

1. 预防

预防该病的原则是定期驱虫，消灭中间宿主螺类并避免牛吞食含有蚂蚁的饲料。

2. 治疗该病常选用的药物

（1）吡喹酮：剂量 30~50mg/kg，灌服。

（2）六氯对二甲苯：剂量 120mg/kg，灌服。

（3）噻苯唑：剂量 150~200mg/kg，灌服。

五 牛日本血吸虫病的防治

日本血吸虫病又称分体吸虫病，是由日本血吸虫寄生于人和多种动物门脉系统小血管所致的一种严重的地方性寄生虫病。病牛以瘦弱和腹水为特征，粪便具有腐败性特臭味并带有黏膜和血液。

（一）病原及流行特点

该病病原为日本分体吸虫，简称血吸虫。为线形虫体，雌雄异体，正常寄生时雌雄虫呈合抱状态，长 10~26mm。

该病呈地区性流行，主要见于长江流域及南方地区。一般在春末夏初、雨水充沛、气候温暖时多发，3 岁以下的犊牛最易感染。

（二）传播途径

雌虫在肠系膜静脉及门静脉处产卵，虫卵进入肠腔随粪便排出落入水中，在适宜的条件下孵出毛蚴，毛蚴侵入中间宿主钉螺并在其体内发育为具有感染性的尾蚴。尾蚴从螺体逸出进入水面游动，遇到易感宿主牛经皮肤或消化道感染，再经血液移行到门静脉和肠系膜静脉寄生，发育为成虫。

（三）症状

急性型表现牛食欲减退，精神迟钝，体温升高到40℃以上，开始拉稀，继而下痢，里急后重，粪便呈糊状，混有脱落的黏膜、黏液和血液，具有鱼肠腐败性特殊臭味。病牛很快消瘦，严重贫血，起卧困难，全身虚脱，最后恶化死亡。有的转为慢性型，表现拉稀与便血时重时轻，被毛粗乱，瘦弱不堪。泌乳母牛产奶量下降，母牛不发情或妊娠后流产。犊牛发育受阻，成为侏儒牛。

（四）剖检变化

剖检可见肝、脾肿大，腹水明显。肠系膜静脉和门静脉内发现有虫体。

（五）诊断

可采用粪便水洗沉淀法进行虫卵检查。有条件时可采用补体结合反应、皮内试验、间接血凝实验等进行进一步诊断。

（六）防治

1. 预防

可用药物消灭中间宿主钉螺，利用粪便发酵处理消灭虫卵。同时净化水源，防止污染。

2. 治疗

对病牛驱虫治疗，可选用以下药物驱虫：

（1）吡喹酮：剂量 10mg~20mg/kg，肌肉注射。

（2）硝硫氰胺：剂量 2~3mg/kg，静脉注射。

 任务二 牛常见绦虫病的防治

一 牛莫尼茨绦虫病的防治

莫尼茨绦虫寄生于反刍动物牛、羊、鹿等的小肠中，主要危害羔羊和犊牛。

（一）病原及流行特点

常见的莫尼茨绦虫有两种，分别是扩展莫尼茨绦虫和贝氏莫尼茨绦虫。成虫较大，全长可达 6m，头节呈球形，有 4 个显著的吸盘，头节上无顶突及钩。每个成熟体节内有两组生殖器官，各向一侧开口。莫尼茨绦虫的虫卵为三角形、方形或圆形，直径 50~60μm，卵内有一个含有六钩蚴的梨形器。

该病在世界广泛分布，在我国呈局部流行或散发。主要侵害犊牛，流行有一定的季节性，这和莫尼茨绦虫的中间宿主——地螨的活动有关。地螨主要生活在阴暗潮湿的地方，在清晨雨后低洼地带放牧，牛最易吃到地螨而感染该病。

（二）传播途径

牛作为终末宿主将虫卵和孕节随粪便排出体外，虫卵被中间宿主（地螨）吞食后，六钩蚴穿过消化道壁进入体腔，发育成具有感染性的似囊尾蚴。牛吃草时吞食了含似囊尾蚴的地螨而被感染。扩展莫尼茨绦虫在牛体内经 47~50 天发育为成虫，绦虫在体内可存活为 2~6 个月。

（三）症状

犊牛症状明显，成年牛一般无临床症状。犊牛表现消瘦和腹泻，粪中含有黏液和孕节片，严重者贫血，机体衰弱。有的病牛出现无目的地游走，步态蹒跚及震颤等神经症状。

（四）诊断

在犊牛粪球表面有黄白色的孕节片，形似煮熟的大米粒，镜检可发现孕节内有大量的虫卵可确诊。

（五）防治

1. 预防

犊牛在 2~3 个月龄时应该进行第一次驱虫，2~3 周后再进行第二次驱虫。

2. 治疗

（1）硫双二氯酚：剂量 30~50mg/kg，灌服。

（2）氯硝柳胺：剂量 60~70mg/kg，灌服。

（3）丙硫咪苯唑：剂量 10~20mg/kg，灌服。

（4）吡喹酮：剂量 10~15mg/kg，灌服。

牛脑多头蚴病的防治

牛脑多头蚴病是由带科多头绦虫的幼虫寄生于牛的脑部所引起的一种绦虫病，俗称脑包虫病。因能引起明显的转圈运动，因此又称转圈病。

（一）病原及流行特点

牛脑多头蚴病的病原是多头绦虫，成虫在终宿主犬、狼、狐狸的小肠内寄生。幼虫中绦期为多头蚴，乳白色、半透明囊泡，从大豆到皮球大小不等，囊壁上有许多原头蚴。

幼虫寄生在奶牛、黄牛、牦牛和骆驼等偶蹄类的脑内，有时能在延脑或脊髓内发现，对牛羊的危害极大，常呈地方性流行。

（二）传播途径

寄生在牛脑中的幼虫如被犬吞食，可在其小肠内即发育成成虫。成虫产下的含卵节片后随犬的粪便排出体外，牛采食后可由血液进入脑内并发育成脑包虫。

（三）症状

病牛除有食欲减退、精神沉郁和机体消瘦等症状外，可表现出神经症状。常常卧地不起或盲目前进，反应迟钝，步伐不稳，眼球震颤。在脑包虫寄生部位的头骨往往变软。病牛最终因极度消瘦，神经中枢受损，出现恶病质而死亡。

（四）诊断

该病可根据特殊的神经症状作出初步诊断，但确诊比较困难。

（五）防治

1. 预防

预防该病从切断传播途径入手，养殖场内应禁止养犬。

2. 治疗

由于幼虫寄生在病牛脑部，药物很难达到效果。只能采用外科圆锯术摘除虫体，由于手术操作难度较大，且开颅手术有一定风险，治疗价值不大。

三 牛囊尾蚴病的防治

牛囊尾蚴病是由牛带绦虫的幼虫寄生于牛的肌肉组织中引起的人畜共患寄生虫病。

（一）病原与流行病学

病原为牛带绦虫的幼虫，成虫淡黄色，体长1~2m，最大宽度7mm，共有1 000~2 000个节片。头节近方型，有4个吸盘。卵与六钩蚴均呈球形。

该病在世界各地流行，特别是在有吃生牛肉习惯的地区或民族中流行。

（二）传播途径

孕卵体节或卵随人的粪便排到外界，牛吞食了含有虫卵节片的饲料和饮水后，进入消化道形成六钩蚴，其随血流进入肌肉等组织中，经3~6个月发育成囊尾蚴。当人吃了含有囊虫的未完全煮熟的牛肉而感染。

（三）症状

病牛感染后可见体温升高、反刍减少或停止、腹泻、呼吸困难等症状。重度感染急性期常表现为咳嗽、肌肉震颤及运动障碍，以后可转为慢性。

（四）诊断

生前诊断可采取血清学方法，宰杀后检验时发现囊尾蚴可确诊。

（五）防治

1. 预防

预防该病应加强宣传，提高人们对囊尾蚴感染途径和危害的认识，注意个人卫生和饮食习惯。此外要加强肉品卫生检验，严防病肉流入市场。

2. 治疗

该病无特效药物，可选用吡喹酮或丙硫咪唑治疗。

（1）吡喹酮：剂量 30~50mg/kg，灌服，每日一次，连用 3 天。

（2）丙硫咪唑：剂量 30mg/kg，灌服，每日一次，连用 3 天。

任务三　牛常见线虫病的防治

一　犊牛新蛔虫的防治

犊牛新蛔虫病是由牛新蛔虫寄生于犊牛小肠的一种寄生虫病。临床上主要表现肠炎、腹泻和腹部膨大等症状，是造成犊牛死亡的主要寄生虫病之一。

（一）病原及流行特点

牛新蛔虫的虫体黄白色，体表光滑，表皮半透明，形如蚯蚓，状如两端尖细的圆柱。雄虫长 150~250mm、直径 5mm，雌虫长 220~300mm、直径 5mm。

牛新蛔虫分布遍及世界各地，主要侵害犊牛，可引起消化系统紊乱。我国多见于南方地区。

（二）传播途径

雌虫在牛小肠内产卵，随粪便排到外界，在适宜的温度及湿度下 7 天左右发育为感染性虫卵。当母牛采食含有虫卵牧草或饮水时，虫卵在母牛体内形成幼虫。当该母牛怀孕时，幼虫即开始活动，经胎盘进入胎儿体内，随血液循环经肝、肺、气管、咽转入胎儿消化道。幼虫也可在母体内移行至乳腺，随乳汁被犊牛吞食，然后在犊牛的小肠内寄生，约 4 个月后虫体成熟。

（三）症状

发病犊牛主要表现为虚弱消瘦，精神萎靡，腹部膨大，顽固性腹泻，粪便含有血液和特殊恶臭味。有时粪便中可找到成虫。

（四）诊断

根据犊牛腹泻初期排黄白色干粪，后排腥臭带黏液稀粪，腹部膨大等特点可进行初步诊断。确诊需在粪便中检出虫卵或虫体。

（五）防治

1. 预防

（1）加强环境卫生管理，切断传播途径。许多犊牛表现症状不明显，但其排出的虫卵可以污染环境，导致母牛感染。因此要注意牛场清洁卫生，垫草和粪便要及时清扫并发酵处理。

（2）定期预防驱虫。犊牛出生后 1 月龄和 5 月龄各一次。

2. 治疗

（1）左旋咪唑：剂量 8~15mg/kg，一次灌服或肌肉注射。

（2）丙硫咪唑：剂量 10~20mg/kg，一次灌服。

（3）伊维菌素：剂量 0.2~0.3mg/kg，一次皮下注射，隔 7 天再用药一次。

对腹泻脱水犊牛，用 5% 碳酸氢钠注射液 100~250mL、5% 葡萄糖氯化钠注射液 500~1 000mL，一次静脉注射。

牛肺丝虫病的防治

牛肺丝虫病是网尾线虫寄生于牛气管和支气管内引起的疾病，又叫牛网尾线虫病。

（一）病原及流行特点

病原为牛网尾线虫，其虫体乳白色，呈细丝状，雄虫长 40~55μm，雌虫长 60~80μm，虫卵呈椭圆形，内含幼虫，大小为（82~88）μm×（33~39）μm。

主要寄生于牛等动物的气管、支气管、细支气管和肺泡，引起病牛的呼吸系统症状。我国西南的黄牛和西藏的牦牛多有此病发生，常呈地方性流行。

（二）传播途径

雌成虫在牛气管和支气管内产卵，当牛咳嗽时，虫卵随痰液咽入消化道，并在消化道内孵出幼虫。幼虫随粪便排出体外，发育成为感染性幼虫，然后随饲草和水进入牛体，再沿淋巴管和血管进入肺，最后通过毛细支气管进入支气管并发育成成虫。整个过程需 1 个月左右。

（三）症状

病牛主要症状是阵发性或痉挛性咳嗽，呼吸困难，呈腹式呼吸，可视黏膜苍白，听诊肺部有啰音。头、颈部、胸下部及四肢出现水肿。

（四）剖检变化

病牛剖检可见肺表面稍隆起，呈界限分明的灰白色局限性气肿区和暗红色突变区，触诊时有坚硬感，切开气肿肺可挤出大量泡沫样液体与乳白色线状虫体。

（五）诊断

根据病牛表现为频繁咳嗽的症状应考虑是否有肺丝虫感染的可能。在粪便、唾液及分泌物中发现第一期幼虫即可确诊。

（六）防治

1. 预防

保持牧场清洁干燥，防止潮湿积水。对牛采用计划性驱虫，一般由放牧改为舍饲以后进行一次驱虫，时隔 1 个月后再进行一次驱虫。此外，粪便最好集中发酵处理。

2. 治疗

（1）左旋咪唑：剂量 8~15mg/kg，灌服或肌注。

（2）丙硫咪唑：剂量 10~15mg/kg，灌服。

（3）氟苯咪唑：剂量 30mg/kg，混饲，每天 1 次，连用 5 天。

（4）阿维菌素或伊维菌素：剂量 0.2~0.3mg/kg，皮下注射。

三　牛消化道线虫的防治

牛的消化道线虫种类很多，主要有捻转血矛线虫、钩虫、结节虫、阔口线虫、鞭虫，它们可单独感染，也可混合感染。病牛表现消瘦、贫血、水肿、下痢等症状。

（一）病原及传播途径

1. 捻转血矛线虫

寄生于牛真胃，偶见于小肠。新鲜虫体呈淡红色，长 15~30mm，毛发状。成熟雌虫在真胃产卵，卵随粪便排出体外，在适宜温度和湿度下，经 7 天左右发育为侵袭性幼虫，健康牛吞入该幼虫，经 20~30 天发育为成虫。

2. 钩虫

寄生于牛的小肠内。虫体呈灰褐色，头部常向背面弯曲呈钩状，长 10~30mm。成熟雌虫在小肠内产卵，随粪便排到外界，在适宜的温度和湿度经 8 天发育为感染性幼虫。幼虫经口感染后进入宿主肠道，以口固定在小肠壁上发育为成虫；幼虫也可经皮肤进入血液循环到肺，再经支气管、气管进入消化道发育为成虫。

3. 结节虫

成虫寄生于牛的结肠内，幼虫寄生于肠黏膜形成结节。成虫呈乳白色，头端弯曲，长 10~20mm。虫卵在外界孵化为感染性幼虫后，经口进入宿主消化道，钻入大肠黏膜形成结节，约 8 天后移行至肠腔，在结肠内发育为成虫。

4. 阔口线虫

寄生于牛的结肠及盲肠。虫体呈淡黄色，长 15~30mm，虫体前端略向腹面弯曲。雌虫在宿主肠道产卵，随粪排出体外，在适宜的条件下发育为侵袭性幼虫，健康牛吞食该幼虫而感染。

5. 鞭虫

寄生于牛的盲肠。虫体形似鞭子，头端细如毛发，可钻入肠黏膜，尾端粗大。虫卵排至外界发育为侵袭性幼卵，健康牛吞食后感染发病。

（二）症状

病牛长期腹泻，粪便多黏液，有时带血，食欲不振、身体瘦弱。后期表现为贫血，下颌水肿，有时发生神经症状。患结节虫病牛的结肠壁有大量肉眼可见的白色颗粒状结节。

（三）防治

1. 预防

预防该病应搞好环境卫生，切断传播途径，加强饲养管理，以提高牛的抗病能力。每年计划性驱虫三次：分别是春季（2~3 月份），夏季（7~8 月份），秋季（11~12 月份）。

2. 治疗

（1）左旋咪唑：剂量为 8mg/kg，灌服。

（2）丙硫苯咪唑：剂量为 5mg/kg，灌服。

（3）阿维菌素：剂量 0.02mL/kg，皮下注射。

四 牛眼虫病的防治

牛眼虫病又称吸吮线虫病，中兽医称"浑睛虫病"，是由吸吮线虫寄生在牛的结膜囊内所引起的一种寄生虫病。临床以呈现结膜炎和角膜炎为特征。

（一）病原及流行特点

吸吮线虫虫体为乳白色线状，体表有锯齿状横纹，长 10~20mm。该病各种年龄的牛均可感染，多发于春夏和秋季，对牛危害较大。

（二）传播途径

蝇类为吸吮线虫的中间宿主。雌虫在牛的瞬膜内产卵，当蝇类吸吮牛眼分泌物时，幼虫被吸入蝇体内而发育为感染性幼虫，当蝇类吸吮健康牛的眼分泌物时，又将感染性幼虫感染给健康牛，经 15~20 天发育为成虫。牛感染后，虫体在眼内发育、繁殖时，机械地损伤结膜和角膜引发其炎症，如继发疫毒感染，则可导致眼睛失明。

（三）症状

病初结膜潮红，充血肿胀，羞明流泪，随之结膜炎症状加剧，眼内有脓性分泌物流出，眼睑肿胀，最后角膜出现混浊和呈圆形或椭圆形的溃疡，严重者失明。此外，还可能出现全身症状，如精神不振，食欲减退，不时摇头，母牛泌乳量减少。翻开眼睑，可在内眼角见到白色的小线虫蠕动。

（四）防治

1. 预防

（1）计划性驱虫：左旋咪唑片，剂量 8mg/kg，一次灌服；也可用阿维菌素或伊维菌素粉，剂量 0.2mg/kg，一次灌服。

（2）改善饲养环境：注意环境卫生，定期消毒，消灭蚊蝇等。

2. 治疗

（1）皮下注射阿维菌素或伊维菌素：剂量 0.2mL/kg。

（2）1%~2% 敌百虫点眼溶液点眼，每天 2 次，连用 2 天。

（3）2%~3% 的硼酸溶液冲洗结膜，每天 2 次，连用 2 天。

（4）继发感染引起全身症状的应用抗生素治疗。

任务四 牛常见原虫病的防治

一 牛伊氏锥虫病的防治

该病是由伊氏锥虫所引起的一种牛的血液原虫病。临床上以进行性消瘦、贫血、黄疸、高热及体表浮肿为特征。

（一）病原及流行特点

伊氏锥虫为单细胞原虫，呈柳叶状，有活泼的运动性，前端尖锐，具有游离鞭毛，后端钝圆虫体长 18~34μm，宽 1~2μm。游离鞭毛长达 6μm。

该病在热带和亚热带地区常发，一般是夏、秋季感染，当年冬末和次年早春病情恶化。水牛感染率比黄牛高，多呈慢性经过，长期保持带虫状态，成为传播源。

（二）传播途径

伊氏锥虫寄生在牛的造血器官、血液及淋巴液内，以纵行二分裂方式进行繁殖。当吸血昆虫（虻、螫蝇、虱蝇等）吸吮病牛血液时，锥虫即进入昆虫体内，但不发育，生活时间也很短暂。当带有锥虫的吸血昆虫再叮咬健康牛时，锥虫即进入健康牛体血液中，再进行分裂繁殖，从而引起感染发病。

（三）症状

牛伊氏锥虫病的潜伏期为 6~12 天。有的牛可呈急性发作，表现为突然发病，食欲减少或废绝。体温升高到41℃以上，持续 1~2 天，呈不定型间歇热。体力衰弱，流泪，反应迟钝或消失，多卧地不起，经 2~4 天死亡，此型少见。

大多为慢性经过，主要表现为食欲减低，反刍缓慢，进行性贫血，逐渐消瘦，精神迟钝，被毛粗乱。眼结膜潮红，有时有出血点。体表淋巴结肿大。四肢下部水肿，时间久则形成溃疡、坏死、结痂。有的出现神经症状，两眼直视，无目的地运动或瘫痪，不能起立，最终因恶病质而死亡。

（四）剖检变化

血液稀薄，胸前、腹下皮下水肿及胶样浸润。实质脏器肿大，表面有出血点。心肌变性呈煮肉样，心室扩张，心包液增多。胸膜、腹膜和胃肠浆膜下有出血点。

（五）诊断

该病能够引起红细胞及血红蛋白下降，因此血常规检查对诊断有一定价值。目前较常用的诊断方法为间接血细胞凝集试验。

（六）防治

1. 预防

（1）加强饲养管理。改善饲养条件，搞好环境和圈舍卫生，消灭吸血虻、蝇等昆虫。

（2）计划性药物预防。疫区应在流行季节到来前进行药物预防。常用安锥赛预防盐，注射 1 次可预防 3~5 个月。

2. 治疗

（1）萘磺苯酰脲（又名拜耳205）：剂量 10mg/kg，1 次静脉注射。如属重症病牛，1 周后可重复用药一次。此为该病的首选药物。

（2）贝尼尔：剂量 7~10mg/kg，肌肉注射，每天 1 次，连续 3 天。

（3）安锥赛（又名喹嘧胺）：用其硫酸盐制剂，5mg/kg，用注射水配成10%溶液，皮下或肌肉注射。

在治疗过程中，应结合输液、补糖、强心等综合疗法。

二 牛泰勒焦虫病的防治

牛泰勒焦虫病主要是由环形泰勒虫寄生在牛体内而引起的一种牛的血液原虫病，该病主要通过中间宿主蜱传播，以春季多发。

（一）病原及流行特点

泰勒焦虫为环形泰勒焦虫，形态多样化，寄生在红细胞和淋巴结内。在我国发现的黄牛体内的泰勒焦虫为环形泰勒焦虫，在贵州省曾发现过瑟氏泰勒焦虫。

各种年龄的牛对病原体都有感染性。1~3 岁的牛发病率高，初生犊牛和成年牛也不断有病例发生。这种情况可能与蜱侵袭的数量、时间及牛体质的强弱和营养有关。

（二）传播途径

环形泰勒焦虫需 2 个宿主，其中蜱是终末宿主，牛是中间宿主。泰勒焦虫的生活史较复杂，含无性生殖和有性生殖两个阶段，并产生无性型及有性型两种虫体。

（三）症状

环形泰勒焦虫病潜伏期 14~20 天，常呈急性经过，3~20 天死亡。病牛体温在 40℃~42℃，迅速消瘦，呼吸加快，咳嗽，流鼻液，血液稀薄。眼结膜初期充血肿胀，后期因贫血变苍白，并有溢血斑。肩前或腹沟淋巴结显著硬肿，后逐渐变软。病牛多因衰竭致死。

（四）剖检变化

全身皮下、肌间、黏膜和浆膜上均有大量的出血点和出血斑。全身淋巴结肿大，切而多汁。皱胃黏膜充血肿胀，起初形成结节，后期转为溃疡。溃疡中央凹下呈暗红色或褐红色，周围黏膜充血、出血，构成细窄的暗红色带。皱胃的上述变化具有诊断意义。

（五）诊断

根据临床症状和流行病学情况可作初步判断，体表淋巴结的肿大可作为诊断依据之一。采血涂片查出血液型虫体或淋巴结穿刺查到石榴体（大裂殖体和小裂殖体）可以确诊。死后剖检变化也有诊断意义。

（六）防治

1. 预防

关键是消灭牛舍内和牛体上的璃眼蜱。在该病流行区可应用牛泰勒虫病裂殖体胶冻细胞苗对牛进行预防接种。接种后 20 天产生免疫力，免疫期为一年以上。

2. 治疗

（1）磷酸伯氨喹啉：剂量 0.75~1.5mg/kg，灌服，每日一次，连服 3 天。

（2）三氮脒：剂量 7mg/kg，肌肉注射，每日一次，连用 3 天。

（3）苯脲咪唑：剂量 2mg/kg，肌肉注射，每天一次，连用 2 天。

（4）阿卡普林：剂量 0.6~1mg/kg，皮下注射。

（5）对症治疗：由于焦虫病对牛损害严重，必须及时采取对症治疗措施，如强心、补液、止血、补血、健胃、缓泻、舒肝、利胆等中西药物治疗。

三 牛巴贝斯虫病的防治

牛巴贝斯虫病是由双芽巴贝斯虫和牛巴贝斯虫寄生于牛的血液内而引起的疾病。临床上以高热、贫血、黄疸及血红蛋白尿为主症。

（一）病原及流行特点

1. 双芽巴贝斯虫

虫体长度大于红细胞半径，典型的虫体是以锐角相连的双梨籽形。

2. 牛巴贝斯虫

虫体小于红细胞半径，多数呈单梨籽形、圆形或椭圆形，也有呈双梨籽形的，但两虫体的尖端相连成钝角。

3. 卵形巴贝斯虫

大型虫体，虫体呈卵形、圆形、出芽形、单梨籽形、双梨籽形等多种形态，虫体中央往往形成空泡。

该病呈一定的地区性，流行季节为蜱活动的季节。8月龄以内的牛一般良性经过，1~2岁的牛发病较重，2~3岁的牛更重，死亡率也高。

（二）传播途径

三种巴贝斯虫的发育都需要2个宿主。在中间宿主牛体内以二分裂或出芽增殖，在终末宿主蜱的体内进行有性繁殖。蜱在吸血时，将病原寄生虫传播给健康动物，使其感染发病。

（三）症状

潜伏期为10~25天，病牛体温升高至40℃~42℃，稽留热，心悸亢进，精神沉郁，呼吸困难，食欲减退或消失，常有便秘现象。病情恶化时，病牛显著消瘦，黏膜发绀或黄染；胃肠蠕动减缓，甚至停滞，排出恶臭的褐色粪便；常见发病后2~3天出现血红蛋白尿。病程一般为10天左右，有的发病后2~3天死亡。

（四）剖检变化

可见尸体消瘦，尸僵明显。可视黏膜贫血和黄疸。皮下组织充血、黄染、水肿。脾肿大2~3倍，肝肿大呈棕黄色，胃肠黏膜水肿且有出血斑。尿液为红色，心肌软化，内外膜有小点出血。

（五）诊断

实验室检查采耳尖血涂片，自然干燥，甲醇固定后用吉姆萨氏液染色，若在红细胞内见到梨籽形虫体，即可确诊。

（六）防治

1. 预防

（1）牛体灭蜱：春季蜱幼虫侵害时，可用0.5%马拉硫磷乳剂喷洒体表，或用1%三氯杀虫酯乳剂喷洒体表；夏秋季应用1%~2%敌百虫溶液喷洒或药浴。在蜱大量活动期，每周处理1次。

（2）避蜱放牧：牛群应避免到大量孳生蜱的牧场放牧，或根据蜱的生活史实行轮牧。

（3）药物预防：放牧期间，对牛群每隔15天用贝尼尔预防注射1次，剂量2mg/kg，肌内注射。

2. 治疗

对初发或病情较轻的病牛，立即注射抗梨形虫药物；对重症病牛，同时采取强心、补液等对症措施。常见的药物有以下几种：

（1）锥黄素：剂量3~4mg/kg，配成0.5%~1%溶液，一次性静脉注射。

（2）贝尼尔：剂量35~38mg/kg，配成5%溶液，一次性肌内注射。

（3）阿卡普林：剂量0.6~1mg/kg，配成5%溶液，一次性皮下注射。

（4）咪唑苯脲：剂量2mg/kg，配成10%溶液，分两次肌内注射。

四 牛弓形虫病的防治

牛弓形虫病是一种寄生性原虫病，其病原龚地弓形虫的有性生殖阶段寄生在猫小肠内，无性生殖阶段寄生在牛体内。弓形虫病是一种人兽共患寄生虫病。

（一）病原及流行特点

龚地弓形虫是一种细胞内寄生虫，根据其发育阶段的不同，有五种形态。裂殖体、配子体和卵囊出现在终末宿主猫的体内，滋养体和包囊出现在牛、人和其他中间宿主体内。

该病流行于世界各国，我国在牛、羊、猪等多种动物中有发病报道，对犊牛和妊娠母牛的危害较大。

（二）传播途径

它的发育过程需要两个宿主。终末宿主一般认为是家猫及猫属动物。弓形虫在猫的小肠上皮细胞内进行裂体增殖，产生大量裂殖体，裂殖体发育成配子体进行配子生殖，最后产生卵囊，并随猫粪排出体外，经过孢子增殖发育为含有 2 个孢子囊的感染性卵囊。中间宿主目前已知有 200 多种动物（包括猪、牛等哺乳动物，鸟类，鱼类，爬行类和人类）。弓形虫在中间宿主体内有核细胞内进行无性繁殖，形成半滋养体，在网状内皮细胞内则形成虫体集落——包囊，牛吞食了猫粪或病畜的肉、渗出物、排泄物而感染，也可经过破损的皮肤、黏膜而被感染，还可经胎盘垂直感染。

（三）症状

病牛多呈急性发作，体温升至 40℃ 以上，呼吸困难，结膜充血，运动失调，精神极度兴奋，然后转入昏迷，大便带血。孕牛常流产，多为死胎、弱胎，有的生下后很快死亡。有的弱犊呈现发热，呼吸困难，咳嗽，流涕以及阵发性痉挛，磨牙，头颈震颤等神经症状，一般多在 2~3 天内死亡。

（四）剖检变化

可见牛鼻黏膜点状出血，结膜发绀。肺水肿，有灰白色坏死灶，肺间质增宽，切面流出大量带泡沫的液体。肝、脾肿大。淋巴结肿大，切面有坏死灶。小肠黏膜出血，滤泡肿大和坏死。

（五）诊断

确诊必须涂片查虫，即采取病牛胸腹腔渗出液或用肺、淋巴结等组织涂片，用姬姆萨氏或瑞氏染色后，镜检如发现似香蕉形的滋养体即可确诊。目前，血清学检查中的间接血凝试验（IHA）法具有快速、简易、实用及效果准确的优点，已广泛用于弓形虫病的诊断及流行病学调查。

（六）防治

1. 预防

（1）已发生过弓形虫病的奶牛场，应定期进行血清学检查，及时检出隐性感染牛，并进行隔离饲养，用磺胺类药物连续治疗，直到完全康复为止。

（2）坚持兽医防疫制度，保持牛舍、运动场的卫生，粪便需要经过堆积发酵处理才能利用。

（3）已发生流行弓形虫病时，全群牛可考虑用药物预防。饲料内添磺胺嘧啶可防止卵囊感染。

2. 治疗

磺胺类药物对该病有较好的疗效，临床可选用下列方法之一进行治疗。

（1）磺胺嘧啶与甲氧苄氨嘧啶联用：前者剂量 70mg/kg，后者剂量 14mg/kg，灌服，每天 2 次，连用 3~4 天。

（2）氯苯胍：剂量为 10~15mg/kg，灌服，每天 2 次，连服 4~6 天。

（3）增效磺胺-5-甲氧嘧啶注射液：剂量 0.2mL/kg，每天 1 次，连用 3~5 天。

五　牛胎毛滴虫病的防治

牛胎毛滴虫病是由胎儿三毛滴虫寄生于生殖道引起的一种原虫病，以生殖器官发炎、早期流产和不孕为特征。

（一）病原及流行特点

牛胎毛滴虫一般多呈西瓜籽形或卵圆形。虫体大小为 $7\mu m \times 16\mu m$，有 3 根前鞭毛，有 1 根后鞭毛。

该病呈世界性分布，我国也曾有发生，给牛群的繁殖造成严重的威胁。目前，该病在我国已基本得到控制。

（二）传播途径

胎毛滴虫寄生于公牛的包皮、阴茎黏膜、精液内以及母牛的阴道、胎儿、胎液和胎膜中，以一分为二的纵分裂方式繁殖。

（三）症状

公牛感染后几天内阴茎包皮发生炎症，包皮显著水肿、疼痛，大量分泌脓性物质。阴茎黏膜上发生红色小结节，包皮内层边缘有坏死性溃疡。母牛感染后 1~2 天发生阴道炎、子宫颈炎及子宫内膜炎等，进一步表现为不发情、不妊娠或妊娠 1~3 个月发生死胎或流产。

（四）诊断

根据该病的流行病学调查，母牛群有无大批早期流产现象，公牛、母牛有无生殖器官炎症，必须作虫体检查才能确诊。

实验室检查采集病牛的阴道、宫颈、包皮囊分泌物或流产母牛胎水，充分低速离心，取其沉淀物进行压片活虫检查，或用姬姆萨氏染色后镜检。若发现毛滴虫，即可确诊。

（五）防治

1. 预防

预防该病，首先要对新引进的牛进行隔离检疫，以防传入该病；采用人工授精配种，防止交配感染；在流行区内，应在配种前进行普查，根据检查结果分群饲养。对病牛要积极治疗，待病愈后方可混群饲养。

2. 治疗

对病牛的治疗主要是局部的洗涤处置，如 0.1% 雷佛奴尔液、0.2% 碘溶液、0.1% 黄色素液等。在治疗期间，对牛生殖道排泄物、用具及地面、垫草应进行严格消毒。

六　牛球虫病的防治

牛球虫病是由艾美耳科艾美耳属的球虫寄生于牛肠道黏膜上皮细胞内引起的原虫病，多发生于犊牛。常以季节性地方散发或流行的形式发生，死亡率一般为 20%~40%。

（一）病原与流行特点

1. 邱氏艾美耳球虫

卵囊为圆形或椭圆形。原生质团几乎充满卵囊腔。卵囊壁为两层，外壁无色，内壁为淡绿色。卵囊的大小为（17~20）μm×（14~17）μm。主要寄生于直肠，有时在盲肠和结肠下段也能发现。

2. 牛艾美耳球虫

卵囊呈椭圆形，在低倍显微镜下呈淡黄或玫瑰色。卵囊壁两层，内壁为淡褐色，外壁无色。卵囊的大小为（27~29）μm×（20~21）μm。主要寄生于小肠、盲肠和结肠。

该病一般多发生在 4~9 月份。在潮湿多沼泽的草场放牧的牛群，很容易发生感染。冬季舍饲期间亦可能发病，主要由于饲料、垫草、母牛的乳房被粪污染，使犊牛易受感染。

（二）症状

病程多半是急性，但也有慢性的。急性的病期通常为 10~15 天，也有在发病后 1~2 天犊牛即死亡的。病初期，病牛表现为精神沉郁，被毛松乱，粪便稀薄稍带血液。约一周后，症状加剧，排出带血的稀粪，其中混有纤维素性假膜，恶臭。病末期牛粪便呈黑色，几乎全是血液，体温下降，在恶病质状态下死亡。慢性者可能长期下痢，消瘦，贫血，最后死亡。

（三）剖检变化

病牛消瘦，可视黏膜苍白，后肢和肛门周围污秽。淋巴滤泡肿大，形成白色或灰色的小溃疡，其表面覆有凝乳样薄膜。直肠黏膜肥厚，内容物恶臭，含有纤维素性假膜和黏膜碎片。

（四）诊断

根据症状、流行情况及粪便镜检卵囊等方面材料进行诊断。

（五）防治

1. 预防

在流行地区，应当采取隔离、治疗、消毒等综合性措施。成年牛多半是带虫者，应当把成年牛与犊牛分开饲养，发现病牛后应立即隔离治疗。牛圈要保持干燥，粪便和垫草等污秽物集中进行生物热发酵处理。要保持饲料和饮水的清洁卫生。

2. 治疗

（1）呋喃西林：剂量 7~10mg/kg，连用 7 天。

（2）地克珠利拌料：剂量按说明书，连用 2~3 天。

（3）氨丙啉：犊牛剂量 20~25mg/kg，灌服，连用 4~5 天。

（4）莫能霉素：剂量 20~30g/t 饲料，连喂 7~10 天。

（5）磺胺二甲基嘧啶：剂量 100mg/kg，连用 2 天。

任务五 牛常见体寄生虫病的防治

一 牛硬蜱病的防治

硬蜱是寄生于牛体表的一种吸血性寄生虫，其以叮咬皮肤和吸食血液为生，它既是牛原虫病的中间宿主之一，也是许多疫病的传播媒介。

（一）病原及流行特点

病原寄生虫是蜱，俗称"牛壁虱"，其种类有多种。硬蜱呈椭圆形，为红褐色或暗褐色；软蜱稍呈椭圆形，为淡灰色、灰黄色或淡褐色。雄虫一般如虱子大小，雌虫吸血后可膨大到黄豆至蓖麻粒大。

该病主要侵害放牧牛群，呈散发流行。

（二）传播途径

硬蜱是不完全变态的节肢动物，其发育过程包括卵、幼虫、若虫和成虫四个阶段。多数蜱在动物体表进行交配，交配后吸饱血的雌蜱离开宿主，经过 4~8 天开始产卵并形成幼虫。幼虫在宿主体表吸血，经过 2~7 天落地并蜕化变为若虫。若虫再侵袭宿主，吸血后再次落地，蛰伏数天后蜕化为成蜱。

蜱的最活跃期多在夏季和早秋季。牛普遍易感，经常在草丛和丘陵放牧的黄牛感染更为严重。

（三）症状

蜱直接吸食血液，大量寄生时可引起牛贫血、消瘦、发育不良、生产性能下降等。由于叮咬使牛出现皮肤水肿、出血和急性炎性反应。蜱的唾液腺能分泌毒素，使牛厌食、体重减轻、代谢障碍和运动神经传导障碍等。

（四）防治

1. 预防

经常刷洗牛舍，采取有计划地轮牧。新割的牧草应放在阳光下翻晒后再来喂牛。

2. 治疗

若寄生牛体表的蜱数量较少，可采取人工捕捉，并将摘下的虫体进行焚烧。数量较多时，可采用有机农药喷洒牛体表和圈舍。

二 牛螨病的防治

牛螨病是由疥螨科、痒螨科和蠕形螨科的各种螨类寄生于牛的体表所引起的慢性寄生性皮肤病。临床表现以体表瘙痒和皮肤炎症为特征。

（一）病原及流行病学

病原有疥螨、痒螨和蠕形螨。疥螨寄生于牛表皮下，以瘙痒不安、咬尾及啃咬栅栏为特征；痒螨寄生于皮肤表面，吸取渗出液为食；蠕形螨寄生于牛的毛囊或皮脂腺。健康牛与病牛多因互相接触而感染。

（二）临床症状

1. 疥螨病

多寄生于牛的面部、颈部、背部、尾根等被毛较短的部位，病情严重时，可遍及全身，患部剧痒，被毛脱落，渗出液增加，干涸后形成石灰色的痂皮，皮肤呈现皱褶或龟裂。

2. 痒螨病

该病多发于牛的角根、背部、腹侧及臀部，严重时头部、颈部、腹下及四肢内侧也有发生。当大量痒螨寄生时，水牛体表形成很薄的痂皮，在健康皮肤与痂皮连接处，可见许多黄白色痒螨在爬动。

3. 蠕形螨病

常寄生于病牛的眼周围、耳部、颈部、肩部、背部或臀部，形成小如针尖至大如核桃的白色小囊瘤。内含粉状物或脓状稠液，并有各期的蠕形螨。

（三）诊断

根据发病季节（秋末、冬季和初春多发）和明显的症状（剧痒和皮肤病变），以及接触感染等特点可以做出初步诊断。症状不明显时，则需采集健康与患病交界部痂皮，检查有无虫体，才能确诊。

（四）防治

1. 预防

（1）搞好环境和牛体卫生，注意牛舍光照通风，要定期消毒。
（2）观察牛群中有无瘙痒和掉毛的现象发生，一旦发现，迅速隔离。
（3）选择气候较好的天气对牛进行药浴。

2. 治疗

（1）双甲脒：按 0.05% 浓度的药液涂擦或喷洒。
（2）敌百虫：按 2% 浓度涂擦患部。
（3）螨净：按 0.025% 浓度的药液喷洒。
（4）溴氰菊酯：0.05% 浓度的药液喷洒。
（5）伊维菌素注射液：剂量 0.2~0.3mg/kg，一次性皮下注射。

三 牛皮蝇蛆病的防治

牛皮蝇蛆病是皮蝇科皮蝇属的幼虫寄生于牛的背部皮下组织所引起的一种慢性寄生虫病。

（一）病原及流行特点

为牛皮蝇和蚊蝇的幼虫，俗称"蹦虫"，外形像蜜蜂。

1. 成虫

牛皮蝇体长约 15mm，翅淡黄色透明；纹皮蝇体长约 13mm，胸背部有 4 条黑色条纹，翅褐色。

2. 幼虫

呈蛆状，第Ⅰ期幼虫呈黄白色。第Ⅲ期幼虫呈棕褐色。

3. 虫卵

淡黄色，长圆形，表面有光泽，后端有长柄附着于牛毛上。该病的发生与环境卫生有很大关系。牛感染多发生在炎热夏季。

（二）传播途径

包括卵、幼虫、蛹和成虫四个阶段。整个发育期约1年，其中在牛体内为10个月。成蝇在外界交配后，虫产卵后即死亡。卵经1周左右孵出Ⅰ期幼虫，沿被毛移行。纹皮蝇Ⅰ期幼虫沿疏松结缔组织走向胸腔、腹腔，在食道内蜕皮为Ⅱ期幼虫，停留5个月，移行到背部蜕皮为Ⅲ期幼虫；牛皮蝇沿外周神经外膜走至椎管硬膜外脂肪组织，蜕皮为Ⅱ期幼虫。幼虫到达背部皮下，成为Ⅲ期幼虫并停留2~2.5月，趋于成熟后由皮孔蹦出并发育为蛹，经1~2个月后羽化为成蝇。

（三）症状

雌蝇产卵时引起牛恐惧不安，影响采食和休息，日久则消瘦，惊慌奔跑，可引起流产、跌伤、骨折甚至死亡。幼虫钻入皮肤，引起皮肤痛痒、精神不安。幼虫在体内移行时，造成移行部组织损伤，导致局部结缔组织增生和皮下蜂窝织炎，若继发细菌感染可化脓形成瘘管，流出脓液。当发生变态反应时，出现流汗、乳房及阴门水肿、气喘、腹泻、口吐白沫等。幼虫进入大脑寄生可出现神经症状，甚至死亡。

（四）诊断

春季可在牛背上摸到长圆形硬结隆起，外见有小孔，周围有脓痂，用力挤压可见虫体而确诊。夏秋季节可在牛体被毛上检查到虫卵而确诊。

（五）防治

1. 预防

关键是掌握好驱虫时机，消灭牛体内的幼虫，并且不能让其发育到Ⅲ期幼虫。

（1）驱蝇防扰：成蝇产卵季节，每隔半月向牛体喷2%敌百虫溶液。对种牛可经常刷拭牛体表，以控制虫卵的孵化。

（2）不要随意挤压体表肿胀的硬结，以防虫体破裂引起变态反应。

2. 治疗

（1）皮蝇磷：剂量100mg/kg，灌服。

（2）伊维菌素注射液：剂量0.2mg/kg，皮下注射。

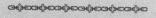 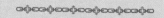

思 考 题

1. 牛常见吸虫病的病原有哪些？它们的形态结构和发育过程有什么特点？

2. 牛常见消化道线虫有哪些？它们有哪些病原的形态结构特点？临床上如何防治？

3. 简述牛脑多头蚴的临床表现及剖检变化。

4. 牛常见血液原虫病的病原有哪些？简述它们的发育史。

5. 牛常见的体外寄生虫有哪些？简述它们的发育史。

6. 简述牛巴贝斯虫病的临床症状与诊断方法。

7. 简述牛泰勒焦虫病的临床症状及流行特点。

8. 简述牛螨虫的病原特点及诊断方法。

9. 简述牛弓形虫的流行特点及诊断方法。

10. 简述牛球虫病的病原特点及治疗方案。

项目十四 牛场经营管理

学习目标

知识目标：

1. 了解牛场的组织管理和制度管理。
2. 熟悉牛场生产定额管理。
3. 掌握牛场生产计划编制的方法与步骤。
4. 了解提高牛场经济效益的常用方法。

技能目标：

1. 初步具备牛场规范化经营管理的能力。
2. 会编制牛场生产计划。

经营管理是联系牛生产各个环节的纽带。养牛生产中，要想获得理想的经济效益，优良的品种是前提，合理的营养是基础，疾病防治是保障，经营管理是关键。经营管理得当，可不断谋求成本最小化，以最少的投入获取最大的经济效益。

任务一 了解牛场的组织与制度管理

 牛场的组织管理

牛场应根据经营目的和规模，建立精干、高效的组织机构，使牛场各项工作有计划进行。

牛场的组织机构常实行场长（总经理）负责制。一般包括场长（经理）1 名，副场长（副经理）1~2 名、科长（主管）若干名、班组长若干名、普通员工若干名等。各科（部）属于职能机构，如生产科、财务科、销售科、质检科、后勤部等，各自负责牛生产中的某一环节工作。生产科主要负责牛生产、饲料加工、疾病防治等；财务科主要负责牛场的财务预算、决算等；销售科负责牛场产品的销售和市场信息的反馈；质检科负责饲料、产品等的检测；后勤部则负责牛场生产、生活用品的供应、管理和维修等。

牛场应根据规模大小选择适合自己的组织机构模式，大型牛场可设置完整的组织机构，但小型牛场在各职能机构中一般不配备各种专职人员。各部门应通力协作，精诚团结。

 二　牛场的制度管理

为了不断提高牛场的经营管理水平，充分调动员工的积极性，保证各项工作有章可循，牛场必须建立一整套规章制度，如考勤制度、劳动纪律、卫生制度、防疫制度、学习制度和饲养管理制度等。

（一）考勤制度

由专人逐日记录出勤情况，如迟到、早退、旷工、休假等，作为工资发放、奖金、评选先进工作者的重要依据。目前，许多大型牛场已使用电子信息卡记录员工的考勤。

（二）劳动纪律

劳动纪律可根据各工种劳动特点加以制定。凡影响安全生产和产品质量的一切行为，都应制定出详细的奖惩办法。

（三）防疫制度

"防重于治"，因此应建立牛场的防疫消毒制度，定期排查牛场的生物安全隐患，将传染源拒之门外。

（四）学习制度

牛场应建立员工学习制度，定期交流经验或派出学习，提高员工思想和技术水平。

（五）饲养管理制度

对牛生产的各环节，应根据其生产目的和特点制定简明的生产技术规程。制定技术规程前，应先了解牛场生产过程，对各个生产环节反复研究。技术规程的制定应与牛场实际相结合，与牛场员工的技术水平、设备条件相适应，使得规程切实可行。在制定规程时，要以科学理论为依据，又要吸收员工的工作经验。饲养管理制度是各项制度的核心，是否科学将直接影响牛场的效益。

任务二　熟悉牛场的生产经营管理

 一　牛场牛群结构管理

适当调整牛群结构，处理好淘汰、出栏与更新的比例，使牛群结构趋于合理，对提高牛场的经济效益十分重要。

（一）奶牛场牛群结构

由于现代奶牛群采用冷冻精液人工授精，所以多数奶牛场不养种公牛。小公牛淘汰转为肉用，主要是调整母牛群的结构。

成年母牛的正常年淘汰率为10%，外加低产牛、疾病牛淘汰率5%，总体年淘汰率在15%左右。奶牛场合理的牛群结构是：成年母牛占牛群的60%～65%；青牛母牛占10%～

15%；育成母牛占 10%~15%；母犊牛占 8%~10%。成年母牛比例过高或过低，都会影响奶牛场的经济效益。

为保证牛群结构能够不断更新，一般情况下 1~2 胎母牛应占成年母牛的 35%~40%；3~5 胎母牛占 40%；6 胎以上占 20%。牛群中泌乳母牛应占成年母牛的 80% 以上，即泌乳母牛与干奶母牛之比以 4∶1 为宜。

为提高牛群生产力，必须及时淘汰老、弱、病、残及低产牛。

（二）肉牛场牛群结构

肉牛饲养可以采取多种形式：

（1）自繁自养，即将本场生产的犊牛全部留用，或留种或肥育。

（2）只养繁殖牛，出售犊牛。

（3）养繁殖牛，将犊牛留用，培育成架子牛，待架子牛达到出售条件，一般 2 岁内，体重 300kg 左右出售。

（4）专门化的肥育场，即外购犊牛或架子牛进行肥育，达屠宰体况时出栏。因此，肉牛场牛群结构不尽一致，可根据牛场实际、生产需要、饲养方式（放牧或舍饲）、市场状况、经济实力等灵活掌握。

劳动定额管理

劳动定额是指在一定生产技术和组织条件下，为生产一定的合格产品或完成一定的工作量，所规定的必要劳动消耗量，是计算产量、成本、劳动生产率等各项经济指标，以及编制生产、成本等项计划的基础依据。牛场应根据不同的劳动作业、每个人的劳动能力和技术熟练程度、机械化及自动化水平等条件，规定适宜的劳动定额。

（一）部分工种的劳动定额

（1）人工授精员。定额繁殖母牛 250 头。负责母牛配种，按配种计划适时配种，保证受胎率在 95% 以上，受胎母牛平均使用冻精不超过 3 粒（支）。

（2）兽医。定额 200~250 头。负责检疫、治疗、接产、修蹄、牛舍消毒、医药和器械购买及保管等，要求全年牛群死亡率不超过 3%。

（3）挤奶工。主要负责挤奶、牛体刷拭及协助查情等工作，部分场的挤奶工还要负责精料饲喂。①手工挤奶：每人可挤 12 头泌乳牛；②小型机器挤奶：可挤 20~25 头；③管道式机械挤奶：可挤 35~45 头；④挤奶厅机械挤奶：可挤 60~80 头。

（4）饲养工。负责饲喂、清理饲槽，观察记录牛的采食、发情及生长发育等。每人可管理成年母牛 50~60 头；可管理犊牛 25~30 头，2 月龄断奶，哺乳量 300kg，成活率不低于 95%，日增重 0.7~0.75kg；可管理 35~40 头断奶后犊牛；可管理 40~50 头育成牛，日增重 0.7~0.8kg，14~16 月龄体重达 350kg 以上；产房饲养员每人可管理包括挤奶分娩牛 10~12 头；种公牛，每人可以管理 3~5 头；肥育牛，每人可以管理 50~70 头。

（5）清洁工。负责牛床、牛舍以及周围环境的卫生。每人可管理各类牛 120~200 头。

（6）饲料加工员。负责饲料称重入库、加工粉碎、配制混合及配送，手工和机械操作相结合，可定额 150~180 头。

（二）人员配备定额实例

某奶牛场规模为 1 000 头，其中成年母牛 670 头，拴系式饲养，管道式机械挤奶，平均单产 7000kg；育成牛 250 头，犊牛 80 头。根据劳动定额和岗位需要，共配备 67 人，其中：管理人员 5 人（场长 1 人、生产主管 2 人、会计 1 人、出纳 1 人）占 7.5%；技术人员 7 人（畜牧技术员 1 人、兽医 3 人、人工授精员 2 人、统计员 1 人）占 10.5%；直接生产人员 43 人（饲养员 11 人、挤奶员 17 人、清洁工 5 人、接产员 2 人。轮休 2 人、饲料加工及运送 4 人、夜班 2 人）占 64%；间接生产人员 12 人（机修工 2 人、仓库管理员 1 人、锅炉工 2 人、洗涤工 3 人、厨师 2 人、保安 2 人）占 18%。

 牛场的生产计划

（一）牛群周转计划

在牛群中，由于犊牛的出生、育成牛的生长发育、成年牛生产阶段的变化以及各类牛的购入、出售、淘汰和死亡等原因，致使牛群结构不断发生变化，在一定时期内，牛群结构的这种变化称为牛群周转。牛群周转计划是牛场的再生产计划，可以为牛场编制饲料、用工、投资、产品产量等计划及确定年终的牛群结构提供依据。为便于控制牛群的变动范围，落实生产任务，牛场每年年初都应制定牛群周转计划。

在制定牛群周转计划时，首先应确定发展规模，然后安排各类牛的比例，并确定各类牛的数量。不同生产目的的牛场，牛群组成结构也不相同。

1. 编制牛群周转计划应具备的资料

（1）计划年初牛群结构，包括头数、年龄、胎次、生产性能和健康状况等。

（2）根据计划期内的生产任务和牛群扩大再生产要求，确定年末牛群结构。

（3）根据牛群繁殖计划，确定各月母牛分娩头数及产犊数。

（4）确定年度淘汰、出售或购进的牛只头数和时间。

（5）明确牛场的生产方向、经营方针和生产任务。

（6）掌握牛场的基建及设备条件、劳动力配备及饲料供应情况。

2. 编制方法及步骤

编制方法及步骤见表 14-1。

表 14-1 某牛场牛群周转计划表 单位：头

月份	犊牛							育成牛							成年母牛						
	月初	增加		减少			月末	月初	增加		减少			月末	月初	增加		减少			月末
		转入	购入	转出	死亡	淘汰			转入	购入	转出	死亡	淘汰			转入	购入	转出	死亡	淘汰	
1	17	4		2			19	52	2		1			53	104	1					105
2	19	2		2			19	53	2		2			53	105	2				3	104
3	19	5	1	2	1	3	19	53	2				1	54	104	1					105
4	19	3				1	21	54			1			53	105	1				2	104
5	21	3		7	1		16	53	7	1	4		2	55	104	4					108
6	16	3		2		1	16	55			2			55	108	2				4	106
7	16	1		4			13	55	4		3	2		54	106	3					109
8	13	6	2	2	1	2	16	54	2		1			55	109	1				2	108

月份	犊牛							育成牛							成年母牛						
	月初	增加		减少			月末	月初	增加		减少			月末	月初	增加		减少			月末
		转入	购入	转出	死亡	淘汰			转入	购入	转出	死亡	淘汰			转入	购入	转出	死亡	淘汰	
9	16	3		5	1	1	12	55	5	1	1		3	57	108	1				1	108
10	12	9	1				19	57	3			1		57	108	1				4	105
11	19	7		3		2	21	57	3			1	3	56	105	1				1	105
12	21	4		3		2	20	56	3			2	2	53	105	2	2			2	107
合计		50	4	35	4	12			35	3	20	4	13			20	2			19	

（1）将年初各类牛的头数分别填入表 14-1 中 1 月份"月初"栏中。将计划各类牛年末应达到的头数，分别填入 12 月份"月末"栏内。

（2）按本年配种产犊计划，把各月将要出生的母犊头数（计划产犊头数×50%×成活率）相应填入犊牛的"转入"栏中。

（3）年满 6 月龄的犊牛应转入育成母牛群中，查出上年 7～12 月份各月所生母犊数，分别填入犊牛 1～6 月份的"转出"栏中（一般这 6 个月转出母犊头数之和大约等于 1 月初母犊的头数）。而本年 1～6 月份出生的母犊数，分别填入犊牛 7～12 月份的"转出"栏中。

（4）将各月转出的母犊数对应地填入育成牛"转入"栏中。

（5）根据本年配种产犊计划，查出各月份分娩的育成母牛头数，对应填入育成牛"转出"及成年母牛"转入"栏中。

（6）要想使犊牛、育成牛、成年母牛在年末达到相应的指标，就要计划好各类牛的转入、购入、转出、死亡、淘汰等数据。

（二）饲料计划

饲料是牛生产的物质基础，养牛场必须每年制定饲料生产和供应计划。编制饲料计划应参考牛群周转计划、各类牛群饲料定额等资料，并需要考虑本地区的气候条件及各季节饲料种类的变化等情况。全年饲料总需要量要在计划需要量的基础上增加 5%～10%，以留有余地。

具体操作如下：

1. 确定平均饲养头数

根据牛群周转计划，确定平均饲养头数。

年平均饲养头数（成年母牛、育成牛、犊牛）= 全年饲养头数/365

2. 各种饲料量需要量

（1）混合精饲料。

成年母牛年基础料需要量（kg）= 年平均饲养头数×3（kg）×365

年产奶料需要量（kg）= 全群总产奶量÷3（kg）

育成牛年需要量（kg）= 年平均饲养头数×3（kg）×365

犊牛年需要量（kg）= 年平均饲养头数×1.5（kg）×365

混合精料中的各种饲料供应量，可按混合精料配方中占有的比例计算。

四 **牛场产业化经营管理**

养牛产业化是以国内外产品市场为导向，以效益为中心，以科技为先导，以经济利益机制为纽带，按市场经济发展的规律和社会化大生产的要求，通过龙头企业或其经济实体或专业协会的组织协调，把单兵作战的养牛场（户）组织起来，将分散的饲养、加工、销售企业或农户与统一的大市场结合起来，进行必要的专业分工重组，实现资金、技术、人才、物质等生产要素的优化配置，实现养牛产业布局区域化、生产专业化、管理企业化、服务社会化、经营一体化、产品商品化。

1. 产业化经营的意义

（1）有利于实现规模化经营。产业化经营体系将企业、协会、农户等经济实体紧密联系在一起，形成整体。其中的各种服务体系，从维护自身利益出发，向生产者主动提供信息、科技、资金、物质等服务，有利于解决畜牧业专业化生产与社会化服务滞后的矛盾，从而促进生产规模的不断扩大。

（2）有利于提高产品竞争力。体系中的龙头企业，一头连着市场，一头连着基地和农户，以经济利益相吸引，以合同为纽带，有序地把生产、加工、销售融为一体，经济实力大大增强，资源配置更为合理，科技含量高，市场份额大，有利于开发名特产品，形成主导产业，克服家庭分散经营在市场竞争中的不利地位。

（3）有利于提高产品附加值。牛的产业化经营，通过产业链的延伸，发展多层次加工、贮藏、运输、销售体系，实现多层次增值，有利于实现产业总体效益最大化。

（4）有利于带动农民致富。实现牛的产业化生产，通过龙头企业带动养殖户发展牛生产，可解决大量农村剩余劳动力，有利于带动农民致富，加快农村工业化、小城镇建设的步伐。

2. 牛产业化经营的模式

（1）"公司+基地+农户"型。即形成"以场带户、以户养牛、以养促企、以企促养"的格局。企业紧紧围绕产前、产中、产后各环节，建立健全技术服务机制、产销保证机制、资金投入机制及政策鼓励机制，实行生产、加工、销售一体化经营，形成完整的产业链。企业与养牛基地乡、村、户分别签定目标发展合同，规范责任，结成松散式或紧密式的经济共同体，利益共享，风险共担。

（2）"市场+农户"型。市场是生产经营活动的载体和沟通生产及销售的渠道，它具有集散商品、实现价值、汇集信息、引导生产等功能。这种模式主要是当地政府有关部门或农民自筹资金在本地或外地开辟专业调节市场，把千家万户联合起来形成专业化区域生产，解决单家独户生产与市场脱节的矛盾，以市场需求组织生产，以市场为纽带将农民与客户连接起来，及时提供质量合格、数量充足的产品。

（3）"专业协会+农户"型。在协会、合作社或具有一定专业特长、有一定社会影响的生产经营者的组织下，开展技术交流、信息传递、资金流通、销售服务等合作，引导农民稳步进入市场。

五 **提高牛场经济效益的主要措施**

牛场的经济效益受生产成本和产品收益两方面的影响。因此，提高产品收益和节约生产费用支出，是增加收益的根本途径，可从以下几方面着手。

1. 选择优良的牛品种

遗传基因是决定动物生产性能的基础，品种的优劣直接关系到养牛的盈亏。选择饲养优良品种是提高养牛效益的前提，在引进种牛时一定要注意选择优良品种。品种的优劣，不能只看牛在原产地的生产性能，还应包含牛对当地环境的适应能力。只有能适应当地环境，保持身体健康，在生产中展现良好生产性能的才是好品种。

2. 实施科学的饲养管理

良种是基础，良法是保证。养牛除了要有优良的牛群品种外，还要配套科学的饲养管理，包括合理搭配饲料、科学饲喂、精心管理、预防疾病等。

3. 合理配制日粮

饲料成本大约占了牛生产成本的70%。因此，提高饲料利用率、节约饲料费用是提高生产效益的重要途径。精料应使用配合饲料，日粮营养全面不仅可以减少饲料浪费，提高饲料转化率，还可以减少消化道疾病的发生。

4. 防重于治

牛病是影响养牛经济效益的重要因素之一。牛一旦生病，即使治好也会影响其生产性能。牛发病主要是由饲养管理不善、防疫不严造成的。因此，预防疾病发生最有效的办法是加强饲养管理，实行预防为主，平时要细心检查，注意对牛群粪便、精神状态、食欲情况等方面的观察，发现异常及时治疗。慎重引种，定期消毒，对牛群进行定期接种疫苗，病牛要及时隔离。

5. 及时出栏（淘汰）

肉牛成年后其饲料转化率逐渐下降，肉用牛最佳产肉年龄为1.5~2岁，2岁以后产肉性能明显下降；奶牛一般在5胎后其产奶量逐渐下降。因此，商品肉牛要及时出栏，奶牛要及时淘汰。在养牛生产中要注意减少无效和低效饲养时间，以降低成本。种牛群要经常检查，对那些不发情、屡配不孕、习惯性流产、繁殖性能低下的种母牛要及时淘汰或转入商品牛生产群。

6. 保持合理的牛群结构

牛群结构是发展养牛生产，扩大再生产的重要基础条件，其关系养牛产品的质量。一般以繁殖为主的牛场，牛群组成比例为公牛2%~3%，繁殖母牛60%~65%，育成母牛20%~30%，犊母牛8%左右。采用冻精配种的牛场，可以不考虑公牛的淘汰更新，但要计划培育和创造优良后备种公牛。必须坚持按不同经济类型种牛标准，留种和更新淘汰制度，始终保持牛群结构最佳水平。每年更新淘汰在15%~25%为宜。

7. 提高劳动生产率

节约劳力消耗，防止无效劳动是降低养牛成本的重要途径。劳动生产率越高，单位产品的劳动消耗量也就越少，经济效益就越高。作为一个养牛场，主要做到以下几方面：一是加强职工培训，提高劳动者的技术水平和熟练程度，尽可能增加饲养数量；二是尽可能减少非生产人员支出，管理人员要实行多行兼职；三是采取岗位责任制与生产效益挂钩的奖罚承包制度，调动劳动者的积极性，提高工作效率。

8. 牢固树立增收节支的观念

节支与增收都是提高养牛效益的重要途径，节支贯穿于整个生产过程。如因地制宜，大力开发饲料资源，减少饲料浪费是节支的重要手段。农户养牛可利用工余时间采集宅前屋后、田边闲地的青草，专业户养牛还可种植玉米、牧草等饲料，某些作物如秸秆也可作冬季的饲料。喂料时遵循少给勤添的原则，食槽结构合理，既使牛采食方便，又能防止牛扒料。

严格执行防疫消毒制度，科学合理使用消毒药，做好预防接种，减少疾病发生，治病要对症下药，切忌盲目滥用，节省医药费用。对专业户来说，建造牛舍应就地取材，尽量减少支出。较大规模的牛场，也要科学设计，在符合防疫要求、便于管理的基础上尽可能地节省投资，降低折旧。在生产中要严格控制间接费用，节约非生产性开支，减少不必要的管理人员，改进和提高经营管理水平。提高固定资产的利用率，加速流动资金的周转，也是降低养牛成本的有效措施。

9. 采取适度规模饲养

规模饲养可以有效提高劳动生产效率，降低单位产品成本，发挥规模效益。但是，不是规模越大越好。养牛场应结合自身的实际情况（饲料资源、资金、市场等），选择适宜的生产规模。

10. 根据市场波动规律及时调整牛群结构和养殖规模

牛肉市场行情具有一定的波动性，养殖者要认真总结其波动规律，在生产低潮时保留种牛，购进架子牛，保本经营，甚至亏本经营，当复苏时迅速催肥出售，获得较好的经济效益，当市场价格有下跌苗头时，迅速出售，压缩牛群。要获得较高的生产效益，不仅要生产出更多更好的产品，而且还要卖出好价钱。这就要求养牛者必须注意市场动态，善于分析市场行情，同时注意市场产品变化，生产者只有顺应市场需要发展生产，才能做到高产高效。

11. 勤于学习，善于总结

为了不断提高牛场经营管理和技术水平，牛场应定期组织员工学习，对牛场出现的一些问题进行研讨，对经验教训进行总结。牛场管理人员和技术人员应积极参加国内外学术交流，博采众长。

思 考 题

1. 牛场需要设置哪些岗位？各岗位的劳动定额是多少？
2. 简述奶牛场牛群的基本结构。
3. 谈谈如何提高牛场的经济效益。

参考文献

[1] 咎林森. 牛生产学 [M]. 北京：中国农业出版社，2007.

[2] 宋连喜. 牛生产 [M]. 北京：中国农业大学出版社，2007.

[3] 丁洪涛. 牛生产 [M]. 北京：中国农业出版社，2008.

[4] 冀一伦. 实用养牛科学 [M]. 北京：中国农业出版社，2005.

[5] 莫放. 养牛生产学 [M]. 北京：中国农业大学出版社，2003.

[6] 王根林. 养牛学 [M]. 北京：中国农业出版社，2000.

[7] 朴范泽. 牛羊病诊治彩色图谱 [M]. 北京：中国农业出版社，2004.

[8] 李永禄. 养牛学 [M]. 北京：中国农业出版社，1996.

[9] 聂奎. 动物寄生虫病学 [M]. 重庆：重庆大学出版社，2007.

[10] 张西臣. 动物寄生虫病学 [M]. 北京：科学出版社，2010.

[11] 刘霞，景小金. 牛病 [M]. 贵阳：贵阳科技出版社，2017.

[12] 张泉鑫，朱印生，高叶生. 畜禽疾病中西医防治大全牛病 [M]. 北京：中国农业出版
    社，2007.

[13] 刘进. 养牛与牛病防治 [M]. 银川：宁夏人民出版社，2014.

[14] 吴心华. 牛病防治 [M]. 银川：宁夏人民出版社，2010.

[15] 向华，宣华. 牛病防治手册 [M]. 北京：金盾出版社，2004.

[16] 陈羔献. 牛病快速诊治指南 [M]. 郑州：河南科学技术出版社，2009.

[17] 赵树臣. 牛病诊治使用技术 [M]. 北京：中国科学技术出版社，2018.

[18] 车艳芳. 最新牛病防治技术 [M]. 北京：中国建材工业出版社，2017.

[19] 张庆茹，史书军. 牛病快速诊治实操图解 [M]. 北京：中国农业出版社，2019.

[20] 王光雷，王玉珏. 牛寄生虫病综合防治技术 [M]. 北京：金盾出版社，2014.

[21] 张沅，许向忠，等. 中国畜禽遗传资源志·牛志 [M]. 北京：中国农业出版社，2011.